Psychology

欧美·心理学译丛

Psychology

欧美·心理学译丛

心理育儿

〔英〕Martin Herbert /著
武跃国 王立金 /译　武国城 /审校

北京大学出版社
PEKING UNIVERSITY PRESS

著作权合同登记号：图字 01-2001-5412 号

图书在版编目（CIP）数据

心理育儿/（英）赫伯尔特（Herbert, M.）著；武跃国，王立金译.—北京：北京大学出版社，2006.1

（欧美心理学译丛）

ISBN 7-301-10368-9

Ⅰ.心… Ⅱ.①赫… ②武… ③王… Ⅲ.①儿童心理学 ②青少年心理学 Ⅳ.B844

中国版本图书馆 CIP 数据核字（2005）第 157328 号

本书根据英国心理学会出版的 Parent, Adolescent & Child Training Skills (1996)译出，全球中文版由英国心理学会出版社授予北京大学出版社出版。

书　　　　名：	心理育儿
著作责任者：	〔英〕赫伯尔特（Herbert, M.） 著　武跃国　王立金　译
责 任 编 辑：	陈小红　郑月娥
标 准 书 号：	ISBN 7-301-10368-9/C·0402
出 版 发 行：	北京大学出版社
地　　　　址：	北京市海淀区成府路 205 号　100871
网　　　　址：	http://cbs.pku.edu.cn　电子信箱：zpup@pup.pku.edu.cn
电　　　　话：	邮购部 62752015　发行部 62750672　编辑部 62752021
排　　版　者：	北京高新特打字服务社　82350640
印　　刷　者：	北京大学印刷厂
经　　销　者：	新华书店
	787 毫米×960 毫米　16 开本　18.5 印张　357 千字
	2006 年 1 月第 1 版　2006 年 11 月第 2 次印刷
定　　　　价：	28.00 元

未经许可，不得以任何方式复制或抄袭本书之部分或全部内容。

版权所有，翻版必究

内 容 简 介

您关心孩子的健康成长吗？您为孩子的心理问题焦虑不安吗？这本《心理育儿》可以为您提供帮助。

本书是英国心理学会出版的英国心理学家马丁·赫伯尔特(Martin Herbert)编著的《父母、青少年、儿童训练技巧丛书》的合译本。原书共十二册，内容从如何辅导孩子吃饭、穿衣、睡觉、上厕所，到如何克服孩子打架斗殴等行为问题及由重大事件造成的心理创伤，几乎涵盖了从婴幼儿到青少年成长过程中可能遇到的所有心理和行为问题。

本书将发展心理学和咨询心理学的最新研究成果凝炼成解决实际问题的简明有效的育儿技巧，具有很强的可操作性。

本书深入浅出，通俗易懂，既有实用价值也有学术价值，可作为家长和心理咨询工作者必读的工具书，也可供广大中小学和幼儿园教师以及心理学专业师生参考。

译者的话

孩子是国家的未来,也是家庭的希望。父母承担着培养后代的社会责任,并为之倾注着全部心血。他们为孩子的点滴进步而欣喜,为孩子的困难挫折而焦虑。孩子走出的每一步,都牵动着父母的心。

培养孩子是一门学问。有些家长对孩子成长中的问题感到束手无策、寝食不安,正是因为缺乏有关的心理学知识和技巧。

英国心理学会(The British Psychological Society)出版的英国心理学家马丁·赫伯尔特(Martin Herbert)编著的《父母、青少年、儿童训练技巧丛书》,之所以受到不同国家家长、教师和心理咨询工作者的广泛欢迎,就是因为该丛书提供了他们急需的培养孩子的心理学技巧。这些技巧是发展心理学家、心理咨询专家最新研究成果的结晶,具有很强的实用性和有效性。

读者翻开目录不难发现,本书的内容从辅导家长解决孩子的吃饭、穿衣、睡觉、上厕所等问题,到指导心理咨询师和家长消除孩子打架斗殴等异常行为表现及克服创伤后应激障碍等,几乎涵盖了从婴幼儿到青少年成长过程中可能遇到的所有心理和行为问题。而且,这套丛书不仅介绍了许多简明有效的育儿原则和方法,而且引用和推荐了大量有关的科学文献资料,所以对该领域的科研和教学工作也具有重要的参考价值。

为了便于读者阅读与携带,我们将该丛书十二册合译成一册,原来的每册成为本书的一章,并将全书定名为《心理育儿》,以突出这套丛书的特点。本书由武跃国翻译原文的第一至六册,王立金翻译第七至十二册,最后由武跃国统稿,武国城审校。北京大学出版社副总编张文定老师和责任编辑为本书的翻译出版做了大量工作,他们的敬业精神和社会责任感令人钦佩,在此向他们表示衷心的感谢和深深的敬意。

目 录

第1章 如何评估困难儿童及其父母 ……………………………… (1)
 第一节 需要保护的儿童 ……………………………………………… (2)
 第二节 需要特殊教育/保护的儿童 ………………………………… (3)
 第三节 困难儿童和他们的家庭 ……………………………………… (4)
 第四节 评估做父母的行为 …………………………………………… (7)
 附录 …………………………………………………………………… (13)

第2章 行为研究法 ABC ……………………………………………… (21)
 第一节 学会为人处事 ………………………………………………… (22)
 第二节 评估 …………………………………………………………… (26)
 第三节 行为研究法 …………………………………………………… (29)
 附录 …………………………………………………………………… (36)
 给家长的提示 ………………………………………………………… (38)

第3章 亲子情结：幼儿与父母的依恋 ……………………………… (46)
 第一节 幼儿依恋 ……………………………………………………… (47)
 第二节 幼儿依恋模式 ………………………………………………… (49)
 第三节 亲子情结 ……………………………………………………… (51)
 附录 …………………………………………………………………… (59)
 给家长的提示 ………………………………………………………… (63)

第4章 与儿童在吃饭和睡觉问题上的"战斗" ……………………… (64)
 第一节 吃饭时的行为问题 …………………………………………… (65)
 第二节 管理吃饭行为 ………………………………………………… (69)
 第三节 睡觉时行为问题 ……………………………………………… (72)
 第四节 评估 …………………………………………………………… (76)
 第五节 夜间恐惧与忧虑 ……………………………………………… (77)
 第六节 结论 …………………………………………………………… (79)
 附录 …………………………………………………………………… (80)
 给家长的提示 ………………………………………………………… (83)

第5章 入厕训练 (91)
    第一节 坐便盆训练 (92)
    第二节 遗尿 (97)
    第三节 大便失禁 (101)
    附录 (112)
    给家长的提示 (116)

第6章 儿童社会生活技能训练 (122)
    第一节 评估社会生活技能 (125)
    第二节 干预：社会生活技能训练 (127)
    附录 (131)
    给家长的提示 (132)

第7章 规定限制：提倡父母采取正面行为 (137)
    第一节 训练 (138)
    第二节 社会化 (141)
    第三节 训练手段 (146)
    附录 (151)
    给家长的提示 (152)

第8章 结冤与打架 (156)
    第一节 评估 (159)
    第二节 评估兄弟姐妹不和 (168)
    第三节 霸道和兄弟姐妹虐待 (170)
    第四节 对攻击行为的治疗方法 (173)
    附录 (174)
    给家长的提示 (175)

第9章 消除不良行为：帮助家长处理儿童行为失常 (180)
    第一节 行为失常 (182)
    第二节 因果关系：错误的社会性学习 (188)
    第三节 评估 (190)
    第四节 调适 (193)
    附录 (199)
    给家长的提示 (207)

第10章 帮助失去亲人的和濒临死亡的儿童及其父母 (212)
    第一节 面临孩子病危与死亡的时候 (213)
    第二节 咨询与治疗 (217)

第三节　大人失去亲人和孩子失去亲人……………………………(222)
　　第四节　儿童对死亡的反应………………………………………(228)
　　第五节　帮助失去亲人的当事人…………………………………(231)
　　给家长的提示………………………………………………………(234)
第11章　分居与离婚——帮助儿童妥善应付……………………(236)
　　第一节　覆巢之下,无有完卵……………………………………(236)
　　第二节　第一冲击波………………………………………………(240)
　　第三节　被留下的父亲或母亲……………………………………(245)
　　第四节　濒临深渊的人……………………………………………(246)
　　第五节　离婚父母的咨询…………………………………………(250)
　　附录……………………………………………………………………(254)
　　给家长的提示………………………………………………………(257)
第12章　儿童创伤后应激障碍………………………………………(259)
　　第一节　评估………………………………………………………(260)
　　第二节　治疗和咨询………………………………………………(266)
　　附录……………………………………………………………………(271)
　　给家长的提示………………………………………………………(273)

参考文献……………………………………………………………………(276)

1

如何评估困难儿童及其父母

引言

本章主要介绍如何评估困难儿童。按当前的法规：一个孩子如果不可能或没有机会达到或维持一个适当的健康发育标准，而当地政府又没有为其提供专门服务；或因缺乏这类服务，有可能使之受到严重的或进一步的损害；或者如果一个孩子是盲、聋或哑，患有某种精神疾患，忍受着由于疾病、伤害或先天畸形造成的障碍，因残疾而需要帮助；那么，这些孩子就是困难儿童。

目的

本章目的是为读者提供：

- 困难儿童的概念（这里使用"困难"一词是为了争取专业人员和社团的援助，使孩子受到保护，免受虐待，受到特殊教育和照顾）。
- 1989年颁布的《儿童法》所界定的重大伤害的含义。
- 评估需要保护和解救的儿童的原则、内容和方法。

目标

你读完本章应能：

- 熟悉评估困难儿童的主要条件。
- 描述儿童遭受虐待的主要形式。
- 描述和评价父母的责任和反应。
- 认识困难儿童对于父母及家庭生活的影响。
- 描述健康和发育的标准。
- 界定重大伤害的范围。
- 简要描述各种残疾所需的特殊教育。

第一节 需要保护的儿童

一、定义

根据1991年卫生部、教育部、科学部英格兰总部及威尔士分部在英格兰和威尔士两地的联合文件《儿童法共同协作书,1989》,将虐待儿童的定义分述如下:

疏忽。对孩子一直或严重的漠不关心,没有保护孩子安全,使其免受寒冷和饥饿,或者由于未在重要方面提供保护,结果使孩子的健康或发育受到严重损害。

身体伤害。对孩子身体造成实际或可能的伤害,或者没有防止孩子身体受到伤害或折磨,包括故意毒害、窒息儿童等。

性虐待。对尚未独立或发育不成熟的儿童或青少年的实际或可能的性利用。性利用是指这些孩子在并不真正了解性活动的情况下被利用,他们表示同意并不是真正懂得要做什么,也不明白这违反了关于家庭角色的社会规范。

情感虐待。由于经常不断的或严重的情感虐待,对孩子的情感和行为发展已经或很可能造成严重的负面影响。其实一切虐待都含有某种情感虐待成分。此处主要强调以情感虐待为主要的或唯一方式的虐待。

如有不止一种方式的虐待和(或)疏忽发生在孩子身上,就要考虑它为"有组织的虐待"。该文件对此有所解释:"虐待可能涉及若干虐待者、若干被虐待的儿童和青少年,而且常常包括各种形式的虐待。它或多或少包含有组织的成分。"

濒危儿童

自1990年以来,英格兰卫生部对儿童保护记录册上的儿童和青少年人数做了估算。这些估算是根据109个地方政府机构的年度统计表做出的。在1993到1994年之间,有45 800个孩子是初期儿童保护案例研讨的对象,其中62%被记录在册。在英格兰的记录册上不同年龄组的总比率是18岁以下的儿童占千分之三点二,共有34 900名。最高的比率是在5岁以下的幼小孩子当中(占千分之四到五)。

合计起来,1994年3月31日英格兰有17 400名男女儿童和100个尚未出生的孩子被认为是需要保护的,他们每五人中有一人得到了保护。目前已经得到保护的7500名孩子中有4800名和寄养父母一起生活,另有1000名生活在居民的家里或招待所里。

● **普遍现象**

有些研究人员认为,任何一个时期所报道的关于儿童受虐与被疏忽案例与社会上所发生的虐待儿童的实际数目相比仅占一小部分。十个孩子有九个曾受过父母殴打,使人联想到大部分虐待与疏忽儿童的情况可能未被发现。

二、父母的责任

一个人不可能使自己成为完美无缺的家长,也就不要期望自己的孩子十全十美。完美无缺不是一般人所能达到的……但是为了把孩子抚养好,尽量做一个好家长是完全可能的……

引自布鲁诺·贝特尔海姆(Bruno Bettelheim, 1987)

《儿童法》明确规定了父母的责任。它指的是"家长在与孩子及其财产的关系上依法同时具有权利、义务、责任及权限"。

父母责任这一新概念是要使父母的权利和义务与孩子的幸福相平衡。随着第一个孩子的出生或收养,父母的任务、他们所起的作用及他们对未来的导向,这一切都发生着深刻的变化。照料幼小孩子对有些父母来说,可能会是压倒性的,它需要相当的成熟性来把自己对主要以成人为中心的适应转移到主要以孩子为中心。尤其是对年轻的父母来说,他们习惯于有自己的自由,只对自己负责,而对一个婴儿全心投入的责任似乎会使他们产生诚惶诚恐的感觉,有时会让他们感到压抑。这些不可避免的变化会改变父母之间的关系,会增添压力,直到他们的生活建立起新的平衡。在亲密的小家庭里成员之间高涨的情感亲密和互相依赖会给父母尤其是母亲增添很大的负担。

三、父母的反应(见本章附录Ⅳ和Ⅴ)

父母的责任是和父母的反应即照料孩子的态度连在一起的。对无助孩子的保护和养育不仅关系到他们的生命,而且关系到极为重要的文化传递。这可不能听天由命,个人的幸福和文化的连续要取决于有一个令人满意的方法将新一代导入社会的常规,教会他们生活的态度和技巧,以保证他们会令人满意地传递文化并担负起做下一代父母的任务。

第二节 需要特殊教育/保护的儿童

一、与残疾作斗争(Lewis, 1987)

《儿童法》对地方政府(当地社会服务部门)提出一项明确任务,就是要提供服务,其目的是:

- ➤ 把残疾儿童因残疾而受到的影响减少到最低限度。
- ➤ 给这样的孩子机会以过上尽可能正常的生活。

可以用表1-1初步核查是否存在残疾,但要做出正式评估仍需咨询有关专家。

表 1-1　残疾核查项目（Herbert, 1993）

听觉障碍
轻度到重度　使用助听器后仍有困难；对语言和交流有或可能有持续性困难，足以影响发育。
全聋　　　　没有听觉，佩带助听器也无济于事。

视觉障碍
轻度到重度　有部分视力，虽然使用补助器具，视觉困难足以妨碍日常活动及发育。
全盲　　　　视力全部丧失。

言语障碍
轻度到重度　语言交流困难，不能参与同龄孩子的正常活动。
全哑　　　　完全不能用语言表达意思，作为交流的基本工具。

身体障碍
轻度到重度　体能困难（例如运动困难）或患有慢性疾病，甚至离不开药物或辅助器具。长此以往对健康或发育造成损害。
全瘫　　　　全身基本功能困难，严重到进行一切活动都需要帮助。

学习障碍
轻度到重度　长期存在学习障碍，妨碍发挥作用或完成活动，无法胜任同龄和具有相同文化背景的孩子有能力做到的事情。
极度　　　　全部或多种学习困难。

行为和情感障碍
轻度到重度　情感上和（或）行为上可能长期存在困难，以致影响孩子的生活质量，使之不能在所处的环境（例如学校或工厂）中发挥作用，不能与社会发展相适应。
极度　　　　情感上和（或）行为的困难可能长期以来都非常严重地损害孩子的生活质量，使之不能在正常的社会环境中发挥作用，或者对他们自己或别人构成危险。

二、特殊教育需要

《1981年教育法》专门提到需要特殊教育的儿童。该法赋予家长权利，可以参与评估自己的孩子及决定有关办学的事情。在《1981年教育法》之前的《沃尔诺克（Warnock）报告》就已经把家长当成伙伴。教育心理学家写过一份评估报告，此后发表了针对2岁至19岁孩子的《特殊教育需要的声明》，主张按需要为孩子提供教育。（Herbert, 1993）

第三节　困难儿童和他们的家庭

一、特困儿童带来的严重影响

智力上或身体上有残疾或患有慢性疾病的孩子比起健康的孩子来，更可能有行为和情感方面的问题。家长因此负担大增,必须想方设法地应付孩子的残疾或疾病。希尔顿·戴维斯(Hilton Davis)在他那本《与患有慢性病和残疾的儿童家长商量》的指导书中,列出了每种残疾或疾病给孩子和家庭带来的具体困难。

  孩子伤、病、残时,他们需要身体上和其他方面的照料,这就给家庭其他成员带来了影响。在比较普遍的情况下,父母中有一人就不能做饭、看书或看电视,而要去照管孩子,去搂抱或亲吻他以抚慰其情感创伤。如果孩子患病的话,父母中一人就得照看他,而另一个家长送其他的孩子去上学,或者必须赶时间去请医生。耽误了工作时间,对其他孩子也失去了照顾,这样的后果已司空见惯。假如孩子患有慢性疾病,家庭生活就会大变样。焦虑是肯定的,家长无法再去参加外界活动,必须在家护理孩子,包括约见专业人员以及定期送孩子到医院就诊。

家庭

  戴维斯(Davis)曾描述家长怎样深受患病孩子的影响。在患癌症孩子的家庭中,多达33%的家长甚至在孩子的疾病缓解期仍处在严重的忧郁和焦虑之中,已经达到需要专业人士帮助的程度。在戴维斯和他的学生的一项研究里,曾发现患糖尿病孩子的母亲中有31%的人承受着沉重压力,早该接受专业心理保健治疗。

  由于病残孩子的影响,家长的沟通和关系问题日益增多,这在离婚案中已有所反映。兄弟姐妹的问题也明显增加,其中包括烦躁易怒,嫉妒,不参与社会活动,犯罪,学业成绩欠佳,行为问题,焦虑以及自卑。问题主要出现在沟通交流方面,尤其是与自己父母之间的交流。他们往往觉得与有残疾的或有病的兄妹相比,自己被忽视了。

  很显然,社会优先关心特困儿童时,必须同时重视他们的家庭问题。

二、评估困难儿童

困难儿童

  评估每个孩子应根据他们的:
- 身体健康状况(见附录Ⅶ和附录Ⅸ的有关健康和发育问题)。
- 心理健康状况。
- 社会化和智力发育水平。
- 情感发育状况和行为特点(见附录Ⅵ)。

  每个专业人员都应该了解评估方法和注意事项。

评估健康和发育的标准

  全部标准都适用于每个年龄相同、性别相同以及文化、种族和宗教背景相同的孩子。

- 适当性标准:当一个孩子的行为、语言表达或情绪烦恼与同龄孩子明显不同时,他就被认为没有达到健康或发育适当的标准。
- ➤ 严重损伤:只要有客观证据说明由于父母缺少方法技巧,而使一个孩子的健康和发育情况正在受到本可以避免的损害,就可以认为这个孩子受到了"严重损伤"。
- ➤ 病残(见表1-1的核查项目):是否由于疾病、受伤或先天性情况而发生了视觉损伤、听觉损伤、严重的沟通交流困难或实质性障碍?
- ➤ 重大危险:一个孩子是否濒临重大危险,需要由儿童保护案例分析会议来决定。有些孩子虽然没有证据表明他们没有达到或不具备健康和发育的"适当性标准",但他们可能濒临危险,因此也是"困难的"。
- ➤ 严重伤害:一个孩子的健康和发育,由于家长或监护人的疏忽或者因为孩子处在家长的控制之外,正在受着"严重伤害"。
- ➤ 发育:指身体、智力、情感、社会化或行为上的发展,而健康是指身体或心理的健康。

对最后一项,专业人员多有些左右为难之处。什么是发育适当的标准呢?先别提身体和心理方面的损伤,单说这两方面的健康是由什么构成的呢?"困难"这个词也是难以精确定义的!它是出现在《儿童法》里用于解释儿童"身体、情感和教育方面的困难"的术语。梅逊(Masson, 1990)写道,应该强调对个别孩子的困难要做客观评估,但同时要避免把对某种生活方式的偏好主观地引入其中的危险倾向。因为在评价标准上,我们常常受自己从小养成的生活方式和我们所属文化传统的影响。

从事社会服务和保健服务的专业人员,特别是社会工作者和保健医生,在社会压力下去做令人痛苦的决定时,所面临的困难我们怎样估计都不会过分。他们必须在孩子的困难和安全与家长的困难和权利之间寻求平衡。遗憾的是他们经常白费力气,当事情不顺时他们是替罪羊,当事情顺利时他们的作用竟得不到承认。

当然,处于压力之下的社会工作人员不会像科学家那样自以为是,贸然地去犯统计人员所称的"第二类错误"——由于对证据持谨慎态度而否认实际存在的各种问题。但是,他们在处理像虐待儿童等问题上往往会犯"第一类错误"——错误地认为各种关系是可以理解的。其实第一类错误的暗示可能对当事人是有害的。实施干预所失去的至多是毫无效果,令人沮丧。无论如何,应当首先弄清一些问题,应核对"证据"并对信息和资料做出系统说明(理论解释、判断、预测、推荐解决办法)。

重要的是要列举出判断和决定的理由。对某个观点在不带个人情绪或偏见的前提下,合理的争论是非常必要的。执行评估的专业人员显然需要丰富的经验,以便提出意见和做出决定。

目标

重要的是,要确定评估中所提出的问题是什么,它的目的是什么,目标又是什么。

《儿童法》使用了"通情达理父母"这个概念。第 31 款在谈到"照料(孩子)"时,明确指出"对父母的期望应当具有合理性"。人们常说"好家长",这个词一听就懂却难下定义,因此也就难以评估。

三、评估方法

为了保证对问题评估的可信度,采用的方法、指标以及应用程序都应符合一定的标准。

- ➢ 评估范围应有广泛性和特异性。例如,观察当事人在特定情景下的行为,应取"有代表性的样本"。
- ➢ 所提供的指标和相关测量应有公平性(这一点与上一条有关)。由于可能会因歧视某人而有失公允,评估采用的测试或问题,不应受对当事人的态度偏见或民族文化习俗的影响。
- ➢ 评估方法应当提供精确的指标或测量。也就是说它们应当是可靠的,如果情况允许,应当是可重复的。应当可以依据测量指标进行详细的说明和描述,而不是仅给出含糊不清的概括性的术语。
- ➢ 评估方法应当提供适当的指标或测量。要使评估有效,选择适当指标十分关键。换句话说,评估应当测量出他们想测的东西。
- ➢ 评估方法应当是实用的。深奥而费时的方法无法广泛应用,也就失去了意义。
- ➢ 评估方法应当是合乎道理的。这是一切工作的绝对必要条件。

第四节 评估做父母的行为

一、什么时候孩子受伤害?

专业人员可能会无微不至地关心一个未能健康成长或与父母关系紧张的孩子。因为父母可能并不了解或不愿面对自己孩子在健康或发育方面所受的伤害。但是,专业人员必须有"合理的理由去怀疑这个孩子是正在受着或者有可能受到重大危害"。例如,濒危儿童可能面临两种困难:(1) 生存困难,如不能满足吃、住和身体保护的需要。(2) 心理社会方面的困难,如不能满足孩子对爱心、安全、关注、新经历、接纳、教育、赞许、认知和归属感的需要。

孩子要生存,就必须获取关于所处环境的大量信息。父母培养孩子的主要目标之一就是让他们为未来做准备。在我们这个远非理想的世界里,并非每个孩子的个人需要都能从父母那里得到满足。这就是强调"尽量做个好家长"的部分原因。

伤害

伤害的概念在《儿童法》第四部分第31款(9)里被解释为虐待或对身体或心理发育的损害。如前所述,"发育"是指身体、智力、情感、社会化或行为上的发展,而"虐待"包括性虐待及各种形式的虐待(见附录Ⅰ),不只是身体上的,也包括可以对健康或发育造成损害的任何情况的疏忽,如营养不良、不讲卫生,对疾病或症状漠不关心、不去寻求治疗。

无论伤害的性质如何,法庭都必须裁定伤害本身是否严重(见附录Ⅱ)。这关系到对孩子的影响。法庭也必须考虑孩子是否现时正在受着伤害,或者有可能受到伤害。《儿童法》第31款要求法庭在做出保护或监督命令之前,在运用该法第1款的原则之前,首先要认定那个孩子的处境符合一定的标准(叫做阈限标准或最低标准)(见图1-1)。

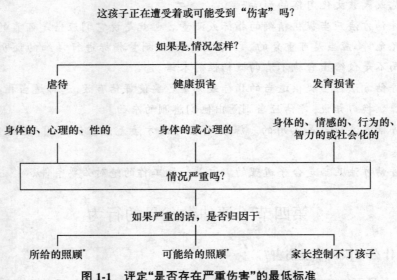

图1-1 评定"是否存在严重伤害"的最低标准

*此处所说的照顾并非家长合情合理地给予孩子的照顾

(引自 White,1991,略经修改)

这些标准的核心概念是伤害。但是即使符合最低标准,法庭仍然可以不下保护或监督命令。它必须考虑表1-2的健康核查项目,但是特殊情况下法庭可以使用该法第8款所列的各条命令。这些命令不论是否符合最低标准都可以下达。

现在需要回答的仍是那个非常困难的问题:什么情况下才能说,由于父母没有注意到孩子的需要或由于父母反应迟钝、缺乏技能经验,而使一个孩子受到严重伤害呢?毕竟,那些令人心烦的关于什么构成伤害的辩论,并不像故意虐待案件或极端疏

表 1-2　健康核查项目

作为法庭诉讼程序必须评估下列项目：
(1) 可查明的有关孩子的意愿和情感(根据孩子的年龄和理解能力来考虑)。
(2) 孩子在身体、情感和教育方面的困难。
(3) 环境改变对孩子可能产生的影响。
(4) 孩子的年龄、性别、背景以及法庭考虑到的其他有关特点。
(5) 孩子所遭受的、或有可能遭受的任何伤害。
(6) 孩子的家长及法庭认为与问题有关的任何别人解决孩子困难的能力。
(7) 根据《儿童法》法庭在有关诉讼程序中使用权力的范围。

忽案件造成的伤害那样明显。那些由于父母无知、缺乏经验、缺乏感情或不够机智给孩子健康带来的微妙而难以言明的后果,使人无法对其做出明确的界定。

重要的是应当记住如果要了解孩子所受的伤害是否严重,就要将他的健康或发育状况"合情合理地与类似孩子的情况相比较"[第 31 款(10)]。类似孩子是指有相同身体属性的孩子,而不是相同背景的孩子。这里忽视了一个事实：社会和环境因素对孩子的健康和发育会产生非常重要的影响。严重伤害的定义出现在《儿童法》的不同地方：第 43 款的儿童评估指令,第 44 款的紧急保护指令,第 46 款的警方转移孩子的权利,第 47 款的当地权力机构做调查的责任,以及第 25 款的在安全住处的留置。

二、儿童评估程序

当需要评估而家长或监护人不同意时,申请人可以寻求时效达七天之久的儿童评估程序(第 43 款)提出评估申请[第 43 款(1)],并与法庭讨论关于评估的安排。根据当地儿童保护手续可以考虑在案例会议上进行。可向当地政府机构和社会服务部门或向全国预防虐待儿童协会这些能够申请儿童评估程序的机构提出申请,表示对孩子关心的人必须为会议的研究提供帮助。

孩子的家长或监护人总该知道,如果他们坚持不肯合作的话,儿童评估程序是可以申请的。他们还应该知道评估程序的法律作用和详细含义以及随之而来的法庭手续。家长也将需要有关评估目的的资料。

孩子的意愿和情感

要强调与孩子的言语沟通,因为在诉讼程序中孩子的看法是非常重要的。法庭在做出裁决前考虑健康核查项目时,首先考虑的是孩子的意愿和情感。

当法庭裁决关于孩子养育的任何问题时,要特别考虑孩子的意愿和情感(根据他的年龄和理解能力来考虑)。因此,现在比过去的立法更加强调询问孩子,查明他们的看法。

我们怎样查明孩子想要什么呢？像对于所有的人一样,使用的主要方法是观察、询问并富于同情心地倾听。访谈因为有机会询问和核实问题，充分地听当事人述说，于是成了评估、调查、干预和评价的主要手段。根据医院临床访谈得到的口头报告，可以作为真实生活行为的一种很好的提示，但它可能有误而不可靠。不要完全依靠访谈所取得资料。包括儿童在内的当事人，可能注意不到某些细节，可能误解一些事情，或者可能忘记一些重要情况而强调一些无关的东西。

困惑或负罪感都会导致在提供信息时出现错误和疏漏。如果至关重要的行为里包括无意识反应的话，当事人可能完全意识不到自己的行为。因此，要自己去寻找信息或训练当事人去观察分析，以便你能通过当事人的眼睛看到发生的情况。此时你甚至可能辨明以假当真的种种说法。你的"快照"可能受到观察者的影响而拍错，人和场景都会因你观察角度的不同而得出不同印象。当事人可能在演戏，因为他完全知道你在寻找什么。如果你对蛛丝马迹不能明察秋毫，就不能将行为的意义揭示出来。你或许会把观察到的情况过分抽象概括，从一些特定情况下的具体行为中勉强抽取出所谓的"特质"、"倾向"或"深藏着的动机"。

三、评估高危家庭中的亲子关系

根据布朗(Browne & Herbert, 1996)的看法，评估高危家庭中家长与子女的关系和判定孩子的安全程度，共分为六个重要方面：(1) 监护人的知识背景和对孩子的态度。(2) 家长与孩子之间对对方行为的感知。(3) 家长监护行为的质量。(4) 家长与子女之间的互动。(5) 孩子对家长的依恋程度。(6) 家长在应激状态下的情绪反应。

现在首先考虑前三项。

抚养子女的知识和态度

研究表明，虐待子女家庭和非虐待子女家庭对于孩子的发育有不同的态度。虐待者们往往对子女的能力抱着不现实的而且歪曲的期望，他们可能期望过高，这就导致采用训斥和惩罚。例如他们可能认为婴儿在 12 周时应该能够独自坐着，40 周时能够开始走路。甚至他们会期望小孩子在 1 岁时能够认识做错的事。更令人吃惊的是，大量的性虐待和身体虐待事件都涉及到父母迫使孩子去做超出其发展极限的事情。

研究还表明虐待子女家庭和非虐待子女家庭的差别之一，就是前者把抚养孩子看成是一项简单的而不是复杂的任务。他们中很多人对自己孩子的能力和困难缺乏了解。

家长对孩子行为的感知

虐待子女的父母与非虐待子女的父母相比，在感知自己孩子行为方面，更容易得出否定的结果。或许这与受虐待的孩子更可能存在健康、饮食、睡眠等方面的问题有关。这可能就是家长那些不现实期望的直接结果。

家长行为的质量(见附录Ⅲ～Ⅷ)

父母的反应是评估其行为质量的一个重要成分。它是复杂多样的一种现象,至少有三种不同成分可以作为敏感指标:父母对子女的反应是否迅速、一贯而适当。如果父母对孩子的饥饿、痛疼、哭叫或其他的交流和行为,总也做不出适当反应的话,那就需要社会工作者或心理医生出来做工作了。

父母与子女(尤其是幼儿)之间的互动在儿童发育上具有重要作用。而且父母行为并不单纯是个行为样式,也是一个主动介入的过程:以丰富的想象和深厚的关爱同孩子一起玩启蒙式游戏,教会他们如何防止事故和激发学习兴趣。个人因素会影响这些错综复杂的过程。现以一个极端情况为例,一位患忧郁症的母亲可能会觉得很难和自己的孩子"正常交流",和他建立一系列互利的令人愉快的关系。

值得注意的是,虽然社会给家庭赋予了非常重要的功能,但是没有什么正式教育或训练方式提供给想当家长的人,甚至连非正式学习和那些在大家庭里大孩子照看弟妹的有用经验,或者大家庭的有经验成员和住在附近亲属的帮助,都可能没法用到孤立的现代小家庭里去。

幼儿护理技术随时代发展而发展,绝非流行的时尚。一般认为它与孩子的发展很有关系,如果养育不当,孩子的未来可能会受到影响。但是事实上,尽管做了许多研究,却得不到关于抚养幼儿技术与其日后性格发展之间关系的有力证据。因此,我们并不真正了解像母乳与奶粉喂养相比,他们的心理后果是否有特殊性,即使真的有,它们的区别是什么。同样地,我们无法确知一饿就喂是不是比定时喂奶好些,而且我们也不能确定早断奶或晚断奶会对孩子的性格发展有什么不同影响。的确有证据表明,养育孩子的主要特性之一是家庭氛围——家长的态度、期望和情感,这些为他们所使用的幼儿护理和训练的特定方法提供了背景。那些为孩子做些他们和所属社团认为正确的事情的父母是最实际的家长。

证据表明从广义上讲,这些父母想要用特定社会环境下的法纪和道德理念去指导自己孩子的行为。提倡和孩子相互交流共同探讨如何遵从这些理念。赞扬孩子的自我表现和他们对权威、对工作等的尊重。戴安娜·鲍姆瑞德(Diana Baumrind, 1989)认为,有证据显示传统与革新、分歧与集中、顺应与同化、合作与独立、宽容与有原则之间的强劲对抗力量综合和平衡。她把这叫做有权威的(不是专制的)家长行为。

四、民主的家长行为

迈肯齐(Mackenzie,1993)描述有权威家长的所谓"民主方法"如下:

家长的信念
- 孩子有能力自己解决问题。
- 应该让孩子去选择,并允许他们从自己选择的后果中学习。
- 鼓励是激发合作的有效方法。

权力和控制
- 给孩子的权力和控制以他们能够负责任地处理为限。

解决问题的过程
- 合作。
- 双赢(孩子和家长都受益)。
- 以互相尊重为基础。
- 孩子是解决问题过程的积极参加者。

孩子学到的东西
- 责任。
- 合作。
- 独立。
- 对法则和权威的尊重。
- 自制。

孩子的反应情况
- 更多的合作。
- 减少检验限制。
- 自己解决问题。
- 认真对待父母的话。

五、做家长的技巧

《儿童法》描述父母有能力把自己的孩子抚养到道德、身体和情感都健康的程度。这需要一系列并不简单的技巧——部分常识、部分直觉和部分同情(从他人的角度看问题的能力)。所有的父母都应该为自己的孩子提供生存的基本需要,即安全、住处、空间(其中包括玩耍空间,特别是年龄较大的孩子的隐私空间)、饮食、收入、身体爱护和健康保护。对孩子的身体爱护可以对照附录Ⅶ的核查项目来看看做得是否适当。负责任的父母也提供依恋、安全、关怀、新的经验、接纳、教育、赞许和认知以便适应子女的重要心理社会性需要。附录Ⅵ的核查项目可以用来评估家长情感关怀的质量。

一个特别困难的任务是如何鼓励那些大多数家长所具有的,但在少数家长身上不存在或被歪曲了的感情。往往是成功孕育成功,失败孕育失败,好的家长行为促进下一代好的家长行为,而差的家长行为就产生出差的家长行为。所幸的是,在所谓"失败孕育失败"的现象里也有许多例外。

家长对子女的依恋

敏感的或迟钝的反应问题一向与家长孩子之间所形成的那种情感依恋的程度有一定的联系(见附录Ⅳ和Ⅴ)。幼儿的生存依靠成人监护者长期的爱心投入。社会工作者和保健医生正在寻找排斥、疏忽和虐待的现象,即情感虐待现象。这种形式的虐待会使孩子觉得他们是没有价值的,而且认为正是他们的存在使得父母不高兴。孩子可能被忽视,身体上的爱护可能不够,孩子可能缺少刺激、身体接触和安全。因此孩子就得不到以保护、支持和训导以及情感上的温暖和爱。家长的消极态度会导致虐待性威胁、经常的批评和让孩子当替罪羊。对年龄大些的孩子,有时会出现嘲笑和贬低孩子为讨人喜欢所做的一切努力。有些人把"情感虐待"这个术语也用到那种阻碍孩子向成熟发展的过分保护和宠爱的行为上。

情感虐待的概念有范围过广和太不明确的危险,所以用更清楚的指标正确界定一下大有好处。情感虐待指标:

➤ 指标1:对孩子微笑、好动之类的行为惩罚。
➤ 指标2:阻止幼儿与家长亲热的行为,例如,每当幼儿寻找接近、安抚和感情时就把他们推开。
➤ 指标3:家长没完没了地批评孩子,伤害孩子的自尊心。
➤ 指标4:家长为孩子学习人际交往技巧(例如寻求友谊)而惩罚孩子。其实,家庭以外的环境例如学校、同龄群体的接纳对孩子来说是很重要的。

另外不要忘记,身体虐待和性虐待也与情感虐待有关。

帮助家长

当情况的确不顺利,像有时所发生的那样,当一个天性爱闹的幼儿或一个身残或智障的孩子对家长造成沉重负担时,就要对家长提供一些帮助。许多家长可以学习儿童护理的必要技巧和行为管理。往往,他们有着甚至自己不知道的技巧。为了这个目的,每个家庭可以学习大量的相互配合的技巧以便家里的人们能够有效地使用并互相学习(Herbert,1993)。以合作方式所指导的家长行为培训特别起作用(Webster-Stratton & Herbert,1994)。

附录 评估父母行为和孩子的需要

下面是一些表格和核查项目,是为根据你自己作为社会工作人员所观察和询问的问题以及针对当事人自述所作的评估而设计的。并不是用来代替专业机构的评估文件。

在做出判断时非常重要的是,只有在你看到当事人在各种不同背景情况下的清楚的(即"有代表性的")行为样本以后才能做出结论。

要正确认识那些为与当事人一起使用而设计的评定量表和问卷,它们并不提供关于当事人和(或)他们问题的明确的"诊断"说明。在儿童虐待和压抑方面的问题尤其如此。评估和次数计算也不包含从性格或智商测验之类得来的分数。换句话说,它们不是严格地进行数字计算,也就是说,不是精确的定量分析。它们的设计是要通过更细致的评估来帮助你避免做"模糊的"总括性判断。这样的评估只能用作(并且应当看做)提示,指出可能存在的问题(例如,计算过高或过低)和失常现象(不常见的或古怪的类型)。它们仅是一种扫描装置,是寻找证据的第一步,同时也提供了"一把尺子",让你在不同时间里监视你当事人的变化。另外,它们是个案化的研究办法(不是研究普遍规律的方法),让你通过观察或自我报告来说明一个人的行为、态度和情感。

依据自己的评估试问你自己:
➢ 这孩子的顺应行为适合他的年龄、智力、文化背景和社会情况吗?
➢ 环境对这孩子提出的要求合理吗?
➢ 环境能满足这孩子的关键需求即在其发育的特定阶段所需要的重要东西吗?

附录 I 虐待形式

引自布朗和赫伯尔特(Browne & Herbert, 1996)的著作:

身体虐待

造成身体疼痛或对身体施加威胁和(或)伤害,例如,推、打耳光、打、拉头发、咬、扭胳膊、脚踢、拳打、用东西打、刺扎、烧、枪击、毒害等。实施暴力和身体监禁。

性虐待

不经同意的性接触,任何利用性或强制性的性接触,包括抚摸、性交、口交、肛交,袭击身体的性区域。非自愿观看色情图片或性行为。

心理(精神)虐待

利用限制接近朋友、不让上学和工作来施加精神痛苦。强制隔离和监禁。非自愿观看暴力图像或活动。利用伤害身体或伤害别人进行恫吓。进行胁迫、敲诈、自杀威胁和骚扰。伤害宠物和破坏财产。

情感虐待

经常批评、羞辱、诽谤、贬损、咒骂和采用其他方法试图破坏孩子的自我形象及价值观。

物质(经济)虐待

非法进行钱财上的剥削和(或)控制个人生存所需的其他经济来源。强迫别人在物质上依赖自己。

故意忽视

不肯或没有尽到照料的义务,包括有意地施加身体上或情感上的压力,例如,故意抛弃或故意不给食物、钱或有关保健服务。

非故意忽视

没有尽到照料义务,不是有意地施加身体上或情感上的压力,例如,抛弃、不供给食物、钱和有关保健服务等行为是因为焦虑、认识不足、懒惰或体弱。

附录Ⅱ 虐待严重程度

引自布朗和赫伯尔特(Browne & Herbert,1996)的著作:

轻度

轻微事故,对身体、性或心理方面都没有造成什么长期损伤。

(1) 身体上:范围有限的表皮组织损伤,包括轻微的抓伤痕迹、轻度的小青肿、极小的烧伤和条状的小红肿等情况。

(2) 性方面:不适当的性触摸、诱惑和(或)暴露狂。

(3) 情感上:偶尔口头谴责、贬损、羞辱、被当成出气筒、被置于令人困惑的气氛中。

(4) 忽视:不时地压抑爱和感情,没有器质性原因而体重相当于或略低于第三百分位。

中度

事故发生较多并(或)具有较严重的性质,但不可能产生生命威胁或者长期影响。

(1) 身体上:范围大而性质较严重的表皮损伤和小的皮下伤害,包括大块青肿、大块条状红肿、撕裂、小的血肿和轻微烧伤等情况。

(2) 性方面:不适当的非插入式性动作,例如抚摸。

(3) 情感上:经常口头谴责、贬损和羞辱,偶尔拒斥。

(4) 忽视:经常压抑爱和感情,身高、体重不增加。

重度

长期连续不断的虐待,或者虽然事故发生较少,而可能对身体或心理的伤害非常严重。

(1) 身体上：一切长期而深部组织损伤(包括骨折、脱臼、抑制性血肿、严重烧伤即对内部器官的损伤)。
(2) 性方面：性行为，包括未遂的或事实上的口部、肛门或阴道的插入。
(3) 情感上：压抑饮食，强迫隔离和限制活动，经常拒斥。
(4) 忽视：长期得不到家长或监护人的照料，体重和身高都不增加。

附录Ⅲ 儿童的需要：十条儿童护理戒律

下面是1975年出版的《儿童的需要》一书中所记载的指导方针。
(1) 要坚持不断、始终如一地给孩子以爱心护理——对心理保健如同食物对身体一样的重要。
(2) 要慷慨地拿出时间给孩子——要认识到和孩子一起玩并读书给孩子听，比操持一个整洁的家更为重要。
(3) 要给孩子以新的体验，让孩子从出生后就沉浸在言语之中——这些都有利于孩子的成长。
(4) 要鼓励孩子自己并和别的孩子一起用各种方式去玩——探究、模仿、搭积木、扮演角色和创造。
(5) 更多地表扬孩子所作的努力，不仅是表扬他取得的成就。
(6) 要给孩子不断增加责任——像一切技巧一样它也需要练习。
(7) 要记住所有的孩子都是唯一的——因此对一个孩子适合的做法可能对另一个孩子就不适合了。
(8) 你表示不赞成的方式要适合孩子的年龄、性情特点和理解力。
(9) 决不要说你不再爱孩子或不要他了；你可以批评孩子的行为，但决不要表示你会抛弃他。
(10) 不要期望孩子感激你，你的孩子并没要求出生——这是你的选择。

附录Ⅳ 对幼儿的反应

孩子的姓名： 年龄： 日期：
你要在下列范围内以一个有代表性的观察样本为基础做出评估。一些反映家长行为的操作标准罗列如下。

	评	估		
监护人或家长	总是	大部分时间	有时	从不
对幼儿的需要反应迅速吗？				
对他的需要反应适当吗？				
反应始终如一吗？				
与孩子的相互作用顺畅而且敏感吗？				

反应迅速

婴幼儿在认识外界事物与自己行为的关系方面的联想能力是非常有限的，只需三秒钟的间隔就可以使六个月大的幼儿的应变学习发生改变。如果成人间隔较长时间才回应幼儿的信号，那就没有机会使孩子了解他的行为对所在环境，特别是别人的行为所产生的影响。

反应适当

这个意思是指幼儿有能力认识他想要交流的特定"信息"，有能力说明它们并对它们做出正确反应。

始终如一

一定让孩子的环境对他来说是可预知的，使他能够了解到他的行为在特定情况下将会产生特定的后果。

互相影响顺利

父母要能以简便而愉快的方式使自己与婴幼儿相互影响。不要采用强加于人和引起混乱的方式。

附录Ⅴ 父母-幼儿互相作用

孩子的姓名： 年龄： 日期：

父母是否	是	否	不知道
开始与孩子做积极的互相作用？			
对孩子的牙牙学语做出反应？			
对孩子说话时改变语调？			
对与孩子面对面的接触表现出兴趣？			
有安慰孩子或使他安逸舒适的能力？			
喜欢与孩子做亲近的身体接触？			
对孩子的痛苦表示做出反应？			

附录Ⅵ 关爱质量(情感需要)

评估关爱,在下列方框内填入优秀(E)、良好(G)、合格(A)、较差(P)或不合格(I)。

情感需要	评估	几条界定标准
(1) 安全	☐	安全是指连续的关怀、一贯的控制、定型的保护和日常护理,提供可预想的环境、公正而可理解的规矩、和谐的家庭关系,让孩子始终感觉到自己的家和亲人的存在。
(2) 情感	☐	情感包括身体接触、赞赏、感动、容纳、安慰、顾虑、体贴、关心、交流。
(3) 责任	☐	责任包括适合儿童发育阶段的训导,提供仿效(模仿)的榜样,讲明行为界限,坚持关心别人。
(4) 独立	☐	独立暗示创造机会让孩子多做些无人帮助的事并自己做决定,先是一些小事,逐渐是较大事情。
(5) 反应	☐	反应是指做出迅速、一贯而适当的行动以满足孩子的需要。
(6) 刺激	☐	刺激是指通过表扬、通过回答问题和与之玩耍、通过增加训练(教育)机会和新经验来激励孩子的好奇心和探究行为。

附录Ⅶ 身体保护质量

评估身体保护,在下列方框内填入优秀(E)、良好(G)、合格(A)、较差(P)或不合格(I)。

身体需要	评估	几个指导性标准
(1) 住处	☐	孩子有合理的住宿设备吗?(例如,一张暖和干燥的床;隐私空间;放自己财物的地方;玩耍的地方)
(2) 饮食	☐	孩子吃喝什么?间隔时间?通常谁喂孩子?三顿饭什么时间吃?喂孩子有困难吗?
(3) 安全	☐	孩子有不遭受危险的保护吗?(例如,把毒物(药品)锁起来;训练躲避意外事故、危险情况;夜间不使孩子独在一处)
(4) 休息	☐	孩子什么时间睡觉?他睡多长时间?他在哪里睡觉?独自一人吗?他是难以入睡还是难以在床上入睡?
(5) 洁净情况	☐	教给孩子个人卫生习惯(如便后洗手)吗?摔倒以后注意到擦伤和青肿吗?鼓励孩子去洗手脸、洗澡、洗发吗?这些事情是让孩子自己做的吗?多长时间一次?
(6) 外表	☐	孩子的穿着适当(例如,暖和/整洁)吗?孩子有笑容吗?孩子是否肮脏?

附录Ⅷ 父母保护核查项目(学龄期间)

在适当的栏内打一个对号(✓)

父母/监护人	总是	通常	有时	很少	从未
(1) 鼓励孩子的想法吗?					
(2) 为了理解孩子仔细听吗?					
(3) 清楚地告诉孩子吗?					
(4) 尊重他的隐私吗?					
(5) 给孩子树立榜样吗?					
(6) 在适当时候提供指导吗?					
(7) 共同分担(家庭信息/适当的决定)吗?					
(8) 尊重孩子的看法吗?					
(9) 感谢孩子的努力吗?					
(10) (通过安慰或鼓励)表达感情上的支持吗?					
(11) 对孩子怀有信心吗?					
(12) 谈话时做目光接触吗?					
(13) 用名字称呼孩子吗?					
(14) 记着孩子的生日吗?					
(15) 对孩子谈论家务事吗?					
(16) 适当时讨论宗教、政治、性、教育、死亡等问题吗?					
(17) 教给孩子适当的社会技能吗?					
(18) 接纳孩子的朋友吗?					
(19) 公正地处理、解决孩子们之间的任何矛盾吗?					
(20) 规定合理的范围并坚持照办吗?					

附录Ⅸ 健康与发育问卷

向监护人(们)提问:
(1) 孩子曾经生过什么大病(不是儿童时期的常见病)吗?
(2) 他曾经住过院吗?如果住过,是什么时间?什么病?住了多久?
(3) 孩子有什么流行病或残疾吗?他为这病正在上医院、诊所,还是看一般开业医生?
(4) 孩子现在(或过去)有听力或视力问题吗?

(5) 你怎样描述孩子迄今的发育进步和成长?
(6) A. 孩子出生时体重是多少?
　　B. 他的体重增长得快还是慢?
　　C. 什么时候他的体重达到出生时的一倍的?
(7) 孩子多大时会自己坐着的?
(8) 孩子多大时会走路的?
(9) 孩子多大时会说话的(单个词/成句)?
(10) 孩子多大时分别在白天、夜间不再哭和不吃奶的?
(11) 孩子上学有什么问题,不论有关学习功课、日常行为、到校上课,还是和同学们一起? 如果有,描述一下。
(12) 孩子在学校和在家里好像表现不同吗?
(13) 孩子感兴趣的事,最喜欢的业余爱好和活动是什么?
(14) 孩子易结交朋友吗? 他在交往上孤立吗?
你问一下自己:
(15) 孩子的行为与他的年龄、智力和社会情境相适合吗?
(16) 环境对孩子的要求合理吗?
(17) 环境能满足孩子的关键性需求,即在他发育的特定阶段非常重要的需要吗?

注意: 你可能寻求医疗和保健医生同事们的帮助,来保证有关儿童成长发育的资料都核对过并有恰当说明。卫生当局已做安排让儿童在规定的间隔时间内得到由医生或保健医生所做的发育监督。儿科医生强调定期使用体重身高图表监视儿童成长的重要性,同时普遍赞同这样的资料都应当为所有幼小儿童保存起来。

2

行为研究法 ABC*

引言

行为研究法 ABC 是儿童行为分析中处理行为(behaviour)的前提(antecedents)和后果(consequences)所用的几个关键要素的首字母缩略词以及心理学学习理论的其他原则。它包含为受孩子麻烦行为困扰着的父母提供解决问题的办法的意思,关于儿童管理比较简单的方法可以由医务保健人员向监护人传授,但我必须强调,从事专业的新手在使用行为研究法时,从有经验的行为治疗师那里接受督导是很重要的。

目的

本章目的是要给医务保健人员或心理医生提供:
➤ 行为研究法的应用,以便减少儿童时期的行为问题。
➤ 影印材料作为传单发给家长,用来为解决孩子行为问题安排计划作准备。
➤ 为记录行为基线和变化用的预估表。
➤ 行为研究法的记事表。

目标

你看完本章时应当熟悉:
➤ 执行一个 ABC 功能分析的行为对策。
➤ 改变行为的几种行为计策(方法)。
➤ 监视行为变化时实际运用的记录表格形式。
➤ 一些论述行为工作主体的主要文献。

---

* 译者注:ABC 通常是"初步、入门、基础"的意思。

第一节　学会为人处事

儿童的绝大部分行为是学来的,这里面包括那些成年人认为应受指责或令人担心的行为。儿童必须学会怎样"正常地"守规矩,也就是以社会上适当的方式为人处事。要把任何事情办好都要有良好训练,这涉及两方面的人:学生和老师。

父母就像老师面对学生一样,面对着需要学习各种社会生活知识的孩子。一般来说,父母在做家长时在这方面并未接受过正规训练,尽管他们可能通过观察或帮助自己的父母而得到一些非正规的经验。

幸好,我们并非完全依靠自己所学到的东西。作为人,我们有巨大的能力运用自己的直觉和常识来解决问题。大多数父母在养育孩子方面没有接受过训练,也的确成功地把孩子养大,成为社会上奉公守法的人。

虽然儿童精力旺盛并有较强的适应性,但是他们也没有必要完全靠尝试错误的方法在周围世界里去寻找自己的路。如果父母能成为明智的向导和良师,则可以给他们节省很多时间,而且避开一些痛苦的错误。必须强调的是,ABC学习理论只是告诉父母怎样考虑自己的和自己孩子的行为,它只能指出应怎样来教,而不是教什么!决定教给孩子追求什么,那是家长的价值观问题。

学习的性质

当经验使人的行为、态度和知识发生了较长时间的改变,我们就可以说学习已经发生了。记住一个公式,认识一个面孔,阅读音乐作品,害怕数学或参加聚会全都是学习的例子。我们必须在"学习"一个动作或行为与实际"完成"它之间加以区别。对儿童而言,首先需要回答三个基本问题:(1)他知道做什么吗?(2)他知道怎样做吗?(3)他知道什么时候去做吗?

现在这个孩子可能已经知道什么是适当的行为或技巧以及什么时候去做,但是仍然未做。因此,还有四个问题需要考虑:(1)我怎样才能使他去做我要他做的事情?(2)如果他做了,我怎样才能鼓励他继续做下去?(3)我怎样才能使他不做我不要他做的事情?(4)尽管他已经不做了,我怎样才能鼓励他打消重做的念头?

对于一个行为,我们必须考虑它的前提即发生的原因,因为这一点非常重要。如果你观察一个孩子的行为背景的话,很可能他在有些场合表现得不顺从或者大发脾气,而在其他场合则不然。也就是说有些情景好像对他们起到信号(前提)作用使他们做出了特定方式的行为。人们往往以他们认为适当的特定方式去对待特定的地点和人物。儿童的这种善变的能力经常引起家庭与学校之间的误解,使一方责备另一方,这是因为孩子不止一次地在一个场合表现得很难对付,而在另一个场合又表现得很乖。一个孩子往往看看周围,想想规矩和大人的态度,想想别的孩子是怎样做的,别人期望他怎样做,然后才决定怎样去做。

行为研究法的 ABC

在这里行为研究法的 ABC 将证明是有用的。
- A：代表前提(Antecedents)或诱入 B 的事情。
- B：代表行为(Behaviour)或孩子实际做的事情。
- C：指的是后果(Consequences)或在行为之后立即发生的情况。

有意义的刺激(前提)是重要的,因为它们指导我们的行为。换句话说,他学会对刺激做出适当反应,这对个人生存具有决定性意义。例如,大多数汽车司机对红色交通信号做出停车反应,假如不是这样,就会发生一片混乱。再如,绝大多数父母会对孩子的哭叫刺激做出反应而去照料他,不然的话,孩子就难以存活。

心理学有一条规律用来说明这类事情之间的关系,叫做刺激-反应规律,即"如果有刺激 Y,人们就期待反应 Z",或者简化一下,"如果有 Y,那就等 Z"。我们可以利用这个规律对一定情况或条件下所发生的成人与儿童的行为做出合理的预见,从而使我们能够提出改正错误行为的方法。刺激与反应的许多联系或联想都是根据模仿(榜样)或条件反射过程学来的。

模仿

实验和观察已经令人信服地说明儿童不仅模仿令人满意的行为而且也模仿不适当的行为。在一项研究中,托儿所的孩子们观察了攻击性模型以后,表现出了许多模仿的攻击性反应,而在观察了非攻击性模型的另一组(控制组)里,这种情况则很少发生。此外,结果表明在电影上观察到的攻击性模型在传播敌意行为模式上和现实生活模型具有同样效力。

刚才举的例子非常简单,但即使这样明显简单的习得模式也是难以分析的。心理学家们不能确定为什么有些榜样对儿童有着几乎不可抗拒的影响力,而有些榜样则不是。模仿效果不明显可能是由于对模仿的动作注意不够(我们在这里想到过多动症儿童),或对刺激保存不够("我老是忘事,爸爸"),或运动能力不足("我老是笨手笨脚的,妈妈"),或者缺乏动机作用("我不明白为什么我应该做!")。对于这种类型的学习(以及后面将要谈到的经典条件反射),我们较少关心行为的后果,而更为关心行为的前提,即在特定动作之前出现的情况。例如,一个孩子可能害怕老师,因为他看到老师曾经非常严厉地对待另一个孩子。

这一切不是要否定 C 项(后果)在观察学习中的重要性。一个孩子实现各种各样的社会认可的行为,通过表扬和鼓励得到了更大的推动力。换句话说,这些行为受到社会(或象征性的)报答的强化。如果他看到榜样的行动有了回报或得到很高的评价，他更有可能去模仿。想一下许多电视人物，孩子们渴望看到的那些人物，他们是用激烈手段取得对自己有益的成果的呀！

这些象征性的回报调节着行为。孩子有可能情愿遵守讨厌的规矩，因为他想要得到父母的赞同或避免他们的不赞同。他们表扬的话增强他的自尊心，同时他养成与社会常规一致的行为模式。并非所有的行为都需要外来的强化，孩子们常常只是为了得到解决问题的乐趣而学会解决问题的。

- 应用

正如我们将在第二节里所看到的，模仿已经成功地用于治疗。例如，一个男孩因为性别自认混乱——女性化形式的走路、手势、坐势等受到别人笑话。通过观察学习，他学到了更多的令人满意的男孩特征，他的苦恼就消失了。学龄前儿童通过观察另一个孩子爱抚狗，给它喂食并一起玩，克服了对狗的恐惧。类似的方法帮助孩子们抑制了对牙科医生的恐惧。父母常常为使自己的孩子不怕牙科手术，自己在诊疗室表现得举止十分平静，甚至坐在牙医的椅子上以表示手术安全。

经典的(反应性)条件反射作用

这是出现在 ABC 公式的 A 上面的另一种学习形式。让我们举一个简单的例子。如果一只狗对它的腿受到针刺做出反应而把腿缩回，这不令人惊奇。这腿的回缩叫做反应性回缩，这是由特定刺激(针刺)引起的一个天生的非自主行为(回缩)的例子。如果它对铃声做出同样的反应，那就奇怪了。可是，如果实验人员安排一只狗定期地恰好在受到针刺腿之前听到铃声的话，在铃声和针刺两者同时出现几次以后，狗只听到铃声就会缩腿的！这是一个经典条件反射作用的例子。当一个刺激(铃声)原来对于一定的(而自然的)反应(缩腿)是中性的，经过几次与引起反应的刺激(针刺)同时出现过以后，条件反射就形成了，结果原先中性刺激本身(铃声)就会诱发反应。

在畏惧性焦虑的发生原因上，就可以看到经典条件反射作用。在操场上受了欺负的孩子，仅是看到操场，甚至没人欺负他，就会感到害怕而且表现出焦虑发作的症状。

学习不是发生在个人身上的简单事情，其中他获得了某种信息并以某种方式使用了信息。这种学习模式和我们前面所看到的那些之间的主要区别是，那些方法并不充分注意两者之间的要素，即学习者自己的行为(B)。这种行为不单纯是由于刺激而产生的，而是由后来强化的性质而增强的。事实上它是一个非常复杂的活动，其中包括三个主要过程：

➢ 获取信息。

➢ 对信息进行思维加工或转换，使之成为适合处理当前任务的形式。

➢ 测试并核对该信息的适合性。

- **自言自语**

人们对自己说的话影响着自己的行动,错误的思想会导致错误的行动而且可能在儿童对自己说的话(自言自语)里显示出来。因此,通过讨论和辩论来改变他们的自言自语,顺利的话改变他们的认识,将对他们的行动和感觉方式都会有益的。

现在我们有一个不同的 ABC,在这里 B 代表一个人关于他发现自己所处情况的信念(beliefs)(知觉、归因,等等)。

➢ A:代表前提(Antecedent)事件。

➢ B:代表信念(Beliefs)(一个人所处情况的意思)。

➢ C:代表由于个人的信念影响自己的行为而产生的后果(Consequences)。

当我们为尝试和艰苦所困扰时,我们大多数人会自言自语:"我再也应付不了……我难收拾……没有希望了……啊,我该怎么办呀?"这常伴有像无精打采、流泪、失眠以及离群和恐惧之类的症状。可以教给孩子们对自己说像"我很勇敢!"、"我完全能够做到!"之类的话,这能够帮助他们掌握自己的情绪。

- **操作性(工具性)条件反射**

操作性(工具性)条件反射描述一个人的行为得到加强的情况(即在类似情况下更可能发生),因为它随之而来的是有利的后果,也就是说,"正强化"。当然,它也可能因惩罚性后果而被弱化。

- **正强化**

如我们前面所看到的一样,当一个行为后果(C 项)对孩子有益处时,那个行为就会增加强度,甚至可能更常发生! 换个说法,如果克里夫做一件事,而且他所做的结果使他感到愉快,那么将来他更有可能在类似情况下做相同的事情。当心理学家们把这种愉快的结果称做行为的"正强化"时,他们在想三种强化因素:

➢ 确实的回报(例如糖果、款待、零用钱)。

➢ 社会性回报(例如关注、微笑、拍拍后背、鼓励的话)。

➢ 自我强化因素(例如那些来自内心的而且触摸不到的回报——自我称赞、自我认可、愉快心情)。

例如,如果你说"克里夫,你真好,让莎丽骑着你的自行车转一圈儿,我对你非常满意",克里夫可能更会把他的自行车再借给别人。(注意:我们是在说"可能性",而不是必然性。)

那么,这里就是那种学习形式——工具性或操作性条件反射学习——其中在个人身上很自然发生的行为频率会随着它伴有回报的出现而增加,就是强化了它。如果它不自然地发生,你就得通过及时强化促使它更容易发生。如果间隔时间太长,学习就不会发生。答应一个幼小孩子要因某件好事给奖励而过了一周时间还不实现,这是没有什么用处了,那不再可能有多大诱导或教导作用。同样地,长时间延迟的惩罚是没有效果的。当然年龄较大的儿童比较能够理解延迟的激励。象征性奖励,例如图表上的红星、贴花或笑脸(见附录Ⅳ)可填补行动与承诺奖励之间的不足。

通常只有在偶尔的场合,家长才在自己的孩子表现不错或很好时说声"好孩子"或满意地微笑一下。事实上,有证据表明所谓的"间歇强化"(偶尔的奖励)是维持令人满意行为频率的好办法,比对每次做出"正确"反应所给的强化有更大的影响力。"独臂盗贼"(摘水果机)的制造者在设计循序式强化时已经把这一原理巧妙地应用到机器上了。你多次获得成功足以让你继续将那台机器使用下去。

我们知道,通过非常仔细的分析行为本身,是什么诱发它的以及在它前后瞬间发生了什么,对分析孩子的困难行为是有帮助的。

- **"之后—才可"规则**

回报应当在满意的行动之后,而不是在它之前。这是奶奶一向的规矩:"你洗过碗之后,才可以出去玩。"而不是玩完了再洗碗。

门诊医生在设法理解孩子为什么按一定方式表现时,就是要寻求孩子的行为和它所产生的回报性结果之间的关系。那些导致满意后果的行为往往会在类似情况下重复出现。

我常常听到一位母亲说:"卡罗尔一定非常讨厌我。他一看到我就粗鲁地行动,不论我出现在现场以前他一直对别人多么好。"以术语来说,母亲的出现对卡罗尔的分裂行为所表现的叫做"辨别性刺激"。辨别性刺激是一种标志,它向孩子发出信号表示可能随后会有强化因素——母亲对自己缺乏爱的关注——出现。

- **负强化**

以避免不愉快后果的方式行动会使该行为本身得到强化,从而使他更有可能在类似情况下重现该行为。

正的和负的强化技术给父母和教师四种训练方法:奖赏训练、剥夺训练、逃脱训练和避开训练。这些可以摘要如下:

➢ 奖赏训练:"如果你做了令人满意的事情,我将给你奖赏"。
➢ 剥夺训练:"如果你不做令人满意的事情,我将撤销奖赏"。
➢ 逃脱训练:"如果你做了令人满意的事情,我将撤销处罚"。
➢ 避开训练:"如果你不做令人满意的事情,我将给你处罚"。

第二节 评 估

对问题的认同和详述

在评估行为问题中最初的信息常常来自家长,而且他们诉说自己孩子的问题常常用含糊的概括性词语,例如"发脾气","不听话","反抗性"或"攻击性"之类的。要激励家长讲出问题的描述性例子,换句话说,当他使用一个特定词语时要用具体的看得见的字眼说明他的意思。门诊医生的主要任务(特别)是根据人们所做和所说的事例正确地指出疑难的行为、态度、信念和相互作用;找出其中的联系(行为/信念的ABC);把这些放入家庭的动态发展结构中;教给家长/孩子观察(并尽可能记下)相互作用;然后和他们一起充分讨论这些资料/信息——这就是一种共享的门诊构想。

认同和详述问题的步骤

下面是关于心理医生确认几个问题行为例子的说明,不仅提供对问题明确而适度的解释,而且还指出事件的前因后果关系,这在下一步的评估过程中是有用的。

- 步骤一:认同和正确指出问题

心理医生:你愿意用自己的话告诉我你想要我们帮助你解决的事情吗?你慢慢说,别着急。(在适当的时间稍停,总结一下当事人说的话。)我要稍停一下看看我是否正确理解了你讲的这几点。

心理医生:还有什么别的问题你要详述的吗?谢谢你给了有用的说明。我可以看出你很担心。我想要澄清你所讲的其中几个问题,我再问你几个关于你孩子行为的别的例子。

- 步骤二:认同孩子的技能

心理医生:你已经指出你孩子的几个问题。如果你看这张表格,你将看到上面有两栏。我已经把你认为他那些不可接受的行为都列在其中一栏上了;现在让我们把他的长处列在另一栏上……

请你把这张表格拿回家去,找出你孩子所做的令人愉快的、有益的和其他积极的事情,把它们记下来。也请注意观察另一张表格所记的他的消极行为,以便我们可以将它们一起研究并制定出一个行动计划。

- 步骤三:认同令人满意的结果(概括的目标)

心理医生:假设我有一根魔杖,能挥动它给你三个心愿,使你孩子行为不同,你希望它变成什么样的呢?或者假设你一天早上醒来发现你孩子已经变好了,你怎样知道的呢?他的行为或态度会有什么不同呢?

- 步骤四:详细说明靶行为

心理医生:你所希望改变的行为有时叫做"靶行为"。这是为了我们将要讨论的行为研究法ABC。术语B代表"行为"(在此例中是孩子大发脾气的行为),同时也代表"信念"(在此例中是你对于所发生事情的感觉和态度)。让我们弄清楚你将在家里和别处看到的事情。因此他所做的什么事情和所说的什么话使得你把他的行为叫做"大发脾气"呢?

- 步骤五:观察他发脾气的频次

心理医生:请按你描述的那些行为数一数你孩子每天发脾气的次数,即事情的次数。你也可以计算一下每个事件持续多久。在三四天中间这样做一下。

- 步骤六:检查行为的 ABC(见附录Ⅲ里的记录)

心理医生:请把每个事件做一个简短的每日记录,要特别强调 ABC 的顺序:

➢ A(前提)   什么事情引起的
➢ B(行为)   大发脾气? 以及
➢ C(后果)   其后立即发生了什么?

- 步骤七:从前提开始分析你的信息

心理医生:几天后当你看到日记和发脾气的记录时,他们都属于比较一般的模式吗? 前提情况都很相似吗?

家长:是的,他们好像形成了一种对抗模式。它们沿着两个方向:或者我孩子叫我做什么,如果我不做她就坚持要求而且最后发脾气;或者我要她做什么,她不理我,或者说"我不愿意!"如果我坚持,她就发脾气。

- 步骤八:查明脾气发作的具体情况

心理医生:当你分析你所做的记录时,发脾气好像更经常地发生在:(1) 一定时间吗? (2) 在一定地方吗? (3) 对一定的人吗? (4) 在一定情况下吗?

家长:所有的回答都是肯定的。它们最多发生在早上、晚间;在卧室里、饭桌上;对我;当我想要给她穿衣服时、让她把饭吃完或者把玩具收拾起时。

- 步骤九:系统说明:分析前提和后果

心理医生:你是否认为你可能已经不知不觉地陷入这种习惯,只是一遍又一遍地像破裂的唱片一样简单地重复着你的要求,而不真正期望有什么结果呢? 你总是让步,或许是因为这样做最方便,是吧? 如果再看一看日记,你能看到在 C 项(后果或结果)里面对这些对立情况有什么样的模型吗?

家长:是的。珍妮通常为所欲为……不是总是但几乎总是。她还叫我滚开。我有时难过得流泪。她总是使我陷入争吵,我不得不为争辩花掉许多时间。

心理医生:你真正在观察谁呢? 答案必然是不止你的孩子。作为分析 A 项(前提)和 C 项(后果)的一部分,你是在观察与你自己相关的孩子和别人。要理解一个孩子的行为而不看别人对她的影响,及她对别人的影响是不可能的。

心理医生:在这个例子里,你(和别人)不经意地强化了你曾希望减少次数的那些行为(孩子发脾气)。例如,第一个强化因素是她为所欲为,第二个是她激怒你而且喜欢使你喘不过气来,第三个强化因素是她独占你的注意力,这些对她都是有益处的。要知道这是有益处的而不是惩罚性的,所以这种行为就变得很顽固。

- **步骤十：认同详细的调整(方案)目标**

心理医生：你要在思想上认清珍妮怎样改变才会使情况好转，还要进一步明确一些情况。例如，"我希望在我提出合理的要求或吩咐时，她能听我的话，以便如果我叫她把玩具放起来，她会照做而不是无休止地争辩或大发脾气"。

第三节 行为研究法

这本指导书不仅是关于改变"问题儿童"令人讨厌的行为，而且关于转变另一些人——家长、教师和其他人—— 的行为，他们是儿童社会性世界的重要组成部分。所提供的帮助集中于改变那个环境，而不是让孩子从环境中退出。父母是产生变化的真正原动力。在本章后面"给家长的提示"的表格可以发给家长，里面有指导，最好作为和心理医生一起讨论的根据，作为筹划改进策略的前期准备。作为指导书重点介绍两个主题。

(1) 治疗过程是一种合作关系，"合作的"工作模型。其目的是给家长权利并在原先有"习得性无助"的地方产生乐观心情(Webster-Stratton & Herbert, 1994)。

(2) 治疗内容：这种乐观主义和真正的治疗合作关系，是以社会学习理论为基础的(Herbert, 1993)。

一、合作模型

合作的方法包括以下过程：

➤ 协商。关键问题是"我们打算怎样共同一起提出这些问题？"这指的是让人们计划为达到治疗目标而分担的工作。

➤ 教育。这包括说明关于行为异常的特征和关于治疗的一些想法。这指的是给家长提供说明并且讲明道理、共享信息和使之增加知识。简单述说别人成功的例子是有帮助的。

➤ 观察。鼓励并帮助当事人观察他们自己(和自己的孩子)对所用方法的反应，并且教给他们在治疗期间怎样将它们记录下来。

➤ 行为排练。给当事人机会在感觉舒适和无忧虑的气氛里练习应付技巧(例如，放松技巧、自言自语和愤怒/冲动控制)、儿童管理技巧(例如，做出指示、表示一致)和社会性技巧。

➤ 自言自语排练。鼓励当事人排练做肯定的"应付"表述，例如，"我能对付"，"我能设法应付这个情况"，"保持平静，慢慢地静静地呼吸"。

➤ 启发支持。如果需要而且可能，并且当事人允许的话，家庭的其他成员或外来援助者可以作为助手。

> 去除神话形式。经常需要反对那些妨碍治疗变化的神话和归因。家长对自己孩子和他们的思想意识以及有关孩子养育方面的归因对评估和讨论方面起着重要作用。

一些"神话"和无益的归因

这里是一些神话和无益归因的典型例子：

唯一的所有权。例如：
> 这是我孩子的问题；他是必须改变的人。
> 该受责备的是我。

如果不伤害，就不起作用。例如：
> 他所需要的就是一顿好揍。
> 好说歹说不管用！他就认好好的痛打一番。

狭隘的规定。例如：
> 他总是得寸进尺。

限制过宽。例如：
> 如果我坚持，他将不再爱我。
> 如果我说不，我就感到很内疚。

性别论点。例如：
> 严父慈母。
> 管孩子是母亲的事。

透过于人。例如：
> 这是他父亲的坏德性的遗传。

归因。例如：
> 他身上有恶魔。
> 我不信任他。他和他父亲一样。

悲剧化。例如：
> 作为家长我彻底失败了。
> 我不能饶恕自己所犯的错误。

两代人之间的想法。例如：
> 我爸打我，我也没怎么样，因此打他一顿也不会有什么伤害。

为了取得效果，要清楚地说明合作方案的内容是什么，以及为什么这些方法会起作用(即它们的理论根据)。讨论的是关于解决困难、解决"没完没了的感情用事"、面对改变而抗拒改变的意见。下面是其中几个有关的问题。

- 你的孩子正在设法解决一个生活难题

心理医生：不要认为你的孩子有问题或成为问题，这会有助于认为他在设法解决问题。那个你不喜欢的行为可能是他在设法处理一个生活难题时一种不很成功的方式（因为毕竟他是初学者）。让我们设法看一看他正在努力取得的成绩。在这个生活阶段他必须完成的发展任务是什么？

- 驱除恶魔

心理医生：你可能觉得要把自己的全部思想和精力都投入现有的难题是很困难的。或许现在有些过去的"恶魔"（那些在孩子养育方面无能而责备自己的事情）仍然在困扰着你。让我们谈论谈论它们，并设法驱除它们，然后你可能觉得面对未来会更有信心。

- 戴上一副新的"护目镜"

心理医生：我们都觉得它难以改变，并为此感到痛苦。我们已经习惯于透过某种"护目镜"或"有色眼镜"看待整个世界，特别是看待自己的孩子。当不得不戴上另一副护目镜时，一开始会相当模糊。我们对熟悉的东西感到舒服，因此一个新的透视角度会使人觉得奇怪，甚至有点吓人，但是这种感觉不久会慢慢消失。

- 改变不是没有代价的

心理医生：你觉得难以把你对孩子过去不良行为的怒气和愤恨放弃掉。让我们设法来看一下为什么这样困难。我们列出两栏，写上释放怒气"有利"和"不利"的标题。例如：

有利	不利
我会觉得好些。	这看起来他的行为对我并不重要。
我会觉得不那么紧张。	我会失去自尊。
觉得孩子更通情达理。	人们会认为我在抚养孩子上不尽心。

心理医生：你可能看到依你的看法有充分的理由不放弃怒气。因为改变是需要代价的。你需要仔细考虑的是，与不改变现状相比，到底哪个代价大。

治疗不仅是对反社会行为的矫正。家长需要运用原则和技巧来鼓励和维持的不但是顺从行为，还有亲社会行为。关于这一点，重要的是要搞清楚我们正在质问孩子们什么，以及已经教给或者还没有教给他们些什么。不能够因为孩子们没做自己不懂的事情，或没有能力做，或看来行为有点异常而受到责备。

本章末"给家长的提示"简要地讲述了一些处理这些问题的主要方法，用表格列出可以送给合作的家长。换句话说，他们可以亲自考虑关于自己孩子的问题。这些方法表现为对行为管理的战术性研究方法。下面我将介绍同样也很重要的基础更为广泛的战略性方法。

二、教给家长去教自己的孩子解决问题

有问题的孩子对自己问题的典型反应是怎样的呢？是哭喊、摔打、说脏话、出走、拒绝去做叫他们做的事情，还是和父母争辩。这些反应通常并不能解决问题，而事实上造成新的问题。当然所有孩子面对矛盾时都会表现出这些反应，但是研究表明出现人际问题时，沟通困难并被排斥的孩子觉得想不出来其他方法。他们寻找不到什么线索和事实而且想不出什么解决矛盾的好办法。他们比起合作的孩子来说，更有可能使用富有攻击性而无能的办法，并且更难预料他们所采取的办法的后果。他们只有攻击性且冲动地行为，不能停下来想想非攻击性的解决办法。另一方面，有研究证据表明，幼儿在解决问题时采用力所能及的策略，往往能起到建设性作用，更受人欢迎，而且更少攻击性。所以这一方案的目的是让治疗师教给家长怎样教自己的孩子一些解决问题的适用技巧。

家长提出的关于解决问题的问题

你不应当告诉孩子正确的解决办法吗？

"我认为我需要告诉孩子怎样解决问题，因为他们自己找不到正确答案——事实上他们自己的解决办法非常糟！"

你在解决问题方面辅导孩子吗？

"嗯，我只告诉孩子自己去解决。我认为这是孩子会学会解决问题的唯一方法。你不赞同吗？"

心情与解决问题没有多大关系，对吧？

"我不大同孩子谈论心情。这有什么价值吗？"

许多家长认为只有告诉孩子怎样解决问题，才能帮助他们学会解决问题。例如，两个孩子共用一辆自行车可能有麻烦。一个孩子从那个不愿意共用自行车的孩子手里抓住车子。家长对他说："你们应当一起玩，或者轮流着骑。抓住不放是不好的。如果他对你这样做，你喜欢吗？"用这个方法的问题是在家长还没查明孩子们认为问题是什么以前，就告诉他们怎么办。但是，家长也有可能把问题判断错了。例如，在这个事例中，不全是那个抓自行车孩子的错，因为另一个孩子已经用了好长时间的车，而且当好好地要求他时，他还是不肯让用。由于那个孩子继续不让用，所以另一个就使出了抓的手段。而且，在这个事例中家长的方法没有帮助孩子想想他们的问题到底是什么和怎样解决。不是鼓励他们学会怎样思考，而是告诉他们思考什么，结果是将解决办法强加给他们。

如果家长认为他们通过告诉孩子自己去解决是在帮助他们解决矛盾的话，那就会出现相反的问题。如果孩子们已经有了解决问题的良好技巧，这也许能起作用，但是对大多数幼小儿童来说，这种方法不会起作用。例如，如果麦克斯和泰雷为一本书

在打架，没有人干涉的结果可能是继续争吵并且泰雷这个攻击性更强的孩子会得到书。泰雷的不适当的行为得到了强化，因为他拿到了他想要的东西。而麦克斯的屈服也被强化，因为当他撤回时打架停止了。

以下是我们强调的主要论点：
- 帮助孩子说明问题。
- 谈谈心情。
- 使孩子专心用脑，激发出可行的解决方法。
- 要积极而有想象力。
- 模拟创造性解决办法。
- 鼓励孩子仔细考虑各种解决办法的可能后果。
- 记住关键是学会怎样考虑解决矛盾的过程，而不是得到"正确"的答案。

你可能建议家长一开始通过角色扮演或者用木偶或书本以动作表演来教给自己孩子这些技巧。而且最好是在并未发生矛盾争执的时候，就来讨论这些技巧。一旦家长已经教给孩子们谈论问题的步骤和语言，就可以开始帮助他们学会在实际矛盾中应用这些技巧。

家长要指导孩子考虑最初可能是什么引起问题的，而不是告诉他们解决方法。家长可以启发孩子提出可行的解决方法。如果家长想要帮助孩子养成自己解决问题的习惯的话，那就需要要求他们独立思考。家长可以鼓励孩子按他们所想的大声说出来，然后可以表扬他们的想法和对解决方法的尝试。这样家长是在强化培养一种思维方式，它将帮助孩子在一生中处理各种各样的问题。家长需要鼓励自己的孩子先提出许多可能实行的解决方法，然后可以帮助他们把关注焦点转移到每个解决方法的可能后果上。解决问题的最后步骤是帮助孩子评价它们的可能实行的解决方法。对于3~9岁的孩子来说，第二个步骤，想出解决方法，是要学会的关键技巧。年龄较大的孩子比较容易预期后果并评价它们，而幼小孩子则需要得到帮助来想出可能实现的解决方法而且懂得有些方法比另一些好。应当促使他表达出对情况的感觉，谈出关于解决问题的主意，以及谈论如果他们执行不同的解决方法可能发生的情况。家长需要提供解决办法的唯一时刻，是提醒自己的孩子是否需要着手考虑几个解决问题的办法。

治疗师应当强调家长楷模作用的重要性，把它作为教给孩子解决问题技巧的一种方法。一条很有用的学习经验，是让孩子看着家长和其他成人一起讨论问题，协商解决矛盾的过程，并学会评价行动的结果。虽然家长不可能要孩子观察他们所有的讨论，但是日常的相互影响为孩子提供了很好的学习机会。例如，孩子通过观察父母对生活中日常麻烦事的反应情况学到许多东西。他们通过看父母怎样拒绝朋友的要求而从中学习。他们有兴趣地看到爸爸怎样接受妈妈的建议穿衣服。妈妈在她的要求中是挖苦、生气、还是注重事实？爸爸是不高兴、生气、合作、还是要求更多的信息？注意父母决定周六晚上看哪个电视片，可以教给他们许多关于让步和协商的事。父母通过想出自己积极的解决问题的策略，可以进一步起到帮助作用。例如，爸爸或妈妈可能说："这个我怎么解决呢？我需要先停下来想一想。我能提出什么计划把这件事情办成呢？"

三、教家长做策略性思考

我们已经看到一些以 ABC 为基础的基本方法。下面简要地列出几个更加策略性的方法让家长自己考虑关于孩子的问题。

自然后果

如果家长保证在安全范围以内允许孩子去承担他自己行动的后果，这会是一个改正行为的有效方法。如果孩子粗野地对待一件玩具而且使它破碎了的话，他就会学着下次小心一些，不然他就不能玩它了。如果家长总是给换玩具，他可能继续破坏东西。

不幸的是，从父母的"自我利益"观点来看，常常不让孩子去承受自己做错事的后果。违背自己的和孩子的最大利益，他们介入去"保护"孩子脱离现实。好心的家长换用他们认为可能起教育作用的其他方法，然而这种好心的结果常对孩子起不到明显的教育作用，使他们继续一遍又一遍地重复相同的错误。这里需要与家长，特别是过分保护的家长一起进行大量的讨论和争辩。问题在于特别是对于学步的幼儿和十多岁的少年，家长应当介入(干涉)到什么程度来保护孩子不受生活中无法避免的危险呢？到什么程度才允许孩子从经验中学习呢？

自我管理训练

为了产生或加强自我控制，已经开发出一些方法来帮助改变家长对孩子或孩子对自己的指导。此项训练包括提高当事人对发怒情景的认知。首先，治疗是模拟完成一项任务，做出适当的、积极的自我报告，例如，"先想后做"，"这不值得生气"，"我将数到十，保持平静"。然后父母练习相同的行为，渐渐地过渡到低声的最后是默默的自我指导。鼓励父母运用自我报告以便他们能够观察、评价并且加强自身适当性行为。

自我报告的一种变式，是自我谈话分析和训练，可以用于为麻烦事所困扰的个人——"我再也应付不了啦……我陷入困境了……没有希望……天啊，我该怎么办？"或者他的自我报告夸大了——"谁都不爱我……没有希望啦！"或者不合逻辑地感觉——"自己完全有能力，自己最棒，就应该始终被承认和被爱。"这种人是以绝对化的方式看待问题。

利用契约

考虑和孩子协商订个书面契约或者使用商业式合同来解决家庭矛盾,家长听起来可能会感到奇怪。当然这些是律师和推销员的工作范围,同时用来解决人际关系也太无情和商业化了吧? 但是恰好因为合约是处理情感问题的一个公平客观的方法,因此可以像一家人似的坐下来起草一份实际有效的契约。重要的不仅是契约的内容,其实达成一致条件的过程本身就有治疗作用。

在压制性家庭里,线索和信息常常是消极的,因为批评的声音、愤怒、唠唠叨叨、哭声、叫喊和猛烈谴责是常事。家庭成员之间的沟通与其说是令人讨厌的,不如说是极少出现或者是实际根本不存在的。在用口头上和(或)身体上的痛苦控制别人行为的家庭内,往往可能养育出具有高攻击性行为的子女。强制性的相互影响因为是由负强化所维持的,最可能在封闭性社会系统里起作用,在那里孩子必须学会处理像连续不断的批评这类的令人反感的刺激。

这正是契约起作用的地方。它们可以用来"打开"封闭式系统。同时必然地增加正强化沟通而又减少苛刻的相互影响的一种方法,就是坐下来和家庭成员们一起共同制订一份契约。在这种治疗师指导的情况下的讨论、协商和和解,给家庭引进了一个解决人际矛盾和紧张状态的重要方法,并使他们增加沟通,这可能是他们原来极少经历过的。

以下的指导方针可以在制定契约时使用:

➢ 要使讨论保持建设性。争论是不可避免的,但应有所控制,并把消极的牢骚变成积极的建议。
➢ 要非常具体详细地说明要求的行为。
➢ 要注意双方权利和条件的细节。它们应该是(1)重要而不琐碎的,而且(2)被相关的人能理解的。
➢ 如果家长想要自己的孩子或孩子要想自己的伙伴停止某些消极活动的话,要鼓励具体的积极行动。
➢ 选择当事人想要的而可以方便地监督的变化。如果一个人看不到义务就不要轻易给予权利。
➢ 要对所有有关人讲清楚违约的处罚。
➢ 要记一本进程日志。在契约讨论期间,如果家庭成员们记下他想要修改的五件具体事情的话,它是有用的。
➢ 所拟定的契约一定要包括互相关心的原则。如果不是,它会失败的。

附录 I 功能(ABC)分析的图表说明

1. 前提事件

（可能突发的事情）

根据卡尔顿做某事或不做某事。

2. 行为

(a) 不顺从。他不理会；如果他母亲坚持，他常常辱骂。
(b) 口头虐待。他说粗话，批评，偶尔咒骂并大声吼叫。

3. 后果

（可能的强化因素）
(a) 母亲对他喊叫，骂他或者长时间详细地对他讲他干了些什么。
(b) 她求他。
(c) 通常他为所欲为。

卡尔顿反应的特征

人物：他粗野，主要是不听母亲的话，偶然对他父亲亦如此；但从不对奶奶粗野。

场所：任何地方（但明显的是走访时，或在超级市场）。

时间：特别是吃饭 —— 通常在家庭吃饭开始时。

情况：主要是叫他做某事时或者因为吃饭迟到或不礼貌而受批评时。特别是当因为不好好吃饭，起身离开饭桌而受到质问或批评时。

附录 II 次数表

儿童姓名：　　　　日期：　　　　开始时间：

目标行为　　　　象征

1. _____　　_____
2. _____　　_____
3. _____　　_____

	星期一	星期二	星期三	星期四	星期五	星期六	星期日
上午 6~8 时							
上午 8~10 时							
上午 10~12 时							
下午 12~2 时							

(续表)

	星期一	星期二	星期三	星期四	星期五	星期六	星期日
下午 2~4 时							
下午 4~6 时							
晚上 6~8 时							
晚上 8~10 时							
晚上 10~12 时							
夜间 0~2 时							
夜间 2~4 时							
夜间 4~6 时							

附录Ⅲ 儿童行为研究法(ABC)记录表

儿童姓名： 年龄：

照料人姓名： 日期：

所记录的行为：

日期与时间	前提：事前发生了什么？	行为：你孩子做了什么？	后果：(1) 你做了什么(例如，不管、争吵、责骂、用巴掌打等)？(2) 他的反应怎样？	描述你的感觉

附录Ⅳ 贴花表

成功完成一件任务时,给一个笑脸贴花。
姓名:

	任务	周次	评注
星期一			
星期二			
星期三			
星期四			
星期五			
星期六			
星期日			

给家长的提示

学会守规矩

儿童的绝大部分行为是学来的,包括那些成人认为应受指责或令人担心的问题行为。儿童必须学会"正常地"守规矩;也就是说以社会上适当的方式为人处事。要把任何事情办好都要有良好的训练,而且涉及双方:学生和老师。

父母作为老师面对着学生——自己的孩子——他需要学习有关社会生活的一切,而很好地从头做起。一般说来,我们做父母并未接受过正规训练。幸好,我们并不是完全依靠自己所学到的东西,作为人我们有巨大的能力来运用自己的直觉和常识为自己解决问题。

尽管儿童是精力旺盛的而且适应性强的,但是他们也没有必要完全靠尝试错误的办法在周围世界里去发现自己的道路。如果我们做父母的能成为明智的向导和良师,我们可以给他们节省很多时间,而且减少若干痛苦。基本上,关于你的孩子有三个问题需要回答:

➢ 他知道做什么吗?
➢ 他知道怎样做吗?
➢ 他知道什么时间去做吗?

现在你的孩子可能知道什么是适当的行为或技巧以及什么时候去演示它,但是仍然还没有实行,因此还有四个问题要考虑:
- 我怎样才能使他去做我要他做的事情?
- 既然他做了,我怎样才能鼓励他继续下去?
- 我怎样才能使他不做我不要他做的事情?
- 虽然他已经不做了,我怎样才能鼓励他打消重做的念头?

在这里行为研究法的 ABC 将证明是有用的。
- A 代表前提(Antecedents)或诱发 B 的事情,
- B 代表行为(Behaviour)或孩子实际做的事情,而
- C 指的是后果(Consequences)或在行为之后立即发生的情况。

有意义的环境"信号"或刺激(A 项)是主要的,因为它们指导我们的行为。或者用另一种说法,我们学会对刺激做出适当反应,这一点对我们的生存来讲非常重要。例如,我们大多数人用停车、止步对红色交通信号的刺激做出反应。假设我们不是这样,就会发生一片混乱。同样地,大多数父母会对孩子哭的刺激做出反应,去照料他,否则孩子会难以存活。

正强化

如果一个行为的后果对孩子是有益的(即有利的),那个行为就会加强,可能会更经常发生。换个说法,如果克里夫做一件事,而且事情的结果给他带来了愉快,那么将来他更有可能在类似的情况下做相同的事情。当心理学家们把这种愉快的结果叫做行为的"正强化"时,他们设计了几个强化因素:实物回报(例如,糖果、款待、零用钱)、社会性回报(例如,关注、微笑、拍拍后背、鼓励的话)和自我强化因素(即,那些来自内心的而且触摸不到的——自我称赞、自我认可、愉快的心情)。例如,如果你说,"克里夫,你真好,让莎丽骑着你的自行车转一圈儿,我对你非常满意",克里夫更会把他的自行车再借给莎丽。(注意:我们是在说"可能性",而不是"必然性"。)答应一个幼小孩子给他奖励而过了一周她还没得到,就没有多大意义了,因为这不可能有多大诱发或教导价值。当然年龄较大的孩子比较能够理解较为延迟的奖励。象征性奖励,例如,图表上的红星或贴花亦可有助于填补行动与承诺之间的不足。

通过非常仔细地分析困难行为本身:是什么诱发它的,以及在它前后立即发生了什么,是会有帮助的。

"之后—才可"规矩

回报应当在满意的行动之后,而不是在它之前:"你洗过碗之后才可以出去玩"。

不是颠倒过来。

门诊医生们在设法理解孩子为什么按一定方式表现行为时,所寻求的就是孩子的行为与它所产生的回报结果之间的关系。那些行为,甚至为寻求关注的不一致行为,只要导致满意结果,往往会在类似情况下重复出现。

你们在使自己孩子感到自己的行为值得做吗?

有些父母在诸如下面例子中令人满意的行为出现后记得奖励(或用心理学家的话就是"强化"):

前提(A)	行为(B)	后果(C)
要求帕特丽斯把玩具放起来。	她照做了。	她妈妈紧紧拥抱她并说谢谢你。

当你再要求她时,帕特丽斯就会把玩具放得整整齐齐。

可是有些父母不断地忽略或不理会孩子的令人满意的行动,像下面的例子:

前提(A)	行为(B)	后果(C)
詹姆斯要求他哥哥丹尼斯让他骑他的自行车转一圈儿。	丹尼斯下车并帮助詹姆斯骑上车。	零!妈妈没作评论,詹姆斯没说个谢字就骑车走了。

如果下次丹尼斯不把自己的东西分给别人,是不会令人奇怪的。

有些父母不知不觉地为不令人满意的行为花费精力,如:

前提(A)	行为(B)	后果(C)
叫大维关掉电视机。	他继续开着。	最后听任它开着——为了给人们一点安静。
艾莎在吃早饭。	她不停地从座位上下来。	妈妈端着一碗玉米粥跟她转,一有可能就喂她一匙子。

在这两个例子里,孩子的不受欢迎行为都以孩子自行其是而得到回报。换句话说,孩子不令人满意的行事方式因此得到正强化,这就使得这种行为更有可能再次发生。

有些父母认为不令人满意的行为不值得花费精力:

前提(A)	行为(B)	后果(C)
约翰尼想要去公园,爸爸说在茶点前没有时间。	约翰尼又踢又喊,躺在地板上尖叫。	爸爸不理他的怒气,最后约翰尼平静下来,开始玩起来。

负强化

以避免不愉快后果发生的方式行事导致对行为的强化,因而使它更有可能在类似情况下再度发生。如果孩子做了一件你不喜欢的事情,例如很容易发脾气,你就可以通过一贯地因他没有先想一想并忍住气而处罚他,以此来增强他在这方面的控制能力。这样你是在为他保持冷静的努力提供所谓的"负强化"。

如果他因为你说话算数的经历而相信你的威胁,你或许不需要运用处罚。例如,如果你说:"唐娜,你如果不先想一想就狠打你妹妹,我就不让你看电视了",那么她凡事先想一想并且不大打出手的决心就会得到强化。

增强新行为模式

正强化

为了改善和增强你孩子的某种行为表现,要在他正确完成令人满意的行为之后随即给予回报。你可以表示你的意图,例如说,"你把玩具放起来之后才可以出去"。这"之后—才可"方法提醒你在令人满意的行为做到以后才奖励。当孩子学会了一种行为时,不再需要按时给予奖励了。要记住在这样的阶段表扬和鼓励的话会有很大的强化作用的。

培养新行为模式

鼓励

要通过指导和帮助你孩子有好的行为和思想方法来确保他的合作。要用建议,理解他的困难、表扬他的努力和高兴看他成功的组合方式。

为了要鼓励你孩子以他以前很少或从未做过的方式去行事,要奖励他对正确行为的尝试。你可以通过奖励那些与你所要行为接连的任何行动并且继续强化对你希望诱发的行为的尝试,带领你孩子一小步一小步地朝着目标前进。不要给"错误"行为任何强化。渐渐地,使你对孩子尝试的标准(尺度)越来越严格,直到最后他只做出正确行为才受到奖励。

模仿

为了教给孩子新的行为模式,要给他机会去观察一个对他完成行为有重要意义的人。例如,如果你孩子觉得难以与人合作,那就请他们的一个朋友来演示合作行为。

技巧训练(例如,行为练习)

模拟要培养技巧的实际生活情境。练习期间:
- ➤ 要展示技巧。
- ➤ 要求你孩子练习技巧,运用扮演角色技巧或必要时提供榜样。
- ➤ 要提供关于他完成的准确或是不准确的反馈(如有可能最好采用录像设备,来评价他自己技能的效果)。
- ➤ 要布置家庭作业,例如安排实际生活的技巧练习。不仅要用行为练习作为获得新技巧的准备,而且要使练习按控制的步调在安全的环境里进行,这样可把痛苦减到最低限度。

提示

为了训练你孩子在一个具体时间行动,要安排恰好在预期的行动之前让他得到提示,而不是在他已经完成得不正确之后。

辨别

为了教给孩子以一定的方式在一组情况下而不在另一组情况下行动,要训练他确认在适合和不适合情境之间的不同提示。只有在他的行动适合于提示时才奖励他,例如,他因看到信号时才走过人行横道而受到表扬。

维持新行为(间歇强化)

为了鼓励你孩子在很少或没有奖励的情况下继续完成确立的行为模式,要逐渐地间歇地减少对正确行为进行奖励的次数。

停止做不适当行为

为了使你孩子停止特定方式的行为,要让(或使)他继续做不令人满意的行为,直到他厌倦为止。当然如果这行为是危险的或反社会的,那就不妥当了。如果他撕破你的窗帘你就给他几捆报纸去撕,直到他彻底撕烦了为止。心理学家们曾经要求年龄较大的孩子"练习"用力抽搐脸部肌肉五分钟,每天几次。这就使孩子更加知道自己的坏习惯,帮助他去抑制它。

行为的减少

为了减少孩子的某种行动,就要让他的这种行动得不到奖励。不要理会像抽泣、纠缠、发脾气之类的轻微不正当行为。如果从自己小弟弟手里强夺玩具或好吃的东西,要设法保证其行为没有回报,即要求把玩具还给它的主人。(你可以借此机会告诫孩子强夺玩具不会有好结果,大家要一起玩,并要求较大的孩子耐心等待。)

像以前在不适当行为之后曾经不适当地做过的许可、关注之类的强化要暂且不给。要记住：你孩子可能会"努力表现"要重新得到失去的强化，因而可能变得"更差"，然后再变"好"一点。如果有问题的行为过去曾经不断地得到了强化，那么清除应当是比较快的。毕竟，这孩子和受到间歇强化的孩子比较起来更容易认识到他已经失去了强化因素。在后一种情况，清除往往要迟缓一些。

有计划的不理会

这个方法适合用于像发脾气和抽泣之类的行为，其中包括：
- 你孩子的不正当行为一开始出现，你就转身离开他。
- 你什么也别说并尽量不露一点声色。
- 在他调皮时要忍耐不和孩子辩论、争吵或讨论。
- 如果你认为有什么使他不安而应当得到说明的话，那么你对他说："等你平静下来以后，我们再谈这事。"

中止

这个方法是通过保证随后减少强化或奖励机会的做法，来减少令人讨厌行为的次数。实践中我们可以分为三种形式的中止：
- 活动中止。简单地禁止你孩子参加喜欢的活动，但仍然允许观看——例如，他因行为不当而被安排一直坐着看别人做游戏。
- 房间中止。不让他参加喜欢的活动，也不允许观看，但不完全孤立他。例如，因行为不当站在教室外面。
- 隔离中止。在他不自愿离开的情况下，让他做社会性隔离。

有时中止会引起发怒或反抗行为，例如哭喊、尖叫和身体袭击，特别是如果必须强行将这孩子带进安静房间的话。对待年龄较大些而以身体抵抗的孩子，这个方法简直是不可行的，因此选用这个程序是需要仔细考虑的。

当要消除的行为是一个需要在场的人关注（强化）的特别引人注目的行为，或者当因孩子挣扎不服难以实行中止时，可以取消他身上的强化源，这样可以起到与中止相当的作用。因此当你孩子突然发脾气时，而你是强化的主要来源的话，你就可以拿着一本杂志撤退到浴室里去把自己锁在里面，当一切安静后才出来。

关于孩子那些被认为不当的行为及其随之出现的后果，要事先告诫他。中止可以延长三到五分钟。实践中，"活动中止"或"房间中止"总是应当在任何形式的"隔离中止"之前选用的。

中止效果的重要决定因素是孩子对他所脱离情境的喜欢程度。如果那个情境是确实可怕的、激起焦虑的或令人讨厌的，中止程度或许可能将孩子移到一个不太嫌恶的情况，因而实际上将增加而不是减少不适当行为的次数。

过度矫正(补偿性过度改正)

需要你孩子改正他不当行为的后果。他不仅必须矫正他引起的情况,而且必须把它"过度矫正"到一个比平常更好的状态。换句话说,你是要强制性地使一个新行为成为定型行为。

过度矫正(积极练习)

要使孩子练习一些在身体上与不当行为不相容的积极行为。例如,一个孩子把另一个孩子的小折刀偷去并给弄坏了,他需要攒够钱不仅要赔还刀子,而且要给买点小礼物表示自己的悔恨。孩子一旦这样做了要给予表扬。如果一个孩子故意扎破另一个孩子的自行车轮胎,他不仅必须修补轮胎,而且必须给车子加润滑油并且将车子擦亮。

正强化(促动交替行为)

这包括积极地强化一个特定类型的行为,使它与令人不满的行为不一致或者不能同时完成。换句话说,为了使孩子不按特定的方式行动,要故意强化另一个强制性活动。例如,使孩子的手忙着将一些东西装进购物袋,他的手就没有工夫在收银柜的另一边把不需要的东西放到购物车里去了。

负强化

为了使孩子不按特定的方式行动,要通过向愉快的方向改变他的行为来立即消除有点不愉快的情境。例如,每当他们以不好的方式把玩具扔掉,使人发火的玩具就被锁在盒子里一周。他留意你的警告就能预防这一点,这种处罚叫做"反应代价"(见下面)。

- **反应代价,或处以罚款**

采用这个方法首先要知道所去掉的东西正是孩子珍视的。在实践中,它一般包括按照预先决定的"收费表",或罚款或处罚,在不当行为发生后取消奖励或鼓励。例如,彼得跟妈妈去超市买东西时,总是从货架上拉下东西。在进入超市以前妈妈对他讲明他不要触摸货架上的东西,他要一只手抓住购物车,另一只手可以拿着一条巧克力糖。每当他触碰到货架上一件东西,巧克力糖就拿掉一片。(注意:必须让孩子复述这些指示来检查他们是否理解了。)

在家里,一罐弹珠(每个代表一份零用钱)可以提供对应受指责行为付出代价的可见提醒物。要额外准备一些弹珠,以便你孩子不再(譬如)说无礼的话时可以得到奖赏。重要的是让他们明白为了什么给予处罚,那就是每当他们表现粗野时就拿掉一个弹珠。不要任意改变处罚办法。

结论

我们希望你能觉得这些方法里有些是有用处的。其中的诀窍是：
➢ 要保持平静。
➢ 要想一想再行动。
➢ 要弄清你孩子表现得这么"成问题"，是因为他想要解决什么问题。
➢ 要运用适当的管理方法。

要永远记住：
➢ 要发觉你孩子的"好"行为方面，不只是坏行为。
➢ 每当可能时一定要表扬和鼓励。
➢ 要设法尽可能多地拿出些时间给孩子。

3

亲子情结：幼儿与父母的依恋

引言

目的

本章的目的是为医务保健人员/心理医生提供评估父母情结和幼儿依恋的方法。

目标

为了达到目的，本书为他们提供：
- 简略说明有关母性情结的争论。
- 简要描述幼儿依恋。
- 支持与反对母性情结"关键时期"学说的证据。
- 描述与评估父母依恋行为和态度的预估表。
- 与依恋困难有关的症状的核查表。

所有的幼儿为了生存都需要依恋父母（或主要照料人）。孩子日益增长的亲情和爱心是父母快乐的巨大源泉，这种情感纽带同时也有实际意义。孩子的尊重与仰慕激励着成年人（不仅是父母，还有教师）为养育和教导他们而不惜呕心沥血。孩子们对自己父母的认同，使教和学的任务都变得容易了。

亲子情结的另一方面是父母对自己孩子的感情投入。一般情况下母亲和孩子之间凝成的那种依恋，是无条件的爱，母亲为了养育自己的孩子宁愿一生都做自我牺牲。不过不论孩子对父母还是父母对孩子，即使在相互依恋过程中处得非常好的，如履薄冰的情景也屡屡可见（关于这一点可参见本章末的评估表）。

爱是最难用言语表述的。爱有许多种：母亲对自己子女的爱（常被视为"母性情结"的同义词）、子女对父母的爱、成人之间的爱、兄弟姐妹间的爱。在多数情况里爱只是个人内心情感的一部分，它可能被体验为一个人对另一个人的喜欢、关心、呵护或敏感。

一开始将"幼儿依恋"和"母性依恋"区别清楚是很重要的，小鹅、小鸭和小鸡，尽管一般地依恋自己的自然母亲,但是如果出生后很早就接触寄养父母,就很容易变得依恋它们;如果在实验室里,也可以依恋无生命的物体。这种形式的早期习得叫做"印记"。哺乳动物的新生儿刚出生后不久就能运动(像大多数食草动物如马、牛或鹿那样),立刻就能辨认自己周围环境中客体的形态也就是它母亲的样子,并对之形成依恋。一个幼小动物对一个特定成年动物或成年替身的具体依恋,不管它是怎样习得的,就叫做幼儿依恋。就像幼儿可以对自己的母亲依恋一样,父母也对自己的幼儿或幼儿替身产生依恋。这种依恋叫做母爱依恋或父爱依恋。

孩子对自己父母的情感联系及对他们的依恋是其正常发育的基础。艾里克·艾里克森(Erik Erikson,1965)认为婴儿期极为重要的任务是发展对别人的基本依赖。他认为一个婴儿在生命的头几个月到头几年里就能了解到他所处的世界是安全舒适而令人满意的,还是一个造成痛苦、不幸、挫折和忧郁的地方。因为人类幼儿长期被抚养,所以他们需要知道他们能否依靠自己周围的外部世界。

通过父母的情感和对需要的立即满足,培养对人类社会的信任感,是一项重要任务。不信任感和不安全感是情感问题,它的根源可能是在生命初期阶段父母对孩子需要的疏忽。如果父母对孩子排斥、漫不经心,孩子就可能把世界看成是一个缺乏温情亲切,充满险恶和不安全的地方。因此我们必须认真考虑一下非常重要的爱的情结问题。

第一节 幼儿依恋

一、幼儿对父母的依恋

在人类孩子身上很容易观察到幼儿依恋这种特有行为的多种形式。同样地,在鸟类和人类以外的哺乳动物,像猴子和类人猿之类的灵长类动物的幼仔身上,都可以观察到。它们都表现出对自己母亲的牢固情结,有时也对别的个体,尽管关于这些依恋是否主要归因于印记似的接触习得,还是一个有争议的问题。

有大量的文献论述人类幼儿对父母情感依恋这一主题,其中有些文献专门报告母爱剥夺的影响。最有影响的文章是约翰·保尔比(John Bowlby,1980;1982)所写。他的最重要的看法是认为孩子对母亲的深深依恋是正常、健康发育所必需的。

婴儿分离的或独立的生存从出生后就开始了,这时他们不再通过脐带接受营养。新生儿天生能够以一定方式对自己周围世界做出反应,也就是说他们生来带有一种特定类型的身体上的和心理上的功能,他们对周边环境的某些刺激很敏感。例如,人类面部表情可以引起婴儿的微笑,而且通常婴儿的微笑可以超过任何其他东西,用一种深深的快乐与爱把母亲和孩子联结在一起。婴儿用哭叫、微笑、牙牙学语和笑声吸引和保持着自己母亲的关注。他们受到的关注越多,就越想得到更多的关注。

我们只有在孩子知道自己是一个独立的个人,一个社会的人时,才把他说成是人。后来,为了成为一个拥有自己权利的人,他们必须使自己至少部分地离开母亲的保护,去发展自己。像宇宙飞船一样,为了飞行,它必须迫使自己脱离地球的引力,儿童也必须离开自己母亲周围的安全轨道,努力去寻找自己在世界上的位置。

幼儿一般在大约四个月大之前一直对人友好,只是对自己的母亲更为友好。他们会微笑和轻柔低语,并且更多地用目光跟随自己的母亲。虽然他们也许能够认出她,但是此时牢固的联结还没形成,他们是用这种表现来表达对她的亲近。当母亲离开房间时,他们哭叫或想要跟随她,依恋行为表现得最明显,这时不是任何人都能安抚婴儿。在六个月大时,大约有三分之二的婴儿对自己母亲有进一步的依恋,只要与母亲分离他就要表示抗议。四分之三的婴儿在九个月大之前有依恋行为。头一次依恋通常指向母亲,只有在非常偶然的情况下才指向另外某个熟悉的人。

在孩子首次表现出依恋以后的几个月里,其中有四分之一将对其他家庭成员表现依恋,而且在他们一岁半以前有少数孩子会依恋另外一个人(一般是父亲),通常会依恋另外几个人(一般是较大的孩子)。在有些孩子身上很快发展出更多的依恋形式,以致多种依恋差不多同时发生。在一岁以前,大多数孩子并不表现出对父亲或母亲的偏爱,而只有少数偏爱母亲。

鲁道夫·沙甫尔(Rudolph Schaffer, 1977)写道,儿童在一岁生日之前:……已经学会辨别熟人和陌生人,已经能表演养成的发信号能力,他能够有区别地把它运用于特定的情况和人身上,并且开始学习像语言和模仿这类的社会性技能。首先,他已经形成了自己的初级情感关系,许多人认为它是其后一切人际关系的原型,这为他提供了安全感,也成为人格结构的基本要素。

二、替代照料

白天接受别人良好的照料未必会妨碍正常的母子情结,即使白天完全由保姆照看,也不见得会产生什么长期不利的心理和身体影响。职业父母的孩子与母亲在家的孩子比起来不会更可能产生情感问题或者变成少年犯。一般意见认为(这可能是父母非常担心的)那些被剥夺了母亲持续照料和抚爱的孩子不可避免地会在形成依恋以及其他方面受到不利影响,当然确实曾有证据表明一些年龄较大的孩子为此出现情感困扰问题。

保尔比(Bowlby)在进一步研究验证后认为,孩子与照料者分离并不会必然产生孩子适应不良问题,但是在大约五岁以前如果长期缺乏母亲或母亲般的照料,确实能够大大妨碍孩子心理的健康发展。关于幼儿依恋和母爱剥夺的争论一直在继续着。和目前通用的幼儿依恋理论一样,自1970年以来一些非常有价值的关于母爱剥夺影响研究的结果是可以借鉴的。

简单来说，保尔比的观点或多或少有些指导作用。既然子女与父母之间的依恋被认为对儿童心理健康具有重要影响，那么，就应该尽可能地减少子女与父母的分离。于是，从20世纪50年代以来医院的儿童病房就允许亲属探视。从前曾认为父母探望有病的孩子会使孩子受到不必要的打搅。新的看法是，儿童对自己心爱的人表露情感比连续隔离而悄悄伤心要好些。因此不让住院的孩子接受家长探视的无情做法已被取消。

保尔比、斯皮次(Spitz)和表示类似看法的人的积极影响还扩展到了另一个领域。早先教养院管理的孩子们是聚集在大的场所里，每个场所为上百个孩子提供伙食。新的思想要求使教养院的规模彻底地缩小了。孩子们走进一个个像普通家庭大小的小单位里，每个单位由一位养母和一位养父共同管理。最后大家认识到斯皮次(Spitz, 1946)所生动描述的幼小儿童遭受到的可怕伤害并不是由于剥夺了母爱，而是由于在不好的教养院里缺乏与人接触的结果。

然而，在这些社会进步的同时，也出现了一些不太令人满意的现象。第二次世界大战时期，为了使母亲们能够在工厂、机关及其他地方为战争服务，建立了学前幼儿园。但是，由于后来认为与母亲分离对幼小孩子来说是不利的，所以就把战时幼儿园关闭了。这一来反倒对一些幼小孩子造成了严重影响，使他们不能积累家庭外面的经验。这也使得那些在工厂工作的母亲大为不便，她们不得不自己想法照顾孩子，而且常常想不出好办法。许多受过较好教育的父母往往认为甚至短暂的母婴分离都可能使孩子在心理上受到伤害。这样的母亲每当她们不得不离开孩子一两天时，就感到担心或内疚，而且不愿让别人代为照料孩子。经进一步深入研究后，我们现在认为母亲的担心和内疚是没有必要的，在现代社会里管理好的幼儿园可以发挥非常重要的作用。对职业母亲的一项调查表明，孩子受罪往往是由于家长对幼儿园不满意而接二连三地在几个幼儿园之间转来转去，极度的不稳定造成的。这样的孩子往往是寻求家长照顾而且非常依赖家长。

第二节 幼儿依恋模式

评估子女对父母依恋的质量(Ainsworth, 1973; Bakeman & Browne, 1977)

玛丽·恩斯沃茨(Mary Ainsworth)和她的同事们(1978)研究过幼儿分离反应和重聚反应之间的关系以及母亲和孩子双方在家庭环境里的行为。结果显示母亲的敏感性对孩子的行为影响很大。

可以根据幼儿在与其父母预先分离、真正分离和重聚过程的行为表现对幼儿与父母依恋的性质进行评估。虽然恩斯沃茨强调在评价幼儿对父母依恋上需要多种标准,但是这种所谓的在"陌生情境"中的行为表现是特别有用的指标。它使一个孩子接触到三种可能产生痛苦的情景:与父母分离、与陌生人接触和处于不熟悉的周围环境之中。通过八个实验场景观察,结果发现,幼儿对父母的依恋可以根据四种幼儿对于母亲在场与不在场的反应类型来描述(Browne & Herbert, 1996; Herbert, 1993):

> 焦虑回避型幼儿(不稳定依恋类型一):一直表现高水平的游戏行为,而且往往不寻求与父母或陌生人的互动。如被安排单独与陌生人在一起,他们并不感到苦恼。与自己母亲重聚的一刻,他们经常抗拒她的身体接触或互动。

> 独立型幼儿(稳定依恋类型一):非常主动地与自己的母亲互动,对陌生人程度差些。他们不特别寻求与父母亲的身体接触,同时也很少为分离苦恼。刚一重聚时他们用微笑和伸手触摸去向母亲打招呼。

> 依恋型幼儿(稳定依恋类型二):积极寻求与自己母亲的身体接触和互动。当他们单独与陌生人留在一起时,会很苦恼而且常常哭闹。自己的母亲刚一回来,他们就伸手去触摸并保持身体接触,有时不放开她。一般来说跟陌生人相比,他们更喜欢与母亲互动。

> 焦虑/抗拒型或情绪矛盾型幼儿(不稳定依恋类型二):一直表现低水平的游戏行为,而且有时在分离以前就哭。他们显得对陌生人格外小心,与母亲分离时非常苦恼。他们单独与陌生人留在一起时比较容易哭。他们的情绪是矛盾的,而且常常把寻求接触行为与努力抗拒接触或互动混合在一起。这在母亲刚一回来时特别明显,因为刚一重聚时这些幼儿仍然和通常一样苦恼,连母亲也无法安慰他们。

母性敏感性

在稳定依恋型幼儿的家里,母亲生气发脾气可以表现给幼儿。而在不稳定依恋型的幼儿家里,焦虑回避型幼儿会认为自己遭到了母亲的排斥,他们表现出的强烈的探究行为可能是试图掩盖过去曾被排斥的依恋行为;而在焦虑/抗拒型幼儿的家庭环境里可以看到一种不协调而且经常矛盾的母子关系,所表现出的这种抗拒而矛盾的行为被看做是父母行为不一致的结果。

麦考比(Maccoby, 1980)认为形成依恋关系中父母所起的作用可以用反映照料孩子方式的四个维度来进行评估和鉴别:

> 敏感/不敏感。敏感的父母可以使自己的反应与孩子发出的信号相结合进行沟通,以循环往复的形式相互作用。而不敏感的父母独断独行地与孩子交往,而且这些交往只凭他们自己的心愿和情绪。

> 接受/排斥。一般来说接受的父母乐于承担照料孩子的责任,很少表现出对

孩子生气的现象。另一方面,排斥的父母有恼怒和愤恨的情绪,对自己孩子感情淡漠,常对孩子生气,并施加惩罚。
- ➤ 合作/干预。合作的父母尊重孩子的自治权,很少施加直接控制。干预的父母将自己的意愿强加到孩子身上,而很少关心孩子当时的情绪和活动。
- ➤ 易接近/不理会。易接近的父母熟悉自己孩子的交流方式,即使隔开一段距离他们也在留心着孩子的一举一动,因此他容易为孩子分心。不理会的父母只专心于自己的活动和思想,不到情况严重时,他经常注意不到孩子。他甚至可能在预定由他照顾的时间以外都能把孩子忘了。

这四个维度是互相联系的,它们综合在一起决定父母对子女的亲切程度及排斥程度。父母排斥的含义以及如何对感情上受虐待、被忽视的孩子进行适当干预,在依瓦尼克(Iwaniec, 1995)的著作曾展开过讨论。我们从这一问题过渡到下一个题目:亲子情结。

第三节 亲子情结

有时心理学理论不是靠进行严肃学术讨论的专业会议或学术性杂志来传播的,而是通过大众传媒的广泛宣传进入公共场合和人们头脑的。近期母性情结理论非常受人关注,在过去的几十年里一直在进行没完没了的关于"母爱剥夺"影响的讨论。读者或观众——特别是年轻的孕妇——如何看待围绕母性依恋这一概念的那些有趣的但有时也令人心神不安的见解呢?

关于亲子情结的许多见解都与母性依恋有关,而且也曾受到母亲与孩子之间依恋关系研究的影响和混淆。在本章里"寻求接近"一般地就是指依恋,当然它也是母性依恋的主要表现。那些亲密接触的行为,例如微笑、亲脸、拥抱、接吻、发声和长时间注视都被看做是母性情结的标志。但是研究人员往往只把注意力具体集中到母亲的行为上(例如,触摸、拥抱),记录下是否出现这类动作以及所花费的时间。他们疏忽了另一方——幼儿的作用。正如有首老歌唱的"探戈舞需要俩人跳"(如同汉语中的"一个巴掌拍不响"),亲子依恋也是两个人之间的互动与结合。

婴儿对自己周围世界的反应不是单纯对环境的反应。他们是在试图积极地构建自己的世界。父母并非家庭中唯一的具有权力和影响的人。这是说,母亲对孩子或者孩子对母亲,从两方面看看谁先对谁施加影响,可能比只从单方面看更能说明父母与幼儿之间的关系。曾经用两个人之间的对话情况作为衡量依恋程度的标志,根据两个人之间的互动关系引出了所谓的"好"关系的定义。"好"关系是指母亲和子女都是主动的,各占部分时间。"好"母亲对自己的婴儿反应快,而且连续回应直到孩子满意为止。她也可能自发性地先与幼儿活动。

按照美国小儿科医生克劳斯和肯乃尔(Klaus & Kennell, 1976)的意见,在产后敏感时期亲昵的母婴接触会引起许多先天性行为,用他们的话说就是,"一连串交互作用在母婴之间开始,并把他们紧紧连在一起,成为进一步发展依恋关系的媒介"。

一、测量与评估亲子情结

关于哪些东西构成母性依恋,是有分歧的。亲子情结肯定含有母亲对自己孩子的一种特殊关系。可是这种特殊性的性质是什么呢?所采用的一种标准可能就是让母亲自己讲述她对孩子的态度和感觉。为此,曾经采用过访谈和自评等级量表。如果母亲在一段时间里始终如一地说她爱自己的孩子,感觉对他有责任,并且与孩子有相互归属感的话,这位母亲就被认为对孩子是"依恋的"。相反的,没有亲子情结的标志就可能是母亲报告与孩子分开、漠不关心或对孩子有敌意,而且有孩子是"陌生人"或者在感情上与她分离的感觉。

这一切看来很有说服力,但是毕竟行动胜于雄辩。观察人员可能对母亲的行为比她的花言巧语会有更深的印象。由此看来,如果母亲对孩子照料得好(知道孩子的需要并对他回应),给他许多体贴关注,并且以亲吻、拥抱和长时间注视的形式显示她的爱心的话,她就会被看做是对自己的孩子具有亲子情结。

母婴依恋通常在论述亲子情结的科学文献里仅是从对微笑、发声、触摸和亲脸这样的行为的观察中推断出来的。这种观察带来的困难是它们属于一系列所谓的"婴儿诱发的社会性行为",它们不仅是由照料人几乎在不知不觉情况下自然展示的,而且有许多陌生人也这样做。它们往往是在同等情况下一起发生的。母亲做了个面部表情,同时又发声又注视,而且个别的头部活动连接着亲脸组合在一起。大多数女人喜欢沉迷于这些令人愉快的、充满柔情的日常仪式般的行为之中——当她们遇到别人的婴儿时就微笑、触摸和逗他们——虽然谈不到她们与婴儿之间存在亲子情结问题,这个事实就削弱了依恋的标志的重要意义。

关于到底是什么构成"好的母性依恋"?因为有些标志很显眼,这就很可能使我们在观察和从大量观察记录中挑选材料时带有倾向性。母性情结问题像谚语中的大象一样,很难下个定义,我们喜欢采用的做法是看到一点就认为自己了解了。这种无意义的观察本身就带来一个重要的具体问题,它往往误导为"母性依恋"存在"单维"属性。使它听起来像一个机械物体——一种感情万能胶的原理,只有在适当的时间里用适当的态度时它才"生效"。一旦生效,母亲(我们一直比较强调母亲)就和自己的孩子"连结"或"粘连"在一起了。这种机械似的模式似乎暗示着一种全或无的现象。

事实上,没有证据表明母亲对孩子的关心就是那样,它更可能体现在抚养孩子的若干方面。换句话说,体现关心的各式各样的特征中每一种都有个程度问题(就是说,沿着一个连续统一体,它是可以测量的)。德恩和理查德(Dunn & Richard,1977)对77对母子(从孩子出生到五岁)进行了长期研究,要看一看曾经用作感情标志的多种行为是否确实相关。结果是测量指标之间相关性不高,没能显示出"温暖的"母性行为的单一属性。

二、亲子情结学说

亲子情结学说关注新生婴儿与母亲之间的接触及其在母婴依恋方面的长期影响。

简单地说,这个学说认为包括我们自己在内的哺乳类动物,母亲在婴儿出生后短暂的关键时间里应当立即通过亲密接触——例如,皮肤和皮肤接触——来和自己的孩子建立联结。这是一个令人生畏的主张,认为成人不能做其他行为选择,而且是一种需要使用"习性学"术语来说明的复杂的行为模式和态度。该学说进一步认为,如果母亲要爱上自己的婴儿,在分娩后立即接受来自婴儿的感觉刺激相当重要。在产后的关键的几个小时里母亲的触觉、视觉和嗅觉刺激对婴儿来说也是特别重要的。如果母亲最初的反应因母子分离被中断,恐怕对母子关系就会产生长期的不利影响。而对母子情结的不利影响会进一步在孩子身上以行为表征的形式做出反应。有些门诊医生把这叫做反应性依恋障碍(见附录Ⅳ)。

需要从两个方面证实这种关于亲密接触的关键期亲子情结理论的合理性。一方面是要根据对动物行为的研究,而另一方面必须对人类中的母亲进行观察,将那些和新生儿很少或没有接触的母亲与那些与孩子有广泛接触的母亲做一下比较。

读者不会感到惊奇,在关于儿童护理的理论与实践这一漫长历史中,亲子情结学说主张一定要照料孩子,只是比较近期的事情。有时关于如何对待新生婴儿的新想法和新主张出现了,可是随着时间的流逝,过时了、消失了,或改头换面重新提出,甚至一改再改,再次出现,再次过时。

用最简单的话来说,此学说关于母性情结的主要观点就是为了取得与孩子的感情联系,婴儿在出生后必须立刻让母亲抚摸和拥抱,如果不是这样,母亲对孩子的情结或依恋就会不充分,长远来看可能有不良后果。这一观点影响着产科医院、家庭和托儿所的日常工作安排,影响着法院做出判决(例如,孩子是否应该从父母那里被带走,或者被控告的父母是否应该被拘留),影响着医生、保育员和社会工作人员对年轻母亲的劝告,也影响着年轻母亲的思想、行为和感受。

习性学的影响

人类在过去十年里在母婴依恋发展方面不断增长的研究兴趣受到了生物学因素的影响。母亲需要与自己的孩子形成这种情结,在有些作家笔下母亲对孩子的感情被看做是她在孩子出生后的有限时间里必须得到的东西。

阅读论述母子依恋的文献引起一种似曾相识的感觉。对于依恋行为单维性的各种偏见，认为它具有生物学基础，认为依恋形成有一个敏感期或关键期，以及母婴分离具有危险性，都是人们关于母爱剥夺假设的推论。约翰·保尔比（John Bowlby, 1980; 1982）的观点在依恋理论和母爱剥夺方面很有影响力（同时很不幸，经常被误解或被误传）。他强调说婴儿的信号特别是痛苦信号会引起母亲的抚慰反应。哭声和母亲的反应被认为具有一种生物学功能，它们是将母子紧密结合在一起的行为系统的重要因素。

保尔比强调说母子依恋的行为方式和非人类灵长类动物的行为方式是相似的，他指出了所有类人猿和人类在未成熟期间保证与母亲之间的亲密接触具有生存价值。保尔比把幼小婴儿的哭声看做是五种先天性信号（哭叫、微笑、吸吮、跟随和纠缠）之一，以引起母亲的适当反应来保证与他身体上的接近。他指出敏感的母亲把婴儿的需要与自己应履行的责任很好地结合在一起是自然的。不仅婴儿的行为是天生的，而且母亲也被看做是天生地要对婴儿发出的信号做出反应。她自己作为人类的一员从生物学意义上讲是习惯于做这些事情的。这种母性的敏感性被认为在发展稳定而幸福的关系上是非常重要的。

有趣的是让我们看看保尔比关于人类婴儿依恋的观点如何被转换到母亲身上，很快成为婴儿与母亲之间的交互作用，并把这个过程重新命名为亲子情结。在这转换过程中，保尔比关于母子分离的许多警告和责难以及关于依恋性质理论的修改似乎被忽略了。一个极其重要的假设是关于母亲对子女的依恋，特别在实际情境里，它好像是与婴儿对母亲的依恋的形成相类似。显然，所需要的是从对母子关系的研究中具体得来的经验作为根据来证明这一点。在这个领域里有些文献相当令人困惑，有各种问题需要解决，例如关于亲子情结的发生时间（例如，只在婴儿时期还是在后来一生中）及其各种促进依恋发展的因素（例如身体接触）。

所以让我们检查一下这些可以利用的证据。普遍的关于人类母亲对自己孩子很快建立亲子情结的想法，大部分来自对动物母性行为研究的结果。

三、证据

在人类以外的哺乳动物身上，像人类一样，母性行为不是同等地对待同类的所有幼仔，而往往集中在母亲自己的幼仔或养子身上。为了支持亲子情结学说，有人曾说产后是母婴情结的敏感期，这不单纯是人类现象，它也发生在其他哺乳动物身上，因此应当看做是动物与人类行为的普遍的习性特征。

绵羊和山羊身上所谓的印记，曾被引为证据用来说明有些哺乳动物的母亲对自己新生的幼仔可以迅速地形成强烈的依恋。可是这些结论是从一些早期研究得来的，后来证实需要对它们重新加以解释（Sluckin, Herbert & Sluckin, 1983）。母亲对自己新生儿迅速形成情结的观点不能只是根据对动物的研究而轻易地认定。尽管现在普遍支持母亲对自己新生儿存在依恋或情结,但是在人类身上开展的以经验为根据的相关研究数量很少。最早的报道说那些与出生后初期的婴儿接触数量不同的母亲在后来的母性行为中表现得有些差别,但并未形成肯定的结论,因为验证资料后发现两种母性行为的相似点比不同点要重要得多。

是否存在亲子情结已经成为一个非常重要的问题。如果新生婴儿生病,或者医院安排不够灵活使孩子在这关键时期离开自己母亲的话,那么会发生什么情况呢?一次偶然与自己的婴儿分离会不会挫伤母亲的爱呢?婴儿的发育会不会受到不利的影响呢?尤其是关于情结会影响今后感情关系的观点很可能使将成为养父母的人产生忧虑和悲观情绪。社会工作和儿科文献中充满了关于母子情结失败或扭曲会产生不良后果的警告。涉及到的种种问题,包括不成功的收养、孩子不健壮、幼儿孤独症以及明显的儿童虐待都被归咎于此。因此,不仅是做父母的,还有做医务和救助工作的人们,为了教养那些被遗弃的、难对付的、早产的或残疾的婴幼儿,都必须关心亲子情结理论。

让母亲和新生儿通过及早的经常的互动逐渐达到彼此了解,是个十分明智而且有人情味的意见。当"应当"由"必须"代替时,就变得带有压制性了!要好好记住,亲子情结学说只是儿童教育与实践的漫长历史上最新的里程碑之一。对儿童早期管理的观念和规定就像流行时尚,有时甚至只是一时的热衷,它们忽冷忽热。

我们给那些心怀恐惧、唯恐不能适当地与自己孩子建立亲子情结的母亲的留言是:"不要担心,你的焦虑是你接受亲子情结学说的结果。别人只是知道它,你却非常地相信它。但是迄今为止我们知道的研究结果并没有显示出母性情结存在关键时期,这些结果有力地表明母性依恋——像儿童对成人依恋一样——虽然确实存在,但在大多数情况下发展得很缓慢。"

有人声称母爱剥夺概念有利于使要求母亲们很好地照料孩子的这种社会分工合法化。难道母性情结就应当成为社会传统吗?人们极难找出对父性情结的有关说法。在西方社会里养育子女的问题上父亲好像始终扮演一个母子关系作用的附属角色。人们很少花费时间和精力去研究父亲身份在心理上和生理上的作用。的确,人们一直不加考虑地认为他与子女的关系是"次要关系"。一些评论文章将父亲身份与母亲身份所具有的天然的"感情支持源泉"的刻板印象作对比。长期以来这种思想观念已经把怀孕和生孩子变成了女性的专有权。人们观察到发展心理学与社会政策有密切关系,它从意识形态上强化了母亲身份的刻板印象。父亲往往被处于边缘位置,他的地位是双亲之一,是支持早期母子情结的外部经济供给者。

对实践的影响

医院在制定管理政策时考虑亲子情结问题可能有益也可能有害。过去,产科医院的日常管理往往很严格,虽然并无适当的理由,但是仍要求母亲长时间地与自己的孩子分开。现在英国和美国90%以上婴儿在出生后至少是短时间地与自己母亲分开。如果婴儿必须接受特殊护理或需要治疗,例如,在监护氧舱接受治疗,可能分离的时间更长一些。接受特殊护理的婴儿可能占英国所有婴儿的14%左右。许多儿童特殊护理单位和一般产科病房的管理办法根本不考虑分娩初期的母性情感和敏感性。早在20世纪初,有些临床评论就提到有些怀孕的母亲就拒绝这种做法。正当母亲们和护士们抱怨这种做法的时候,克劳斯和肯乃尔(Klaus & Kennell, 1976)对医院管理办法提出了批评并产生了有力的影响。他们提供所需要的科学根据来说服持怀疑态度的医疗机构接受人道主义的变化。从那时起许多医院要求医护人员尽可能地减少干扰,让做父母的人在分娩中充分体验欢乐和满足。

克劳斯和肯乃尔的文章的目的是希望把有病的或早产的孩子与母亲的分离减少到最低限度,从而减少后来出现母性情结障碍的危险性。不幸的是,今天的产科和护理程序有时无论在什么情况下几乎都提供母亲与新生儿之间的皮肤接触,甚至在婴儿有病和母亲精神不振、疲惫或疼痛时也是如此。其实,无论你是出于什么样的好心,都不要采用这种教条主义的态度。

四、测量母性依恋

恩斯沃兹曾推荐使用多维标准来描述婴儿对母亲的依恋行为。我们也应设法描述母亲对子女的依恋行为。然而,要想详尽描述依恋行为仍然存在问题。对科学家来说,无论复杂的概念多么不完善,都有不可推卸的责任使它们可操作化并设法测量它们(见本书末的预估表)。

衡量依恋行为和(或)态度需要有适当的尺度。理想的做法是应由事先不了解母子关系的观察人员去评定。当调查人员已有成见,认为被调查的母亲不是真正依恋自己婴儿时,他必须防止出现漠视明显的依恋行为迹象的倾向,因为在这种情况下很容易不相信母亲口头表达的爱,并认为表现母性情结的行为是假的。显然,只要努力尝试着评估不同社会环境下的母性依恋行为,不会犯太多的错误。

学会当母亲

人如果不学习,可能就当不了好母亲。我们不真正知道一个完全未受教育的母亲照顾自己孩子的能力会是怎样的,但是我们认为她不会是完全无助的。只要她有一定的照顾孩子的能力,她的母性行为就可以称为本能。并且,人类母亲对自己孩子的行为,因为当时处在动机感情状态之中,也可以描述为本能的。虽然她的动机和感觉不能用确切的说法明确表述,但是难以相信她照料孩子的天性与她的遗传天赋完全没有联系。对使用"本能"这个词,特别是针对人类行为而言,在科学界引起了一些反对意见,或许需要一个不大会引起争论的术语来表述遗传对母性行为的作用。那些反对用本能来说明母性行为的人,可能并不见得就是认为自然力对母性行为什么作用都不起。更确切地说,他们的意见是考虑到日常生活中的做法,其实质是主张父亲和母亲在对自己子女的"母亲般的照料行为"上,在"父母行为"的过程里,双方都应当同等分担。

著名的儿童护理权威斯波克博士(Dr. Spock)强调指出父母爱上自己的新生儿需要时间,"对婴儿的爱是逐渐出现的"。爱的增长在一定程度上是父母接触婴儿的作用结果。它也受到婴儿对触觉的、视觉的、听觉的等刺激做出反应的全部发育技能的促进作用。

在二十多年以前,一位著名的美国心理学家哈里·哈洛(Harry Harlow)写了一本关于《学会爱》的书。爱是不可能有明确定义的,哈洛认为爱表示的是"一种对别人的情感"。他还说,"母亲的爱是不加选择的,而且在人类母亲身上常常不知是如何开始的"。特定的爱往往发展得很缓慢,但是很实在。对子女的依恋会逐渐变得越来越强烈。很长时间以后它可能会弱化,但永远不会消失。我们可以顺便说父母爱的成长过程似乎本质上是相似的。对此后面我们还会详谈。

五、寄养和收养

常识告诉我们母性情结理论有一定的错误,至少它是教条主义的。假如它是正确的话,寄养或收养父母对他们所照顾的孩子就难以形成温情的依恋,他们可能根本无法把他们当成自己的孩子。或许有人会说即使不形成依恋之情,也可以对孩子做出令人满意的照顾,但是有多少收养或寄养父母会说他们不依恋自己的孩子呢?之所以会发生一些悲惨的"爱心滴血"案件,就是因为收养父母在自己的抚育中已经十分喜欢这些孩子,以致后来亲生父母要把孩子领回去的时候,他们感到撕心裂肺般地难以忍受。

接触学习

母亲仅是接触自己的婴儿就有助于形成与婴儿之间的依恋关系。进一步说,尽管接触效应并不是形成依恋的唯一因素,但可能是主要因素。这是对接触学习的研究中提出的一个观点。有些令人惊讶的是,似乎对任何人和任何东西,熟悉感在一开始就起到了直接作用。

接触学习的主要特征是,不论是动物还是人,个体对特定形体形成依恋不是因为对依恋行为予以奖励,而是因为依恋本身就是一种回报。这并不是说对依恋的外部强化没有用。通过外部奖励可以强化依恋,但不是绝对必要的条件。仅仅接触就够了。例如,一位寄养母亲如果因为她照管的孩子非常健康而受到表扬,可能有助于培养她对寄养孩子的积极感情。不过一般来说养母照顾自己的孩子不会有这样的外部强化,但是她依然会对自己的孩子充满爱心。

六、身体或心理残疾的婴儿

当母亲必须面对照料缺陷儿童的特殊问题时,有时也出现亲子情结问题。出生后不久与正常儿童相比,皮肤与皮肤接触可能不再适合,需改用别的方法对待身体或心理残疾的婴儿。帮助家庭接受这样的一个婴儿,从开始就需要进行长期的机智的劝告。在初次激动不安之后,母亲的反应往往是多种多样的,不论她们起初是否拒绝这个诊断,是否不接受这个孩子,是否过分疼爱,她们都往往要求获得更多的知识。因此需要为他们提供必要的知识,使母亲和父亲能够处理将遇到的问题。

七、父性情结

情结学说似乎暗示父爱与母爱在顺序和程度上有所不同。女人生孩子这一事实未必表示婴儿一定由她照料。在动物身上也是如此,以雄性土拨鼠为例,在幼仔不进食的时候,它们总把幼仔带在身边。在人类社会也有一些不同形式。人类学家们告诉我们在有些社会里照料儿童可能并不是家长的专门责任。孩子可能是由在同一屋檐下或挤在同一间小房子里的所有成员来抚养。现代西方社会里单亲家庭的数量正在大量增加,在有些这样的家庭里父亲成为照料孩子的人。

常识、个人经验和实验证据都告诉我们,做父亲的确实全神贯注于自己的孩子并且逐渐形成强烈的感情依恋,而且在大多数情况下在孩子出生后不久虽然没有皮肤接触,这种父性依恋就发生了。父亲对孩子的依恋实际上与母性依恋在本质上没有什么不同。在婴儿出生后不久父性行为在很多细节上经常和母性行为是相似的。可是父性依恋常常(但不一定)显得不如母性依恋强烈。对于这一点可能有以下几个原因:

首先,人类男性对幼儿总的敏感度往往不够明显。假如有造成这种现象的遗传因素原因的话,不会使我们感到惊讶。在许多种(但不是全部)类人猿身上,尽管雄性往往既呵护雌性又呵护它们的幼仔,但是雄性对幼仔的养育作用还是要比雌性少些。毫无疑问,人类男性对幼小儿童的作用受到文化、风俗和传统的很大影响。直到近代,在西欧和中欧都不指望男人去做家务事,包括喂孩子、换尿布等。这方面的情况现在正在迅速改变着,而且可能是如果没有文化的影响,男人对婴儿的感情和反应就不会与女人那么不同。如果社会态度有了无可置疑的改变,研究人员们一直急切地想要知道这样的变化是不是表面现象。例如,婴儿在男人和女人身上能激发出同一种敏感反应吗?例如,他们放映婴儿啼哭的影片给男人和女人看,同时测量他们的心率和血压等心理生理反应。结果是男人和女人的反应情况相似。另外,研究人员还测查了父母迎接自己新生儿的情况,因为在许多物种身上父母天生会保护新生儿并对幼仔有很强的敏感性。测查结果再次显示父母行为的相似点超过不同点。虽然有一定的证据显示在重大的压力下儿童往往表现出较喜爱自己的母亲,但大多数研究发现儿童并不区分自己的父母——哪一个可以充当感情的港湾。

在现今的社会里有些父亲的确非常牵挂孩子的事情,但在西方的一般家庭里父婴之间的接触少于母婴之间的接触。这是令人遗憾的,但它是不可忽视的事实。在这样的环境里父性依恋不大可能与母性依恋以同样速度增长。曝光学习、经典条件作用、操作性学习和模仿的机会都比较少。难怪父性依恋常常看起来没有母性依恋那么强烈,而且父性依恋支配男人生活的作用要低于母性依恋支配女人生活的作用。令人惊讶的是,尽管如此,就多数情况而言,父亲对自己孩子的依恋仍然是非常强烈的。

实际上许多父亲在努力学习掌握养育子女的实用技巧,同时集中很多精力与自己孩子交朋友。可是,也有许多父亲虽说与孩子有感情基础,但他们的关系不像自己妻子的母性联结那样完美。那些研究过父亲对家庭生活的贡献的人士得出结论说,应当鼓励任何一位新父亲花费尽可能多的时间和自己的妻子、孩子在一起。父子之间最常见的障碍是父亲的工作安排。许多父亲因为长期的工作目标牺牲掉了与家人在一起的时间,结果发现在这一过程中已经至少在心理上失去了自己的孩子。如果可能的话,在有些情况下应修改例行的日常工作,以保证拿出更多时间去照料自己的孩子。

附 录

这些预估表是用来帮助心理医生描述和评估与父母依恋(情结)有关的各种行为和态度。在你根据观察做出自己的判断的时候,重要的是只有在看到你的当事人在不同背景和环境里的一个客观公正的即具有代表性的行为样本之后才可以做出结论。

应注意的是,设计用于当事人的评定量表和问卷并不能够提供关于当事人及其问题的决定性"诊断"意见。在评定儿童虐待和抑郁方面尤其是这样。等级或次数计算也不能等同于性格或智商测试得来的那种测量分数。换句话说,它们并不是严格意义上的数字等级量表。它们只是为了帮助你们做出比较详细的评估,避免模糊的"总括性判断",以发现那些可能存在的问题和异常情况(不一般的或古怪的模式)。它们是寻找进一步证据的最初手段。它们也提供了让你了解当事人在各个时期的变化的一种参照物。如此说来,它们是自陈式量表和问卷,专门用来研究个人情况,而不是常模化的量表和问卷,只是让你通过观察或当事人自评来指出一个人与他自己有关的行为、态度和感觉。

你通过自己的评估问一下自己:

> 孩子的适应行为适合于他的年龄、智力、文化背景和社会情况吗?
> 环境对这孩子的要求合理吗?
> 环境是否满足这孩子的基本需要,也就是在他发育的特定阶段对她(他)至为重要的需要呢?

附录 I 对婴儿的敏感度

孩子的姓名:　　　　　　年龄:　　　　　　日期:
请根据具有代表性的多数人的情况进行评估。

照料人或父母	评定			
	总是	大多	有时	从不
能对婴儿的需要做出迅速反应吗?				
能对他的需要做出适当反应吗?				
能对他做出始终如一的反应吗?				
与孩子的相互作用顺畅而敏感吗?				

迅速反应
　　婴儿理解事件与自己行为之间联系的能力非常有限,仅需三秒钟就能搞乱六个月大婴儿的这种学习。如果成人过了很长时间才回应婴儿的信号,婴儿就没有机会学会用他的行为去影响他周围的环境,特别是影响别人的行为。

适当反应
　　是指认识婴儿想要传达特定信息的能力,以及正确理解信息并做出反应的能力。

始终如一
　　儿童对周围环境必须是可预知的,他必须能够学会了解他的行为在特定条件下会产生什么样的特定的后果。

相互作用顺畅
　　父母应该用一种促进的和愉快的态度使自己与孩子的相互作用和谐一致。

附录 Ⅱ 父母-婴儿相互作用

孩子的姓名：　　　　　　年龄：　　　　　　日期：

观察结果 父母做到下面的哪一件？	是	否	不知道
开始与孩子积极地相互作用吗？			
对孩子的发声做出反应吗？			
对孩子说话时改变声调吗？			
对与孩子面对面接触有兴趣吗？			
具备安慰或慰问孩子的能力吗？			
喜欢与孩子做亲密的身体接触吗？			
对孩子的苦恼迹象做出反应吗？			

附录 Ⅲ 父母自评量表（学龄时期）

父母/照料人	总是	通常	有时	少有	从不
鼓励孩子的想法吗？					
为了理解，仔细听孩子讲话吗？					
能与孩子清楚地交流吗？					
尊重他的隐私吗？					
为孩子树立榜样吗？					
在适当时刻提供指导吗？					
分享（家人信息或适当的决定）吗？					
尊重他的看法吗？					
承认孩子的努力吗？					
展示感情上的支持（通过安慰或鼓励）吗？					
保持信任吗？					
谈话时做目光接触吗？					
用名字招呼孩子吗？					
记得孩子的生日吗？					
对孩子谈论家务事吗？					

(续表)

父母/照料人	总是	通常	有时	少有	从不
适当时讨论宗教、政治、性、教育、死亡等问题吗?					
教给孩子适当的社会性技能吗?					
接纳孩子的朋友吗?					
很好地应付、解决孩子们之间的矛盾吗?					
规定合理的限制并坚持执行吗?					

附录Ⅳ 反应性依恋障碍的常见症状

➢ 表面上引人注意、使人高兴(虚假)。
➢ 缺乏目光接触。
➢ 不加选择地与陌生人亲近。
➢ 缺少接受感情(不喜欢拥抱)的能力。
➢ 常常暗地里活动或鬼鬼祟祟地。
➢ 对自身和别人有破坏性。
➢ 对动物残忍。
➢ 常撒谎。
➢ 不能控制冲动。
➢ 经常发呆与失常。
➢ 不能思考因果关系。
➢ 缺少良心。
➢ 饮食模式异常。
➢ 同伴关系差。
➢ 对着火、血、流血出神。
➢ 持续的胡说八道和连续不停地唠叨。
➢ 言语模式异常。
➢ 消极侵犯:刺激别人生气。
➢ 时常激怒父母。

患有反应性依恋障碍(RAD)的儿童很少出现以上全部症状。

给家长的提示

　　许多父母往往认为短暂的母婴分离都会在心理上伤害自己的孩子。有这种想法的母亲无论何时哪怕不得不离开自己的孩子一两天都会感到担心或内疚,而且不愿安排别人代替照料孩子。经过大量研究,我们现在认为这种担心和内疚是没有必要的。同时,好的托儿所在现代社会里已经可以起到非常重要的作用。一份对职业母亲的调查显示,有些儿童没有得到很好的照料,只是因为他们在一连串不令人满意的和不稳定的照顾安排中今天被转到这里明天又被转到那里。这种儿童往往表现出寻求关注和比较缠人。

　　总而言之,在高质量托儿所入托的孩子通过更多的自主活动,通过在监护下和其他孩子接触,好像会在社会性上和智力上得到发展。和其他孩子在一起能够扩大孩子社会性活动的范围——他们必须适应各种各样的人的机会越多,他们的社会性技能就变得越多。他们有机会学会怎样相互让步、解决矛盾与合作。这对许多父母,尤其是对单身母亲来说,可以代替他们为孩子提供高质量的照顾。

　　最后应当记住的重要事情是,一个好的母子关系不取决于天天每时每刻处在一起,而是要看在一起时你们之间到底发生了什么,以及你照顾孩子的质量到底如何。

与儿童在吃饭和睡觉问题上的"战斗"

引言

当父母面对的是恰好发育到反抗期的孩子时,经常听到他们抱怨两件事情:为了吃饭和睡觉问题与孩子"战斗"。"战斗"这个字眼不论用得贴切与否,反正运气不好的父母就是这样形容他们与孩子之间为好好吃饭和上床睡觉而展开的无休止的斗争。故此,本章就借用"战斗"来命名。

常常是两个难题集中在一个孩子身上,成为其对抗行为的总模式。

怎样坚持"战斗"并获取胜利

反过来,要赢得胜利,建议最好的办法是不要再用"坚持""战斗"这种字眼去考虑问题。更确切地说,就是要把这种事情看做是孩子想要解决自己特有问题的方式,这样就转换成,父母需要通过综合运用理解、耐心、经验和以知识为基础的策略来解决问题。

目的

本章的目的是为医务保健人员和心理医生提供:

➤ 孩子吃饭问题的主要形式。
➤ 对评估孩子吃饭难题的指导。
➤ 各种各样的吃饭行为管理策略和鼓励孩子好好吃饭的实用方法。
➤ 描述就寝时的"战斗"和"花招"。
➤ 对睡觉难题(例如梦游、就寝时反抗、夜间离床、钻进父母被窝、夜间恐惧和烦恼)的指导。
➤ 鼓励孩子夜间呆在自己床上的策略。

警告

本章在提出建议时有一个前提,就是孩子身体健康。如果怀疑他夜间的行为或难题与疼痛或疾病有关,或是已经明确问题是由此引起的,应当立即就医。

第一节 吃饭时的行为问题

吃饭时的典型难题包括：餐桌礼节不好，不肯吃或吃得困难，吃得很慢，从餐桌上站起，挑食，发脾气和哭泣。家庭应当提供重要机会使孩子享受家庭生活并学会社会技能，而不应当变成展开"战斗"的场合（对于学前儿童尤其不能这样）。

一、普遍性（参阅 Douglas, 1989）

在伦敦进行过一次关于三岁孩子吃饭习惯的研究。结果显示，16％的孩子被判定为胃口不好，12％被认为挑食，在比率上没有性别差异。同时发现这些问题在约占2/3 的孩子身上持续一年，约占 1/3 的孩子身上持续五年。

在对五岁孩子的大范围研究中，1/3 以上的孩子被描述为有轻微或中度胃口不适或吃饭问题，这其中 2/3 吃东西挑剔，而其余的被认为吃得太少。

二、原因

人格理论家们（特别是弗洛伊德学派）一直强调早期令人满意的吃饭经历对人格特质（例如，他所说的"口唇"乐观与"口唇"悲观）的发展和亲子关系有非常重要的影响。在出生后头几个月里，婴儿在大部分醒来时间里都需要吃奶，这是亲子情结过程的一个重要构成要素。早期的理论家们曾经争论是否按时间表喂奶以及断奶早晚对人格发展的长期影响，后来并未证明这种观点具有合理性。不过，这并不能说使婴儿喂奶成为一项轻松愉快的活动就不重要了。

父母们常常把吃饭时间（像就寝时间一样）看做是吃苦受罪的时候，这是因为早先没有给孩子培养起好习惯。他们可能给孩子太多可供选择的东西。也可能有太多分散注意力的事物存在，例如电视或家人的嘈杂声。他们可能没有想到盘子里那份食物是否合孩子的胃口，因而当孩子挑食或不肯吃净盘子里的东西时，就激起矛盾。

吃饭和食物方面的问题常常是由亲子关系问题引发出来的，同样地，吃饭与喂奶问题也可能引起亲子关系问题。有时吃饭问题的原因是机体障碍，例如幽门狭窄（胃的出口变窄）。孩子的性情可能与父母的性情不合，因此由于吃饭时父母在其他方面管教孩子而引发了矛盾，孩子可能强烈反抗而且固执己见。父母通常可能还没有学会怎样对付孩子的捣乱行为。

三、吃饭与喂奶问题的类型

家长所说的吃饭问题是非常广泛的，根据程度不同可以从简单的喂奶问题到由于情感虐待或营养不足而不能健康成长。有的父母可能因自己孩子的胃口稍差而非常担心,而另一些父母可能根本没注意到自己的孩子营养不良。

挑剔食物

在期望孩子吃的或营养需要的食物数量方面,父母有不同意见。用生长发育表去衡量,比随意地认为自己孩子吃饭"差"或"爱挑剔"的做法更可靠,因为几乎每个孩子都有时挑食。在某些年龄段这只是个不喜欢某些东西的口味和质感的问题,或者感到尝试、玩耍和交谈比吃东西更有意思的问题。可是有些孩子在观察到家里的其他人爱挑剔以后也学着挑剔了。

破坏性行为

吃饭时的破坏性行为可以包括从别人那里偷食物,吃洒落的食物,在餐桌上攻击别人,扔食物、饮料、盘子和刀叉,放声大哭和发脾气。

幼年时期的心理问题

焦虑、抑郁或家庭里的不利关系(或许虐待),可能造成孩子不吃东西,因而不健康。我们说心理问题是什么意思呢?从家长们的(尤其是老师们的)整体看法来说,当他们照管的孩子的行为看来好像出现以下情况时,他们往往会担心:(1) 不受控制;(2) 出乎意料;(3) 毫无意义。如果这些趋势是过分的而且持续的话,他们就被认为是"有问题的"或"异常的"。而且如果他们的担心日益加重,就可能转介(通常经过社会工作人员或普通医生)给儿童心理医生或儿童精神病医生。哪种行为引起最大的担心呢?阿肯巴赫和依德布洛克(Achenbach & Edelbrock, 1983)从 42 个心理保健场所里收集了 2300 名儿童的有关资料,这些资料是家长使用《儿童行为核对表》(CBCL)在照管孩子的过程中观察得到的。经过统计分析显示出了几个征候群,可以概括为两类:"内隐"行为和"外显"行为。前者包括情感问题,例如焦虑、恐惧、抑郁、担心和躯体困难,而后者包括攻击、打架、不顺从和活动过度。令人印象深刻的是这些行为征候群暗示着反社会攻击行为和社会性退缩行为。

外显问题与喂奶和就寝问题最有联系,表现非常明显。而内隐问题有时成为焦虑和害怕等难题的背景。

非器质性发育不良

这个术语是用来指那些生长发育严重地低于年龄标准,而又查不到身体原因的婴儿和儿童。这些儿童常常显得退缩、抑郁、不活泼、焦虑、声音嘶哑、爱流泪。这些问题常常是遭受情感虐待的迹象(Iwaniec, 1995; Iwaniec, Herbert & Sluckin, 1988)。

在严重情况下,住院治疗可以提供一个对喂奶模式和母婴相互作用进行仔细观察的环境。具体治疗方案见附录Ⅱ。

四、评估喂奶问题

记食物日记

要求家长将孩子在一天里具体吃的什么做出详细记录,如果可能的话,做一周的记录。应当详细记录所吃食物数量和种类,包括所有的点心和饮料,以及吃的时间和地点。这种记录对有过度肥胖问题的孩子特别重要。所吃食物数量的准确记录是至关重要的。

身高体重表

身高和体重记录对诊断和治疗是有用的,因为它们可以帮助医保人员了解孩子的营养状况。如果担忧孩子的健康,那就找儿科医生复查一下,以保证体重、身高是在正常范围以内。记住不要凭吃多少来判定是否获取了足够的营养,因为儿童所需要的食物数量是有很大差别的。恰似语言或运动的发展停停进进一样,身高、体重增加和胃口也是这样。到一定年龄,儿童对热量的需要减少。在1～5岁之间,大多数儿童每年体重增加4～5斤,但是有许多经过三四个月体重一点不增加,结果造成食欲减退。

问卷评估

下面的问题由孩子的照料人回答。

(1) 你们有要孩子在家里遵守的关于吃饭时行为的规定(例如餐桌礼节)吗?

(2) 什么规定?

如果只说出规定,再进一步询问关于禁止和鼓励的对策。如果提到许多,就只捡最重要的。

(3) 按顺序列出五条最重要的规定。

面谈者可能需要给家长一些提示。

(4) 现有的这些规定是怎样传达给你们孩子的?

如果是口头传达的话,要看一下是否只在违反规定时才做。

(5) 逐条说明五条规定的重要性。

(6) 孩子的父亲(或主要照料人)对你们的孩子有同样的规定吗?

(7) 每条规定多少时间违反一次?

对五条重要规定的每一条,要估计一下每周次数的平均数。

(8) 当孩子违反这些规定时会怎样?

(i) 后果;

(ii) 经过时间的一致性;

(ⅲ)成人态度的一致性;
(ⅳ)是否有逻辑上的根据。
(9)当孩子遵守吃饭规定时会怎样?
(10)你们对家里所有的孩子都有同样的规定吗?
(11)问一下给问题(10)所做回答的理由。
(12)为了管理你们孩子的喂奶或吃饭行为,你们曾经向什么人寻求过帮助吗?

如果回答是,问一下请教的谁,为哪个孩子,并简要说明所发生的情况。

观察

如果可能的话,你观看一次吃饭的过程,从旁边注意一下孩子和其他人到底是怎样行动的,情感氛围怎样,所吃食物类型,每份饭菜的量,等等。仔细观察母亲给小孩子喂奶,可以给母婴关系提供指导。例如,母亲不亲切或缺乏热情可能导致孩子吃奶时受挫折或生气。孩子可能拒绝吃东西,从而引起母亲注意,反而说孩子捣蛋或调皮。

再者,吃饭时可能出现混乱场面,孩子们到处跑,不到餐桌上吃饭。父母可能非常生气,向孩子们叫喊,增加了紧张和混乱。

多管闲事的母亲或父亲也会影响孩子吃奶。不让孩子独自吃奶或怕他们弄脏弄乱,会妨碍孩子正常地发展习得性行为。父母的焦虑也会传给孩子,引起抑郁而可能拒绝吃东西。

机体因素

先天性肠道异常、传出神经机能失调和身体不健康,都会影响或引起吃饭问题或食欲不振。这些都需要医治。

五、孩子的食欲

在评估任何吃饭难题时都有必要考虑孩子的食欲状况。成人通常按一日三餐的传统模式被抚养长大,但这未必是最适合幼小孩子喂奶需要的时间表。大多数幼儿每天需要四五顿少量的饭:早餐、加餐、中餐、加餐和晚餐。请注意食物的分量——加餐的一顿点心可能使丰盛的晚餐变得多余。需要提醒家长,孩子们未必有同大人一样的食欲,而且要求一个人必须把自己盘子里的一大堆食物全吃光,会令人厌恶。给孩子适量的饭菜,让他们有机会回头再添些,要好得多。另一方面,花费时间准备诱人而有营养的饭菜后来又不得不把它丢掉,更是令人恼火的事情。

在心理动力学理论方面,在食物和爱心之间有一种象征关系。丢弃父母给的食物可以被认为是丢弃他们的关爱。

六、敏感的与不敏感的父母行为

在有些家庭里,有喂奶问题的孩子可能是从出生后不久就开始有行为上或情感上的难题。父母子女之间的相互影响,特别是包括母婴沟通在内的早期相互影响,对孩子的健康和幸福至关重要。婴儿健康发育,需要与父母的亲密、自信和关爱的身体上与情感上的接触,不管是母亲(或母亲替身),是父亲,还是父母一起。缺少这样持续的照顾和身体上的亲近就会引起焦虑、烦躁并使孩子的生理功能受到破坏。婴儿的基本信任和安全的迹象之一是稳定的吃奶行为。父母的敏感和感受在促进这种行为方面是非常重要的(见附录Ⅰ的表格)。

如果严重的喂奶困难持续相当长时间的话,不仅会造成孩子生长发育不良,而且在有些情况下还会导致母子关系扭曲或者使已有的难题恶化。这个"鸡生蛋——蛋孵鸡"的恶性循环之谜需要心理医生来解开。

环境对照料人的压力

婚姻问题、单亲家庭、亲属的干预与批评,都会在管理子女问题上起负面作用。例如,一位患抑郁症的母亲不可能以充分感受的态度去了解自己的孩子,并和他一起把早期喂奶经历中的互相影响发展成一种互利而令人满意的结果。

第二节 管理吃饭行为

道格拉斯(Douglas,1989)在帮助父母对付喂奶难题时介绍了一套包括行为管理技巧、营养治疗、消除疑虑、树立信心以及检查督导的综合办法。行为管理有一套跟踪检验记录(Herbert,1987;1994)。儿童通过观察父母在吃饭时的行为,会学到许多行为方式。他们会注意自己的父母在餐桌上怎样吃饭、交谈和动作。他们颇有兴趣地注视自己的父亲如何对母亲的建议做出反应,例如当要求他吃饭放下报纸或不要狼吞虎咽时,他是不高兴、生气还是合作呢?

这里有几个行为主义方法,可供父母用于在各种情况下管理他们的孩子。

控制刺激物

帮助父母建立与吃饭有关的背景提示。例如在开饭时间在餐桌旁边给幼小孩子准备一个专用椅子,这样可以给孩子一个暗示,养成按时吃饭的习惯。

正强化

如果想要帮助孩子忘掉那些吃饭时的令人讨厌的行为,而学到一些比较适宜的东西,我们必须建立对他们行为的奖励办法。这一点我们叫做"强化训练"。下面和家长一起仔细考虑的一个问题,就是基于正强化原理的治疗计划。

- **你是在使好行为得到强化吗?**

有些父母懂得奖励(也就是强化)孩子令人满意的吃奶行为。我们需要提出一个口号:"要善于发现孩子吃饭时的好行为,而不要总是找坏行为。"这就是说,如果我们一直在关注(生气地)对付不适当的行为,而忽视好行为,那么就应当把做法颠倒过来,尽可能忽视不适当行为而回应好行为。这听起来很简单,但是如不照此办理,肯定会引起各种各样的问题和麻烦。

为了取得最大效果,只要孩子在吃饭时出现任何令人满意的行为,就应当紧跟着给予强化,例如亲切地表扬和鼓励。所以说,那些比较敏感的善于很快发现到孩子点滴进步(例如单是安静地吃饭)的父母,比那些只有孩子有了相当好的表现时才给予亲切赞许的父母来讲,更会运用表扬和鼓励,效果也更好。

"关注-不理睬"公式

在家庭和学校环境里,关注(例如赞扬)和不理睬,作为行为干预的早期手段,受到广泛重视。尤其应当注意孩子是否得到了足够的正强化(关注),而且得到的时机是否合适。有关关注的规律告诉我们,孩子做事是为了得到别人,特别是父母的关注。如果孩子得不到积极关注,他将相反行事以得到消极关注。提醒你,有些孩子对成人认为的积极关注不感兴趣,表现了抵制。为什么会这样,这就需要对相互关系的质量做一下评估。表 4-1 显示了行为与强化之间的连接。

表 4-1 行为与强化的连接

可接受行为 + 强化(奖励) = 更多可接受的行为
可接受行为 + 无强化 = 不大可接受的行为
不可接受行为 + 强化(回应) = 更加不可接受的行为
不可接受行为 + 无强化 = 比较可接受的行为

许多人认为家长训练孩子吃饭行为的必要条件,是保证父母能以始终如一的态度给孩子提供有意义的积极关注,而不去理睬孩子的不当行为。不言而喻的是,如果孩子热爱、信任和尊重自己的父母,或者说对他们认同,就非常希望他们的父母高兴,这样一来父母的回报和支持就变得更加有力。"感情是培养习得性行为的有力燃料",对有抵抗性孩子的父母来说,这是一条有用的格言。

有些父母可以像表 4-2 所概述的那样,不太费力地处理孩子一些令人讨厌的行为。

表 4-2　不太费力地处理令人讨厌的行为

举例	行为	后果
(a) 杰克想要玩电脑游戏，不去吃饭，爸爸说没有时间了。	杰克踢脚并叫喊，躺在地上大声尖叫。	爸爸不理会他的恼火；最后杰克静了下来并且在餐桌旁吃起了饭。
(b) 妮莎正在吃早饭。	她不断地把食物扔到地板上。	妈妈警告一次以后把早饭拿走了，而妮莎只得挨饿了。

就像受到强化的行为容易再次发生一样，没有强化的（a 例）或受处罚的（b 例）行为容易被中断。重要的是，所说的"奖励"并不是指昂贵的礼物，所说的"处罚"也不是指残酷的体罚。我们应当设法帮助孩子体验到，当坐在餐桌旁吃饭时某些行为产生令人满意的结果，而另一些行为则不行。

当孩子为了治疗原因而需要吃难吃的食物，并且抗拒这种食物疗法时，上述方法特别有用。

- **接受节食治疗的孩子**

家长应当为正在进行节食治疗的胖孩子建立一份"好行为"记录表和体重表，以便孩子能看到自己的进步或失败，并把治疗的目的记在心里。把图表贴在电冰箱门上，可以提醒父母不放任孩子。过胖的孩子常常在吃东西方面不加节制。

- **不理睬**

毫无疑问，无论是积极的关注还是消极的关注，对孩子的行为都是有力的强化因素。那些能够自己吃饭的孩子的不适当饮食习惯，可能是技能有限或缺乏引导的结果。然而，在很多情况下，吃饭时的破坏性行为和不适当的就餐习惯，却是对父母某种关注形式的"回报"。这就引出一个问题："为什么孩子需要用不好的表现来取得关注呢？难道在其他时间，特别是当他表现好的时候没有被给予足够的关注吗？"常常发生的情况是，父母的谴责和试图把餐桌上的杂乱东西收拾好以及饭后试图将孩子擦洗干净，反而能够对孩子的不良行为起到强化作用。

暂停

吃饭时孩子的各种破坏性行为都包含寻求关注的成分，但是又不能不予理睬。暂停，是可以减少这类行为的一个方法。这个方法包括使孩子离开与问题行为有关的位置。例如，孩子把吃到嘴里的东西吐出来，那么就把食物拿走，把孩子"暂停"到角落里的一把椅子上去，同时不再理他。

为了有好效果，暂停需要运用得当：

➤ 始终如一——也就是说每次出现问题行为都要照此办理。

➤ 立即地——以便暂停与问题行为直接联系。

- 不太注意或不忙乱——应该不说什么,冷冷地把孩子移走或把食物拿走。记住生气的或愉快的反应都可能有强化作用。
- 短时间地——2～5分钟即可,并且监督着孩子的反应。
- 当不用暂停时,对适当的行为要进行表扬和关注。

暂停是一种温和形式的处罚,如果把饭食拿开本身是回报的话,那就不会有什么作用。例如,孩子可能很高兴地离开他不想吃的饭。暂停的成功取决于:
- 在暂停情况下不会对孩子产生回报价值或使他发生兴趣。
- 使孩子离开那个环境不会存在回报价值。
- 从孩子那里拿走食物也不会产生回报价值。

应当注意对适当行为给予积极强化,至关重要的是培养积极行为去代替破坏性行为。

自然的或合逻辑的后果

虽然父母不能强迫孩子在吃饭时吃东西,但是父母能够控制他们两顿饭间吃的东西。饥饿是不吃东西的自然结果,因此要善于利用它。要对孩子说明:"如果你在定时器铃响之前不吃午饭的话,我就把你的饭盘拿走而且一直到晚饭前都没有点心吃。"

第三节 睡觉时行为问题

首先我们应当坦白地说,专家们至今不完全理解人为什么需要睡觉或者睡觉的目的是什么。但是我们都需要睡觉!对那些睡眠受到有持续睡眠问题的孩子打扰的父母来说,实在心烦!我们的确知道,夜间碰到的困难是父母面对的最常见的问题之一。

一、流行

诺米·瑞奇曼(Richman)1981年通过对771名有睡眠问题儿童的调查(Douglas & Richman, 1985)发现,在1～2岁幼儿中,多达10%的幼儿有过严重的夜间不睡觉问题。睡觉问题也是年龄较大孩子的最常见问题。

二、睡眠周期

一个幼儿的睡眠模式就像他自己性格发展的唯一性那样独特。众所周知,这种基本"睡眠周期"是循环式的——一种生物特性,不是后天习得的,而且照样不能由父母或婴儿自己来改变。从生物学角度看,它是由脑中部的神经元系统所控制的,在头六个月里睡眠模式反映出孩子个体的生物发育特性。但是没有理由不发生变化。父母开始逐渐地教导孩子有规律地活动——这是形成良好睡眠习惯的基础——父母希望随着孩子逐渐长大,对他的日常睡眠能产生强有力的影响。最好是避免像"她睡眠不好"或"他不需要什么睡眠"之类的成见。如果父母从一开始就认为这孩子无法改变,并且按这样的想法行事的话,这种"自证预言"就会起作用,就可能使孩子养成不良的睡眠习惯。

费尔伯(Ferber, 1985)是一位著名的研究睡眠问题的专家,他说:"因为……父母先入为主地相信孩子就是睡眠不好而且他们也无能为力,于是就让孩子养成了不良的睡眠习惯。他们认为没有任何办法可以帮助孩子养成良好习惯,结果全家都跟着受罪。可是我发现几乎所有这些孩子都有可能睡得好,只要稍微做一些调理,他们就能学会好好睡觉。"

这里有一个乐观的信息!对我们来说良好的起点就是简单地看一看睡眠的性质和夜间问题的具体情况。

什么时候才成为问题?

假定孩子偶尔睡眠不好,能说这就成为问题了吗?让我们实际考虑一下这些特定的睡眠困难与次数、强度、数量、持续时间之间的关系。

次数:这些睡眠问题经常发生吗?孩子每夜都起床吗?夜间好几次来到父母的床上吗?

强度:孩子很害怕黑夜吗?要求他准备上床睡觉时他发脾气吗?

数量:有几种睡眠问题,例如,做噩梦、到父母的床上、尿床?还有其他什么问题,例如反抗、攻击?

持续时间:问题持续时间长吗?

另一项需考虑的事情是什么是真正的"正常"睡眠。

- **"正常"睡眠模式**

子宫里的胎儿被认为不是真正醒着的,而是交替地处在活动态睡眠和安静态睡眠之间。足月顺产的新生儿每天睡眠时间约占75%。他们通常平均每天约有八段睡眠时间,常常是断断续续的,每段时间的长短婴儿之间各不相同。一般情况下新生儿每次睡2~4小时(要注意存在这么大的差别!)。他们对睡眠的需要也大不相同:每天共睡11~21小时不等。当6个月大时,婴儿每天睡眠时间约占50%。

- **夜间不睡**

婴幼儿夜间短时间不睡是很常见的。在出生后的第一个月里,大多数婴儿每夜醒两次吃奶。2个月大的婴儿平均每夜有约9%的时间实际上不睡;到9个月大时不睡时间减少到大约6%。婴儿尽管有时哭叫,但是通常能够自己平静下来,再次入睡。父母对婴儿不睡的察觉程度取决于他们是否和孩子一起睡,他们夜里起来查看孩子是否睡着的次数以及他们对哭声的敏感度。

三、睡眠类型

睡眠不是单一状态，它包括以下两种非常不同的状态：

> 快速眼动(REM)睡眠：当我们做梦时所处的一种活动期睡眠。
> 非快速眼动睡眠：是我们通常认为的"睡眠"，是那种安静而酣熟的睡眠，此时没有身体或眼睛的活动。睡眠的大多数恢复功能都发生在这个阶段。即使做梦也很少，而且呼吸和心率也有一定的模式。

快速眼动睡眠出现在 6~7 个月大的胎儿身上，非快速眼动睡眠出现在 7~8 个月大的胎儿身上，足月顺产的婴儿将有 50% 的睡眠处在快速眼动状态（早产儿有 80%），到 3 岁时有 35%，幼年期后期、青春期和成年期有 25%。因此快速眼动睡眠随着胎儿和婴儿的发育在头几个月似乎是非常重要的。婴儿经常在两种睡眠状态之间转换，而且在浅睡或活动态睡眠期间婴儿很容易被惊醒。正如我们所看到的那样，大约一半新生婴儿的睡眠是在这种活动态睡眠或安静态睡眠的单种状态中度过的。随着孩子们的成熟，他们以自己的速度发展起来迅速地度过浅睡期的能力。

看护和摇动，可以帮助婴儿进入更深的安静睡眠阶段。有些婴儿睡眠较少，多数婴儿需要多睡，如果不是因为肚子饿、疼痛或经常被人打搅的话，他们会得到所需要的全部睡眠。两个月大的婴儿可能平均需要 27 分钟才能睡着。

日间小睡

从不分昼夜的睡眠转变到白天小睡，主要是自行发生的。在第二个月时婴儿白天醒的时间较多。在 3~6 个月之间父母的生活有可能恢复一定的规律性，因为婴儿可能已经养成白天有两段较长时间的睡眠。在 6 个月大时大约 83% 的婴儿白间不睡眠。

我们可以采用在上午 8~10 点和下午 1~2 点把婴儿放到床上的办法来促使他转变到白天小睡的习惯。在第二年某时转变到单是下午睡眠，到四岁时孩子可能觉得不需要白天小睡了。

四、较大些的孩子

在一些较大的孩子身上仍然经常出现夜间醒来的现象。在初学走步的两岁孩子里大约只有 50% 可以夜里一觉睡到天亮。此时，大多数孩子只在白天小睡一次，通常是在午饭以后。上床睡觉对任性的学步孩子来说可能会成为一个问题，而且让他呆在床上可能是父母的又一苦恼。有些孩子当父母认为他们应该困倦的时候简直精神之极，而另一些孩子对抗睡意就像对待敌人一样。

我们不可能硬性规定什么时间该让孩子入睡,但是我们最好能够从早期就确立一个让他上床睡觉的愉快的时间惯例。睡觉时应遵守的惯例是个有影响力的习惯,每天按时吃饭,洗澡,然后睡前听故事,使孩子的世界显得很有秩序、安全和舒适。建立这些日常例行的事情并非微不足道。心理学家和社会工作人员访问过一些缺乏确定性、规律性和日常惯例的混乱家庭,了解到这种混乱对幼小儿童的妨碍程度。当孩子长大了,需要进入学校过比较有秩序的生活时,这种混乱无序的家庭状态对他们的影响依然存在。

五、需要多少睡眠

在考虑怎样安排孩子去睡觉并促使他呆在床上以前,父母对他需要多少睡眠要心中有数。图 4-1 的数字(Ferber, 1985)仅是一个大概指导,因为儿童对休息的需要是各不相同的。

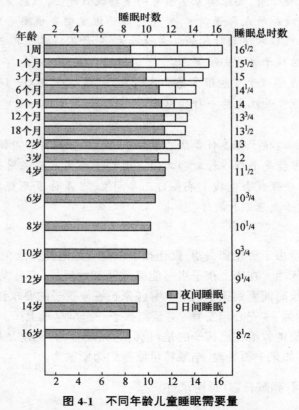

图 4-1 不同年龄儿童睡眠需要量

＊格子划分为每天小睡次数。每次小睡长度可能很不相同。

第四节 评 估

一、孩子睡觉时的战斗和常用的花招

在有些家庭里,从孩子出生起一直持续到上学的年龄,让他上床睡觉或入睡都是一场控制与反控制的战斗。对孩子的睡眠模式和睡眠行为以及父母的管理手段先进行详细评估,对父母拟订一个详细而有效的处理计划是绝对必要的。

睡觉时的问题可能表现为以下四种形式:

> 睡觉时战斗:孩子断然拒绝在指定时间去睡觉,并公然抗拒一切要求、教育、恳求、命令,采用不理会、争辩、跑开或大发脾气的做法而不去睡觉。

> 睡觉时"游戏":孩子想出各种各样的花招来拖延睡觉时间,例如,要求多看几分钟的电视节目,要求向家里所有的宠物说声晚安,只想多听一个故事,还需要再上一次厕所或再喝口水,突然想起一件重要事情要告诉妈妈,等等。有的孩子养成非常消磨时间的仪式般行为,父母不得不在其中扮演自己难懂的角色,然后孩子才肯去睡觉。

> "召唤":有些孩子可能很容易上床去,可是然后一遍又一遍地要求父母到他跟前去,逐步升级成为一种情感勒索形式,如果他们的召唤不被听从就哭喊或大叫。

> 到父母床上:孩子有各种各样的理由养成钻父母被窝的习惯。即使不涉及到害怕,也可能是个难以打破的习惯。看起来好像只要采用一种率直、固定而又持续的手段就会使孩子呆在自己房间里,可是许多足智多谋的父母说,最终还是孩子把他们打败了。

毫无抵抗的阵线

父母有时完全由于疲惫和失望,就让孩子该睡不睡地直到他在客厅里睡着为止,然后把孩子抱到床上。在床上孩子很可能又重新开始反抗,有些父母不得不坐在孩子旁边呆很长很长时间直到孩子入睡。有些家长答应孩子的要求让他睡在爸爸妈妈的床上,或许最后为了"安心和安静"甚至与孩子一起早早地上床。

父母不知不觉地教给自己孩子的是:他们的强硬行为,无论是拒绝、大发脾气或耍"狡猾的花招",如果一再灵验,结果将可使他们为所欲为。

二、睡觉时间/睡眠日志(见附录Ⅲ)

为了确切地了解所发生的情况,需要一些详细的信息。父母要记一个反映孩子睡觉行为的睡眠日志,以提供对孩子睡眠模式的生动描述,这对于拟定有效的干预计

划是非常重要的。有些孩子睡觉时喜欢给人添麻烦,有些仍在白天小睡,这对夜间长时间睡眠会有妨碍,因此需要记录24小时的睡眠模式。可以采用图表记录孩子夜间醒着的总时数,包括醒来的次数和醒着的时间长度,还有他醒着时做些什么——例如到父母床上,以及父母对孩子当时行为的反应。

三、每日常规

那些不肯去睡觉或早醒的孩子往往是在对期望他们怎样表现的不适当暗示做出反应(Douglas,1989)。睡觉前的准备,可能并没有与实际上床睡觉和入睡连贯起来。或许在换上睡衣和入睡之间玩了几个小时。入睡的暗示可能是与父母上床睡觉联系在一起。

孩子需要学会一套每日常规,就是在比较短的时间里(至多半小时)准备睡觉和入睡。要有规律而且比较快地进行一连串活动,洗漱、换上睡衣、喝口水、听故事、唱歌以及拥抱一下,使孩子能够安静下来并学会按照模式一步步地进行。父母在接近睡觉时间时行动要一致。关于孩子睡觉问题和父母管理方式的详细记录,显示出孩子的问题往往与父母持有的观点和采用的方法多变有关。例如,父母可能试用了一次某种方法,但是很快就放弃了。

第五节 夜间恐惧与忧虑

有些时候孩子们说他们不想去睡觉,或者想要整夜地和父母在一起,因为他们害怕黑暗,害怕孤单或者害怕其他事情。所有的儿童在发育期间都经历过恐惧。1~2岁的孩子害怕与父母分离,害怕陌生人。3~4岁期间开始害怕黑暗,害怕孤单一人,以及害怕小动物和昆虫。5~6岁期间最害怕野兽、鬼魂和妖怪。7~8岁时害怕上学、神秘事情和身体危险。在9~11岁期间比较有社会性恐惧,同时害怕战争,害怕身体不好、身体伤害以及学习成绩不好。

这些是与年龄有关的恐惧倾向,同时可以看到他们当中有些或许与上床睡觉的焦虑有关——害怕黑暗,害怕鬼,害怕独处。有些孩子夜间醒着躺在那里,担心上学,担心死亡,担心自己的或父母的健康以及其他事情。

一、害怕黑暗

许多孩子是通过学习变得惧怕黑暗,进而引起睡觉问题。对幼小孩子来说,被留在黑暗处起初并未感到不愉快,后来当他因肚子疼,受到噩梦惊吓或饥饿、寒冷、尿床等侵扰时,他会哭喊着找妈妈。这时妈妈赶紧去救助,走进房间打开灯,急忙安慰苦恼中的他。母亲在不经意之中将黑暗与苦恼联系在一起,将光亮与安慰联系在一起,使孩子学会了害怕黑暗。

那么有什么更好的做法呢？母亲可能做到的是进入房间不开灯，说说话使孩子安心，直到她把问题弄清，如果绝对需要的话，再打开灯。这种做法可以保证在母亲的到来或在场与灯光之间并没有直接联系。如果因为孩子从同辈人那里听到关于鬼和盗贼的可怕故事而已经学会害怕黑暗的话，当然另作处理。本章后面会提供给家长一些意见。

二、克服恐惧

观察和学习别人的安静和不惧怕的表现，可以用来消除恐惧。托儿所里那些怕狗的孩子在几次短时间的集会上，通过观察不怕狗的孩子高兴地和狗在一起玩耍，已经得到成功的治疗。成人用来帮助自己孩子最有效的方法是：

- 帮助孩子培养能用来应付可怕的物体或情况的技能。
- 使孩子逐渐地主动与可怕的物体或情况接触。
- 给孩子机会去逐渐地熟悉可怕的物体或情况，同时允许他有机会去检查它或不予理睬。

有时有助于使孩子克服恐惧的方法包括：

- 口头说明使他安心。
- 口头说明加上实际演示，让孩子看到所谓可怕的物体或情况其实并不危险。
- 给孩子一些勇敢面对所谓可怕的物体或情况的实例（父母经常引用其他孩子不害怕的例子）。
- 通过建立条件联系让孩子相信看来可怕的物体其实并不危险而且是很好玩的。

自助

已经发现儿童随着自身成长，或是运用以下技巧，是能够克服恐惧的：

- 通过获得成人的帮助，想象自己与幻想人物例如超人或最喜爱的玩具在一起做克服恐惧的练习。
- 和别人谈论他们所恐惧的事物。
- 在成人的指导下，与自己辩论关于想象中的可怕生物或事件例如自己所怕的死亡，是真实的还是不真实的。

三、噩梦

与和善的孩子相比，攻击性儿童的梦里往往有更多的敌意，而且可能令人害怕。焦虑的儿童会做更多悲惨的令人担心的梦。那些因长期住院与母亲隔离的孩子更容易做噩梦,而那些虽然与母亲分离而仍然留在自己家里的孩子在做梦方面倒没有受到明显影响。当孩子身体不好时,做有关死亡、疾病或其他不健康问题的逼真噩梦的次数会增多。

噩梦常常是随着失去亲人或意外事故之类的精神创伤发生的。由于轻微精神创伤,当孩子尤其是敏感的孩子显得情绪不平静或焦虑时,往往在短时间里做噩梦。转学,搬到新的城镇居住,或者考试的压力,都可能产生苦恼。如果一个孩子正在受着情感问题的折磨,例如不适应父母的离异或与继父母关系不好,他可能会重复地做噩梦,而且常常是与白天烦恼事相类似的主题。使人心神不安的梦往往成为10~11岁儿童的一个特殊问题,三分之一以上的儿童都经历过这样的梦。对女孩来说,噩梦发生率的最高峰出现在6~7岁时,随着成长,次数就越来越少。

第六节 结 论

本章所描述的行为训练方法(计划)已经被证明在减少睡眠问题上是有效的(Herbert,1991;1994;Douglas & Richman,1984)。关于此类方法的一项研究表明,在90%的1~5岁儿童的身上是成功的,而且从4个月的幼儿追踪调查来看,他们的进步是持续不断的。根据同样方法由保健出诊医生所做的另一项研究取得的结果表明,取得进步的儿童的比例为68%。保健医生运用行为训练技术手册(Douglas & Richman,1985)也发现他们能够帮助父母改善他们孩子的睡眠问题。

了解以下可能出现的三种麻烦情况是很重要的:

(1) 如上所述,如果在孩子的睡眠问题上发现有任何身体健康方面的原因,要向医生求诊。

(2) 孩子关于不愿独处卧室的问题可能与害怕有密切关系(见第五节的论述)。

(3) 问题可能是属于比较普通但是令人担心的反抗问题(见论述这个主题的本书第九章"清除不良行为")。

有好几项基本行为技术可以用于解决睡眠不安问题(Douglas & Richman,1984;1995)。当个别家庭和孩子需要时,提出一些关于管理方面的建议也是非常有效的。如果父母觉得当前的管理方法有效,也就不需要改变自己的管理形式,但是应当鼓励他们充分表达关于自己能够管理什么或不能管理什么的看法。睡眠问题需要家长与心理医生之间很好沟通,以便面临问题和任务时选择最恰当的解决方法,进行充满热情的合作。

附录 I 对幼儿敏感反应

孩子姓名：　　　　　　年龄：　　　　　　日期：

照料人或家长的行为	评估			
	总是	大部分时间	有时	从不
对幼儿的需要反应迅速吗？				
对他的需要反应适当吗？				
反应始终如一吗？				
与孩子的互动顺畅而且敏感吗？				

反应迅速

婴幼儿在认识事物与自己行为的关系方面的联想能力是非常有限的，只需三秒钟的间隔就能使六个月大的幼儿的学习行为受到影响。如果成人用过长的时间间隔来回应幼儿信号，就没有机会使孩子了解他的行为对周围环境特别是别人的行为所产生的影响。

反应适当

这个意思是指幼儿有能力认识他想要交流的特定"信息"，理解它们并对它们做出正确反应。

始终不变

一个孩子所处的环境一定要是他可以预见变化的，使之能够了解到自己的行为在特定情况下将会产生特定的后果。

顺利互动

父母不要采用强加于人而引起混乱的方式，而应当采用简便而愉快的方式使自己与婴幼儿行为相配合。

附录 II 发育不良儿童的门诊治疗方案
（详见 Iwaniec, et al, 1988）

第一阶段

喂孩子吃饭要讲究方式，吃饭时的气氛应比较宽松。母亲及父亲不要在吃饭时尖叫、大喊或威胁孩子，要学会自我控制。吃饭时间要安宁平静，父母要平和，高兴地与孩子说话。有的父母获得并保持这种行为模式是非常困难的，那么心理医生做一下示范很有帮助。心理医生可以给孩子喂几次饭,帮助孩子安下心。当孩子处境困难时还必须要求母亲以温和的态度帮助孩子吃东西。要让母亲朝孩子看,微笑并触摸他。如果母亲说好话或用一些吸引孩子的方法均不奏效,孩子仍然拒绝进食的话,母亲就离开孩子一会儿。如果父母感到极度紧张或生气时仍然坚持设法一定要孩子吃东西,那可不是个好主意。

第二阶段

在这一阶段,要将理论根据和具体方法对父母详细说明并进行讨论。在多数情况下需要拟定一份协议,具体规定出家长和心理医生的义务和应遵守的规则。如果家长与孩子之间互动关系不够融洽,就安排母亲或父亲或两人一起专门和孩子一块儿玩,第一周每晚 10～15 分钟,第二第三周每晚 15～20 分钟,第四周及以后每晚 25～30 分钟。在父母亲和孩子一起活动一段时间以后,家里的其他人可以参加进来开一个家庭游乐会。父母玩的方式和他们所用的玩具可能需要和孩子一起演练。要督促他们以温柔的使人安心的态度对孩子说话,对孩子的玩要加以评论,而不是指挥孩子或代替孩子玩耍。

还要让父母对孩子微笑,朝着他们看,握他们的手,抚摸他们的头发,而且对孩子所做的每个积极回应都要加以称赞。如果孩子非常羞怯的话,就需要持续地亲近他们。父母对孩子的这种亲近是由寻求接近的一系列细微步骤组成的。在几天或几周(如果原先相互关系较差)后,父母短暂地拥抱孩子,并每隔一段时间把他们放在膝上一会儿,最后紧紧地但是温柔地抱着他们,同时读东西给他们听,边看他们边讲解图画等等,用这些方法寻求与孩子的接近。

在治疗期间,需要对父母及全家给予大量支持,应当经常走访和打电话监督方案的实施情况。如果父母与孩子之间存有许多拒斥或敌意的话,那就要做三个月的艰苦工作,使父母和孩子更接近地在一起享受彼此共处的生活。

第三阶段

最后阶段要花两周时间有意去增强父母与子女之间的互动。父母要尽可能多地与子女互动,应当尽可能多地与孩子闲谈,不管孩子是否完全懂得正在做什么,说什么。应当多做目光接触,朝孩子微笑并拥抱他们。这是一个"过度学习"时期。每天除了让孩子和父母一起活动外,还应让他和所有的孩子一起玩,和自己的兄弟姐妹一起玩。可以向父母推荐睡觉前给所有孩子唱一支歌的做法。

正式的治疗方案在几周内逐渐结束。当经儿科医生细心测定,孩子确实有了稳定的成长进步,同时改善了家人之间的相互关系、母亲的心情及其对孩子的态度时,这个方案就可以终止了。

附录Ⅲ 基线评估记录表

姓名： 开始时间：

	星期一	星期二	星期三	星期四	星期五	星期六	星期日
早上醒来时间							
白天小睡时间							
上床睡觉时间							
孩子的行为							
父母的行为							
入睡时间							
夜间醒来次数							
孩子的行为							
父母的行为							
再次入睡时间及地点							

附录Ⅳ 向日葵图表

成功地完成一项任务后，在一朵向日葵中填充颜色。

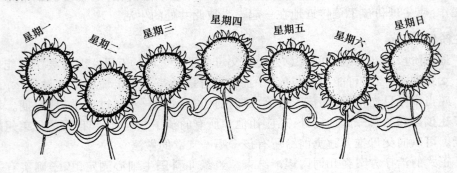

附录Ⅴ 笑脸图表

为成功完成每一任务画上一个笑脸。

	任务	周	评论意见
星期一			
星期二			
星期三			
星期四			
星期五			
星期六			
星期日			

给家长的提示 1 妥善处理喂孩子吃饭的问题

作为父母,我们常常容易根据饭份的大小或分摊的食物来看待孩子应该吃多少,而不是根据他们的实际需要和胃口好坏。孩子可能不饿,于是就拒绝强加给他们的食物,因此如果可能就让他们爱吃多少就吃多少算了。让他们对自己盘子里的食物有发言权,可以减少矛盾。对于幼小孩子来说,比较明智的做法是给他们的食物少一点儿,要少于他们可能想要吃的量。这将使孩子有一种成就感,同时父母接受再追加一份食物的要求比抱怨孩子不能或不愿吃光盘子里的东西要好得多。

帮助孩子吃饭的计策

给予有限的选择权

如果孩子吃东西喜欢挑剔,不愿吃大人安排的食品,就可以让他选择家人吃的东西,或者吃他们喜欢的某种营养食物。每顿饭以前都可以让他选好,这样你就不用到时候才急急忙忙去准备。通过让孩子自己选择的做法,你使孩子避免了矛盾,保全了面子。

有限的选择权引入了折衷处理问题的理念。提供选择权表明你愿意给孩子一个以说理的方式商量问题的空间。

奖励良好的吃饭态度和餐桌礼节

因为唠叨和批评实际上会加重孩子吃饭问题并使斗争激化,所以你应当寻找时机去称赞另一个举止适当的孩子,你可以表扬这孩子一直坐在那里,好好地使用餐具并且说话安稳。假若一个爱捣乱的孩子正在以令人满意的样子吃饭,你应当立即肯定这个事实。你可以说:"你这样吃饭表现得真好",或者"我真高兴你能以大人的样子吃东西了"。

倘若你对好的而不是对坏的态度留心的话,孩子们就会懂得举止不端是得不到好回报的。

吃饭要有时间限制

有些孩子用慢慢吃的办法拖长吃饭时间,每吃一口还抱怨,还玩弄食物。为了不让吃饭拖拖拉拉没个完,要商量一个合理的时间,大约20～30分钟,在这个时间内孩子必须吃完。事先说明计时器一响就将他们的盘子撤走。吃饭表现好的,可以用在图表上贴笑脸或花的做法予以奖励,如果事先规定获得一定数量的贴花可以换得一次奖励的话,它当然可以提供强有力的刺激。

给家长的提示2　妥善处理孩子的睡觉问题

给心理医生的提示

要与家长商讨选择计划。你可以把下面"就寝问题的对策"的内容打印出来当做传单。但是只是以此给家长一些指导是不够充分的,要和家长一起仔细考虑每个步骤的具体情况及可能遇到的困难,例如解决旧病复发问题的办法,最重要的一点是要使方案适合于具体孩子和具体家庭所处的实际环境。

只要父母双方都同意所制定的关于孩子上床睡觉的规矩并且始终如一地去执行,坚定而不苛刻,那么这里所给的指导应当是非常有效的。在制定这些计策时,设想所选择的睡觉时间对他这样年龄的孩子来说是合理的,而且父母安排的时间不和孩子所喜爱的电视节目冲突。进一步的设想是要让孩子与父母在不同的房间里睡觉。

在推荐使用以下对策Ⅲ以前需要做仔细的临床判断。这条对策在孩子非常焦虑时(见本章第五节)或在父母非常恼怒的情况下可能不适用。

就寝问题的对策

在仔细拟定合理的睡觉时间时,你需要决定孩子需要多长时间的睡眠。因为孩子的需要量各不相同,所以不能太刻板(图4-1提供一个大概的指导)。例如你觉得你的6岁孩子大约需要10个小时的睡眠,而且他通常早上六点半起床,那么他的睡觉时间可以定在晚上八点半。孩子越大,可以与之商量的余地越大。下面是处理就寝问题的几条有用的对策。

对策Ⅰ:让你的孩子上床

步骤1:提前大约15分钟提醒孩子注意睡觉时间快要到了(可以为学步的幼儿放一个定时钟)。

步骤2:睡觉前要保持安静,使孩子不致受到过分刺激。一个兴奋、紧张的孩子不仅难以入睡,而且更有可能整夜醒着。幼小孩子很少有使自己静下来的能力。睡觉可能是蹒跚学步的幼儿结束白天生活的好办法。连续的游戏和吓人的或令人振奋的电视节目都不利于孩子入睡。

步骤3:把刷牙、洗脸或洗澡以及穿睡衣组合成睡觉前的常规动作。

步骤4:将孩子裹好放到他自己的婴儿床或大床上。如果讲故事是你的一贯做法,那么在计算孩子所需要的总的休息时间时要考虑到这一点。

步骤5:如果孩子不肯安静而且难以平静下来的话,建议:

- 读一些儿童歌谣。诗歌的旋律有放松镇静的作用。
- 给孩子唱支催眠曲。
- 说一说你明天要干什么。如果那是所盼望的一件不一般的事情,你就说孩子入睡越早,明天就来到得越快。
- 提供某种形式的安慰物,例如软布玩具或毯子之类的东西让孩子抱着睡。
- 播放轻柔缓和的音乐。

步骤6:告诉孩子明早见,吻他们,道晚安,关灯然后离开房间。当幼小孩子晚间不能或不想早早安静下来,不停地啼哭,你感到焦虑或者难以限制和约束孩子的行为时,有必要采用另一条对策。就是安排一连串小的改变来逐步达到总目标。举例说明,假如孩子在睡觉时需要摇动或轻拍才能睡,夜间每次醒来时也需要这样做,那么一旦你们决定要教孩子独自入睡,就可以商定不同阶段的训练要点。所定的训练计划的进度要使孩子不至于过分抗议,同时也可以使你们在所定的小范围内充满信心。训练的分级要根据各个家庭在安顿孩子睡觉时所建立的不同模式而有所变化。

下面的每一个分级步骤应当使用两三个晚上后再继续向下进行。

- 站着别动,抱着孩子让他入睡。
- 坐下,抱着孩子。
- 把孩子放在膝部的褥垫上,仍然抱着。
- 把孩子放进婴儿床,在床边屈身并抱着。
- 身体靠在小床边时松抱。

> 坐在小床边，伸手穿过护栏触摸孩子。
> 坐在小床边，但不要触摸孩子。
> 坐在离小床远一些的地方，但不要看孩子。
> 坐在卧室的隐蔽处。
> 站到卧室门旁。
> 站到卧室门外边。

这个逐渐离开孩子的过程包括父母减少对孩子的反应和减少与孩子的身体接触。

父母注意事项

两个人要轮换着去做就寝前的事情，这样就会使孩子每晚始终有父亲或母亲陪伴。对于学步年龄的幼儿，当一切事情似乎会遇到抗拒时，只要可能，就给予积极的选择权，例如："今晚你想和玩具熊一起睡觉，还是和玩具象呢？"

对策Ⅱ：当你的孩子不肯平静下来呆在床上时

教给你的孩子自己去睡觉可能需要很大的努力。头几个晚上可能是很累人的，但是只要在你这方面有坚定的决心，训练肯定会起作用。以下几点是很重要的。

步骤1：准备上床。因为这是在商定时间里做已经商定好的事情，对孩子来说这应当是愉快的令人安心的时间。

步骤2：准备睡觉。孩子应当在被窝里了。你可以讲一两个故事，也可以稍微说几句话。有什么新的例行要办的事时应当说明一下。这一阶段的最后要给孩子盖好被子，吻一下，安静而坚定地说："晚安，睡个好觉，明早见。"

步骤3：在头几个小时里，如果他哭叫或大声叫喊，而你确信他身体好好的，那就不要理睬。如果他下床来到你所在的房间，不用大惊小怪，再把他带回卧室里去，像平常一样地安排他睡觉。然后应当告诉他说："你一定要待在被窝里，我有事情要做。如果你出来，我就马上把你带回来"。

步骤4：每当他从被窝里出来时，这个行动需要始终如一地重复着做。夜间对于这样的活动尽可能地不给予强化性关注（例如说几句话并且拥抱一下）。

步骤5：用别针别起一张用方框划出的一周"就寝时间表"。如果他不从被窝里出来，就在相应的方框里贴上一个笑脸，或者在红星图表上贴上什么别的贴花，或者让他在图画的一个区域里涂上颜色。答应孩子当图表完成时就在周末专门款待一次，例如邀请朋友来吃茶点，或者额外地到公园玩一次。并把图表从卧室挪到会客室钉挂在一个体面的位置上。如果他无论哪一夜起床了，你一定要不间断地坚持使用步骤3和4。

对策Ⅲ：当孩子夜间时常醒来并大声叫喊或钻进你的被窝时

在有些情况下，孩子可能上床去睡觉了，原先呆在床上挺高兴的，可是在睡着一段时间之后，通常在你刚刚入睡后不久，他们突然醒来并大声叫喊或者喊着要你去他们那里。当这种现象发生时，他们可能会清醒一段时间，严重地影响你的休息。对于继续叫喊或"想要"而不是"需要"到你床上的孩子来说，大声抱怨可能是在所有其他办法不管用时你不得不使用的方法，尽管并非大家都赞同这种强硬的做法。不过你还是得学会不理睬叫喊声直到孩子入睡为止。如果这个方法失败，有时孩子可能哭上几个小时，因此可知情况的困难程度。如果你对哭声感到特别苦恼，你可以立即检查一下孩子是否平安无事，但你不要安抚或触摸他。只是应当坚定地叫他去睡觉。不要长时间地与孩子争辩！

对有些父母来说这是一个难以使用的方法，因为孩子会变得非常苦恼，而且可能会把自己哭病了。你可能不得不进屋把孩子擦洗干净，更换被褥，但是这方面应当做得尽量不忙乱，然后将孩子放回去睡觉，你悄悄地走出来。如果你选择使用这个方法，要预先告知自己如果你让步了，那就会使问题变得更加严重。

如果在任何一个晚间你怀疑自己的决心或者由于道德原因有异议的话，那么你就别采用这种方法了。

步骤1：在孩子去睡觉以前，要告诉他如果他们夜间醒来一定要呆在自己的床上。

步骤2：（孩子大声叫喊）如果第一声叫喊不是痛苦的，就别理会它（当然说起来容易！）。他可能已经叫喊了一些时间，但是如果你让步，过了一会儿到他那里去了，他们就会知道他们只要大声地或长时间地吵闹，妈妈或爸爸就会跑过来的。

步骤3：不要理会孩子的一切花招，只要你已经认定它们本身是不合理的、寻求关注的、或控制性的要求的话。不理会的意思是指：

➤ 不要与孩子长时间争吵或谈话。
➤ 不喝饮料或吃东西（例如端一杯水或果汁到孩子房间去）。
➤ 不要玩耍（例如放几件玩具在床边便于孩子自己拿着玩）。
➤ 不要明显地表现出担心和监视（例如一遍遍地到孩子房间里去看）。

步骤4：如果孩子离开自己的床而到你的床上来，要马上使他们回到自己床上去。不要说什么，也不要拥抱或吻他们。

步骤5：按照需要每次都重复地这样做。一开始孩子会经常起床，但是如果你始终如一，坚持这个做法，你就会成功。重要的是要尽可能快地使孩子回到被窝里去。他门上的铃声会通知你他正要离开，你要在他到你床上之前就去干预。

步骤6：早上，不管他夜里曾起床多少次，要告诉他们成人是怎样整夜睡在自己床上的。如果孩子整夜呆在自己床上的话,第二天早上就应当给予鼓励。

对策Ⅳ:一个"心肠软弱的"替代方法

有些父母无法面对自己所感到的苦恼或者他们认为由于上述方法导致的孩子的痛苦。他们不能让孩子长时间地哭叫,尤其是如果他们渐渐发展成近似歇斯底里的话,这时我们建议采用下面的替代方法。

步骤1:如果你一定要进去,那就逐渐地进行这一过程。先等上几分钟,而不是马上冲进去安抚孩子。

步骤2:要给予最小的关注!将孩子的被子盖好,只作口头安抚,大意是说该睡觉了、明早再见这类的话。简单地触摸孩子一下或者拍一下,不要长时间的对话或拥抱。

步骤3:要前后一致,而且要避免给孩子喂奶或抱孩子。

步骤4:为了放心,只是每隔15分钟看一看孩子,并且拍拍后背,使他不感到孤独。不要抱起孩子或拥抱他。

这一对策在使用时要有一些变化,譬如说,在第一次叫喊之后,等3分钟;第二次等5分钟;然后10分钟,15分钟,渐渐地到最后不回应了。

虽然你可能认为这些措施听起来有些太厉害,但是经常需要用它们来打破长期养成的不好好睡觉的行为习惯。一开始你需要付出很大力气,特别是当你听到从孩子房间传出一遍又一遍要求照料的哭叫声而不能理会的时候。将电视机音量调大或播放音乐来分散一下注意力可能是个好主意。当你锻炼自己要始终如一时,常常难以坚定不移,你会感到一种复杂心情——内疚、焦虑以及疲惫。但是投入时间和精力通常是值得的。如果父母双方都严格遵守对策的话,你们可能会发现几天之内就会获得成功。还有重要的一点是当孩子确实开始毫无焦躁地去睡觉时,你要告诉他们你为他们多么高兴,他们成长得多么快!

对策Ⅴ:激励(正强化)

对较大的孩子来说,实际奖励(例如给一次款待)和象征性奖励(例如记分或贴小红花)在激励孩子建立良好睡眠行为习惯方面都是有效的。下列问题非常重要,要仔细考虑,并且每一问题都附有相应的对策和讨论。

问题1:你是否正在使好的就寝行为变得有价值?

有些父母懂得奖励(或者说强化)令人满意的就寝行为,例如:

例子	行为	后果
叫玛莉收起玩具去睡觉。	她照做了。	她妈妈紧紧拥抱她一下并说"谢谢你"。

评论:因为母亲给予了一次社会性奖励,所以下次再叫玛莉去睡觉时她就愿意去做了。你准备对自己孩子什么样的就寝行为经常加以鼓励呢? 为了改善或提高孩子的某种行为,你可以要求孩子的这种行为表现达到令人满意的程度时才给予鼓励。例如,你可以说"在你穿好睡衣进入被窝以后,你才可以听故事,并在成绩簿上贴一个红花"。这就是有效的"之后—才可"规则(有时也叫做"首先—然后"规则)。

问题2:你是否正在使令人满意的就寝行为变得毫无价值?

例子	行为	后果
托比答应今后去睡觉时不再发脾气。	第二天晚上托比虽然不太情愿,但是遵守了约定没有争吵。	他母亲对他履行约定没有表示认可。

评论:托比可能将来不再遵守约定了。你可能因为某种看来非常能站住脚的理由例如事太多太忙,所以没有注意到孩子的合作和顺从。其实,你不必与孩子长篇大论地谈话或给予特别的奖励,你只要表现出高兴的样子,说一句称赞的话,就会有惊人的效果。

问题3:你是否正在使不好的就寝行为变得有价值?

有些父母一贯地不重视孩子那些不好的就寝行动,不经意之中让这种行为受到了环境的强化,如下例所示:

例子	行为	后果
父亲叫丹尼丝上楼去睡觉。	丹尼丝不理会父亲的要求。	母亲没加评论。父亲耸了耸肩说,"真是没办法!"

评论:如果丹尼丝下次仍然不听父亲的话,那就毫不奇怪了。因为她曾经为所欲为地做过。你是否有时也没有注意或者虽然注意到了但是默认了孩子的不好行为?当你既对听话的行为进行表扬又对不听话的行为使用处罚时,所得到的结果最好。

对策Ⅵ:应用制裁:"反应—代价"

"反应—代价"法是指在孩子不听话时给予处罚。这可以包括放弃目前可得到的奖励,就像不呆在被窝里结果会失去看电视的权利。

例如有个非常爱动的男孩拜里,在睡觉时极其捣乱吵闹,一次又一次地从自己卧室跑到楼下。他的父母很苦恼,每次都得花费几个小时把他弄回到床上,和他争吵或者更多的是顺从他,直等到他睡着了,他们才能去睡觉。

"反应—代价"法对他父母作了如下指导:"为了使拜里中止令人无法接受的行为,并向令人满意的方向转化,你们需要在他那种不良行为出现之后立即安排一个适度的但是有重要意义的令他不快的结局"。父母为拜里详细拟定了如下计划。

用一瓶玻璃珠代表他一周的零用钱和额外奖励,放在壁炉台上。每次错误行为即睡觉时往楼下跑,就"花掉"一个玻璃珠(相当于一定数目的钱)。在表现好的一周里,拜里能够相当充分地增加自己的零用钱,但在表现差的一周里零用钱可能减少到零。当然,这些越轨行为的"代价"必须让男孩看得清清楚楚。另外应当坚持承诺的是,如果他在一周内能抑制住自己不下楼来,就可以得到专门奖励。处罚只是告诉孩子们不要去做什么,而不是期待他们去做什么。

给家长的提示3　惧怕黑暗

如果你孩子因为怕黑,夜间总往你卧室里跑,那么你可以先开着卧室的灯使他入睡,睡着以后再关灯,而且让门开着,门外开着灯,为的是他一旦醒来不至于周围一片漆黑。每晚将卧室的灯朝门口那里移动,逐渐远离孩子,最终移出房间。如果你有可调节开关,就可用它完成这种渐暗过程。为了避免孩子苦恼,你可以向他们说明这是一种"游戏"。务必使他知道万一夜间醒来并想要开灯时自己怎样开灯。在他们睡着以后你可以再把灯关上。因为孩子可以控制这种情况,就不会惊慌失措地叫喊了。如果在你以足够的耐心这样去做了,孩子渐渐地就不愿意离开舒适的被窝去开灯了,而且会觉得关灯睡觉更好。

给家长的提示4　对待噩梦

对待噩梦的最好办法就是当孩子安静下来时在他身旁坐一会儿,尽可能地到他快要睡着的时候再离开。当时不要谈论做梦或梦里的感受。可是,第二天当他感到轻松时要鼓励他谈一谈做梦的事。如果他不能对你描述梦境的细节,不要强求。仅仅分担恐惧就对孩子有帮助,而且你可能还会从反复的梦境里发现线索,了解到是什么在困扰着孩子。如果孩子太小不能明白地表达自己的恐惧,也不要焦虑不安。如果他感到你心烦意乱而担心的话,会使问题严重化。

5

入厕训练

引言

目的

本章可供那些与父母和儿童打交道的人使用,例如托儿所保育员、儿科保健医生、社区医务保健人员等,他们可能会接待前来咨询的忧虑的父母,问及自己的孩子是否需要以及在什么时间、以什么方式进行坐便盆训练。本章也可给卫生和社会服务机构里的心理医生使用,他们面对着更为忧虑的父母:他们的孩子在学习控制大小便方面没有获得成功,或者已经失去了那些技能。

我们在进行治疗或训练时喜欢采用的方法,是以与家长合作研究为基础的。有证据表明,在治疗中请父母参与合作,不仅在解决孩子大小便失禁等行为问题和困难方面更为有效,而且父母和孩子也更容易接受(Webster-Stratton & Herbert, 1994)。

本章是基础指导,它应当与类似为初当父母的年轻家长举办的研讨会、讲座以及作为信息来源和实习指导的进修读物等一同使用。关于需要进行健康检查的问题,在本章适当之处给予了强调。

目标

在学习本章之后你应当能够回答家长或照料人提出的关于训练孩子入厕,以及尿床(遗尿)和大便失禁的三个主要临床问题:

➢ 什么是尿床和大便失禁,它会产生怎样的结果?
➢ 孩子在最初学会以后,为什么不能自行克服困难甚至还会失去这方面的技能呢?
➢ 怎样帮助一个孩子不再尿床或大便失禁,或者怎样帮助父母和孩子来自己帮助自己呢?

更具体地说,你应当能够:

➢ 描述和认清遗尿和大便失禁及它们的不同表现形式。

> 评估身体、心理、社会性和情感方面的突出特点。
> 阐明失禁问题的一般原因,以及特殊个案的主要原因。
> 知道是否需要或何时要把孩子交给有关专家做进一步的医疗检查或进行心理治疗。
> 根据社会学习理论制定计划,实施训练,消除拉屎弄脏行为。

第一节 坐便盆训练

"坐便盆训练"这一用语是用来描述父母在帮助孩子养成大小便控制习惯(身体方面的训练)和教给他们把粪便和尿放在哪里(社会性技能)时所采用的措施的。坐便盆训练是幼儿学步时期最重要的成长任务之一。道拉尔德和米勒(Dollard & Miller, 1950)曾经这样写道:"学步幼儿必须在最短时间内学会在母亲不予关注的情况下,自己去面对看到、闻到和接触到排泄物时所产生的焦虑……学会把粪便和尿放到规定的地方,并把自己的身体弄干净。而且还得学会在口头上不提这些事情。"

在学会控制小便之前先要能够控制大便,发展的顺序一般是:

步骤1——夜间控制大便。
步骤2——白天控制大便。
步骤3——白天控制小便。
步骤4——夜间控制小便。

个别儿童可能在顺序上有所不同:有的同时学会控制大小便,而且女孩往往比男孩学得快。

当一个孩子完成了"坐便盆训练",就能够相当独立地使用马桶或便盆了,或许只需帮着擦一下屁股和穿衣服。许多父母把入厕训练搞得太紧张,不是太早就是太晚,自己吃苦受累不说,还把孩子折腾得够呛。所以,很有必要了解一下同龄孩子正常发育中的一般情况和常见的个体差异,这样父母在完成这项训练任务时就不会那么着急,就会轻松多了。

一、判断标准

儿童学会控制大小便的年龄在不同或相同文化背景下,随着家长期望值的不同而显现出极大的差异。

维尔(Weir, 1982)在伦敦郊外一个自治镇上对706名三岁儿童的一项研究得到如下结果:

> 23%的男孩和13%的女孩每周一次以上在白天尿湿衣裤。
> 55%的男孩和40%的女孩夜里尿床。

> 21%的男孩和11%的女孩在一个月内至少有一次拉屎弄脏衣裤。

大便失禁问题的判断标准

大多数孩子在3.5～4岁之间可以做到白天和夜间都能控制大便,因此4岁实际上是判断是否存在大便失禁问题的最小年龄。

尿床问题的判断标准

在有的文化背景中尿床根本不被看做问题,而在另一些文化背景里夜间保持被褥干爽则是儿童发育中需尽快学会的一项重要任务。每个新生儿都没有天生控制尿湿的能力。幼儿的发育是这样的,当他的膀胱充满尿时,就自动发生反射作用,不管在什么时候或在什么地方膀胱都要排空。随着逐渐长大,他们最终学会了控制撒尿,膀胱充满时能够继续"坚持",到厕所时才撒尿。在5～7岁时有2%～4%的孩子每周至少一次在白天尿湿衣裤,大约有8%每月至少尿湿一次。对大多数儿童来说,他们白天学会的控制可以转移到夜间,能够坚持一整夜或者膀胱充满时醒来自己去上厕所。并不存在孩子停止尿床的年龄标准,但可以提供随年龄增长尿床孩子人数逐渐减少的统计资料。从出生时每个孩子都尿床到15岁时每一百个孩子当中只剩一两个孩子还有尿床现象(见表5-1)。五岁是判断在小便控制方面是否存在白天或夜间遗尿等问题的最小年龄。

安东尼(Anthony,1957)对儿童学习进程中的复杂情况作了如下描述:

> 用儿童的眼光看来,上厕所应遵行的那套程序,绝不是让排泄物进入马桶或便盆的简单事情,而是一连串严格而复杂的考验。必须按母亲的提示去做,及时知道排便的信号,停止玩耍,克制住立即排便的要求,寻找到适当的排便地方,要确保自己的隐私,解开衣服,使自己稳妥地坐在马桶上……确认排便过程结束,满意地将自己擦洗干净,冲洗厕所,重新系紧衣服,打开门,成功地回到曾经停止玩耍的地方去恢复被中断的玩耍活动。

表5-1 尿床的次数

年龄(岁)	每100个儿童中的尿床人数
2	75
3	40
4	30
5	20
6～9	12
10～12	5
15	1～2

二、入厕技能

入厕技能包括：
- 要撒尿和大便时会口头表达，例如说尿尿或拉臭臭。
- 能在马桶上坐着。
- 独自去往厕所。
- 上厕所时能够脱衣服，擦屁股。
- 需要时能够克制，也就是能暂时憋住大小便。

蒂尔尼博士(Tierney, 1973)提供了一种入厕技能分类方法。将上述能力的发展进一步分为几个阶段或步骤。

克制
(1) 孩子被放在马桶上时能够大小便，在其他时间里常出现大小便失控。
(2) 孩子有规律地使用厕所的次数多于大小便失控的次数。
(3) 孩子按时在厕所里排便，很少出现大小便失控现象。
(4) 孩子只在厕所里排便，在其他地方完全可以自控。

坐马桶
(1) 孩子被放在马桶上，受拘束地坐着。
(2) 孩子被放在马桶上，不受拘束地坐着。
(3) 孩子在别人帮助下自己坐上马桶，不受拘束地坐着。
(4) 孩子独自地坐上马桶。

穿脱衣服
(1) 孩子在别人为其穿脱衣服时被动地合作。
(2) 孩子在别人帮助穿脱衣服时主动地参与。
(3) 孩子主动地尝试自己穿脱衣服。
(4) 孩子独自地穿脱自己的衣服。

去上厕所
(1) 孩子被带到厕所去。
(2) 孩子表示需要排便。
(3) 孩子要求去上厕所。
(4) 孩子独自地去上厕所。

孩子获得技能的早晚是不同的，有些学得快，有些学得慢，有极少数的孩子根本学不会。初期可以采取以下简便做法：

- ➢ 摸索孩子的规律提前采取行动,例如在可能排便的时间或看到脸红等迹象时让他坐到马桶上。
- ➢ 使坐便盆成为早上穿衣服前和晚上睡觉前例行活动的一部分。
- ➢ 对成功和努力给予表扬。
- ➢ 逐渐增加坐便盆的次数,缩短每次的时间,避免强制性的、太长的和无聊的"坐便盆"。
- ➢ 鼓励孩子当他小便或大便完了时让照料人知道。起初孩子只有在已经尿湿或拉屎弄脏后才能觉察,后来将要排便前自己才能够觉察并报告。
- ➢ 不再使用尿布。
- ➢ 教给孩子帮着穿脱裤子,直到最后能够自己穿脱。
- ➢ 提醒孩子要坐便盆——这意味着要把便盆就近摆放,因为有时孩子会匆忙地去坐。
- ➢ 要表扬和鼓励孩子的努力和成功;避免批评和处罚。
- ➢ 最后继续鼓励孩子走到厕所去排便,厕所要适合他使用,例如可能需要加上一步台阶帮助他们够得着。

说到大小便训练,本章末尾的"给家长的意见"可能会提供一些帮助。

三、控制的机理

对直肠排泄的控制,起初是完全无意识的抑制过程。婴儿的肌肉必须发育到足够结实和协调的程度,才能制止那些想要排出自己体外的废物。在躯干部的所有肌肉中那些控制排泄器官的肌肉最不容易发育到进行有意识的控制。

现已发现,越是比较晚地开始大便训练,训练所需花费的总时间越少。西尔斯、麦克比和列文(Sears, Maccoby & Lewin, 1957)曾经表明,当母亲在孩子 5 个月大以前开始大便训练时,平均大约需要 10 个月可以获得成功。但是当训练开始得比较晚些,如在 20 个月大或更大些时,大约只需 5 个月。在 5~14 个月之间或在 19 个月以后才开始入厕训练的孩子在训练期间表现的情感反应最少。

父母希望孩子在上学前能够在白天令人满意地控制自己的小便。父母和老师们会容忍孩子在幼儿园阶段里的偶然过失,但是如果一个孩子后来还发生小便失禁的话,就会处于日益增加的社会压力之下。或许我们并不会因为有些孩子在婴儿阶段学不会控制小便,或者在压力之下容易丧失夜间控制小便的能力而感到惊奇,我们应当感到惊奇的是这么多的孩子居然能够学会这样复杂的技能。像学习其他技能一样,包括承受压力在内的不愉快经历可能会使学习小便控制更加困难。

夜间控制自己不尿床的能力通常出现在学会白天控制自己之后。大约 70% 的儿童在 3 岁时就具备了这种技能,可是有些孩子在 3 岁之后才学会夜间控制,因此如果有的孩子在早期阶段在这方面学得慢一些的话,家长没有必要担心。

四、学习入厕有困难的儿童

自 20 世纪 60 年代以来,几乎所有关于此类儿童及成人白天入厕训练的研究都是在"操作性的"(奖励方案)或"刺激-反应"(经典条件反射)的框架结构指导下进行的(Smith & Smith, 1987)。这些方法被证明是有效的。当患者在社区范围内接受治疗时,除了具体方案以外,还必须注意其他因素,例如工作人员的态度、厕所设备等等。以下谈到的反向小步骤练习计划或者附录 I 所描述的常规训练方案可能都是有用的。

涂抹粪便

有些孩子有时涂抹粪便,使照料人非常惊恐(的确有些在入厕训练学习方面并不困难的孩子有时把自己的粪便涂抹到墙上或其他地方)。涂抹粪便与拉屎弄脏衣裤可能是由相同的原因引起的。此外涂抹粪便的孩子可能是:

- ➢ 喜欢玩弄脏东西。
- ➢ 正处在想了解身体情况的年龄,而且急切地想去"实验一下"。
- ➢ 有些认为排大便是不好的,想把它藏起来。还可能是把手伸到裤子里去查看是否拉屎弄脏了衣裤,然后在家具上擦自己的脏手。
- ➢ 起初不知道拉屎弄脏是不对的,父母对此事的反应可能教给他们要注意这种行为。不论是积极的还是消极的,注意总比不注意好。
- ➢ 可能存在情感问题,需要加以评定。

反向小步骤练习

这种训练方法可能对学习迟缓者有用,因为它把入厕技能分解成小的步骤,就像一根链条上的一个个环节,并对一个人一连串入厕技能不是从始端而是从末端入手,分析出所必需的部分。应用这种反向小步骤练习的方法需要了解孩子已具有哪些必要的技能。这决定着你的方案从哪里开始。

- • 技能链条
- ➢ 准确地知道由于粪便扩胀直肠的感觉。
- ➢ 进入厕所。
- ➢ 为排便解开衣服。
- ➢ 控制括约肌活动。
- ➢ 擦洗身体。
- ➢ 穿好衣服。

因为给孩子讲解由于粪便扩张所产生的直肠感觉要比教给他上厕所以后穿衣服更困难些,那么就从链条的末端开始反向进行。因此,(1)孩子循序渐进地掌握独自入厕所需要的技能;(2)孩子逐渐积累并不断巩固已经学会的技能。

● **注意**

如果孩子没有上厕所的技能,你就从技能链条的末端开始,先教给孩子上厕所以后穿衣服。一旦孩子掌握了,就教给孩子大便后擦净身体。一旦擦净和穿衣技能形成,就帮助孩子学习排便时控制括约肌的运动技能,这样连续反向回到链条始端。如果反向小步骤练习与奖励制度相结合的话,要奖励靶行为而不是排便。例如在所给例子的最初阶段应当奖励孩子穿衣成功,先不要管是否排便。奖励应当随着靶行为转移,例如从奖励穿衣到奖励便后擦净身体。

第二节 遗 尿

由于 5 岁以上儿童大多数都能做到夜间自控排尿活动,所以夜间遗尿通常定义为 5 岁以上并确认无身体异常的儿童在睡眠期间屡次无意识地排尿。对有遗尿问题的孩子,最好先由医生检查一下有无身体上的原因。有些孩子尿床时,似乎是他的大脑没有适当地感觉到膀胱里的尿量,一面睡觉一面就让膀胱自动排空了。

一、夜间尿床的发生率

4 岁以上儿童连续 12 个月保持不尿床的可能性急剧下降(Shaffer,1994)。在 5 岁儿童当中约有 13% 的男孩和 14% 的女孩每周至少发生一次(Rutter, Tizard & Whitmore,1970),而有些人估计比率还要高些(见表 5-1)!15 岁以上少年和成人占 1% 到 2%。遗尿在孩子当中是常见的事,而且在许多情况下,如果不治疗,它会持续到少年后期甚至成年期。大约 10% 的夜间遗尿者存在白天尿湿(日间遗尿)问题。如我们所看到的那样,在 5 岁以前男孩和女孩发生尿床问题的频率大致相同,但是到 11 岁时男孩发生尿床的程度可能是女孩的两倍(Essen & Peckham,1976)。

遗尿不仅对患者本人来说是尴尬的事情,常常引起嘲笑或处罚,而且往往给家庭增添难以忍受的负担,尤其是在一些人口拥挤的大家庭里有好几个孩子尿床的情况下,更是不堪重负。对大多数遗尿者来说,常常伴有负性情绪,往往表现出某种程度的反应性的情绪不安。

遗尿问题甚至给孩子的活动选择也加上了限制,很少有遗尿者能高高兴兴地去露营或与朋友住在一起。在自己家里和社区里每天洗刷床单或晾晒被褥是丢脸而烦人的事情。孩子的父母常常被迫以宿命论的态度接受遗尿问题,把它当做是养育孩子过程中不可避免的事情。

二、评估

原发性遗尿。这是一种行为缺陷,有此类缺陷的孩子一直存在夜间遗尿问题。

继发性遗尿。是指孩子在一段时间不遗尿之后又重新出现尿床行为。最常见的发病年龄是在 5~7 岁之间,11 岁以后很少见。多达 25% 的学前儿童曾经至少 6 个月不尿床,然后由于某种原因又开始尿床(Fergusson, et al, 1986)。这可能是由一段时期的压力造成的。

还可以进一步区分为规律性遗尿和间断性遗尿。

三、起因

夜间遗尿似乎是多种原因引起的。它可能是学习过程中的失误造成的。因为出现小便自制行为的年龄范围是在 1.5~4.5 岁之间,可以说这是一个对夜间床铺干爽的"敏感"时期。如果对孩子过分严厉地施加训练或者相反的自以为是地忽略训练,都可能导致这一正常发展的失败。当孩子对自己"婴儿式"的尿床行为感到强烈羞愧时,就会添加情绪问题。如我们前面所提到的,他们在家里和学校里不得不极为经常地忍受处罚、蔑视和嘲笑。其他较少发生的原因可能是泌尿系统或医学方面的问题,例如膀胱容量过小、遗传、发育失常等,也有可能存在各种心理因素的影响。

身体原因

在遗尿病例中多达 10% 是由于医学上的原因造成的,最常见的是尿路感染。尿路感染大约在女性遗尿者中占 1/20,在男性遗尿者中占 1/50。其他比较少见的身体原因是慢性肾脏疾病、糖尿病、肿瘤和中风等。因此,在寻找遗尿问题原因时就需要进行例行的身体检查。遗尿者往往有家族史,临床咨询的遗尿者中大约 70% 都有一个直系亲属小时候曾有遗尿问题。

情绪影响(焦虑)

尿床的儿童往往是焦虑或紧张的孩子,但尚不能确定焦虑与尿床之间的准确关系。

一般认为焦虑与尿床是有联系的。有几项研究结果已经表明,在成功地治疗尿床之后孩子的焦虑有所减少,自我感觉也有所改善。这种解释好像是有道理的。尿床的孩子常常受到兄弟姐妹的嘲笑,甚至可能受到父母的嘲笑。留宿在朋友家或去参加学校露营是不可能的事情,甚至因为床单和毯子经常出现在晒衣绳上,想要瞒过邻居都十分困难。因此,尿床者对于自己的问题感到非常焦虑是不足为奇的。

四、治疗

近几年来提出了许多治疗小便失禁的方法。其中有些是根据科学理论和研究,而另一些则是上辈人的偏方。一种特别普遍但未经证实的意见是尿床与睡眠深度有关,即认为孩子尿床是因为他们酣睡。过去由于有些父母相信了这种未被证实的说法,所以对孩子采取了十分严厉的手段,例如逼着孩子睡在硬板床上以防止酣睡。

药物治疗

许多医生求助于药物来治疗遗尿病人。最喜爱用的药是三环抗抑郁剂、盐酸丙咪嗪制剂(托法尼)。肯定的是,在头两个月的治疗中约有25%到40%的病例往往排便控制力增强,但是95%在停药后复发。对这种药物的使用并没有明确的理论根据。比较可靠但比较麻烦费时的方法是进行训练,采用这种方法的治疗可以看做是教给患者新的更有效的技能和更适当的刺激反应方式。

综合性的抗尿盐酸(例如去氨加压素)曾被单独使用并与下面描述的警报法相结合。其效果可与三环抗抑郁剂相比(Shaffer, 1994)。

小便失禁警报器

一种叫做"遗尿警报器"的装置已经研制成功,在专业人员的管理下用来帮助孩子克服尿床困难。该警报器是由床上的两个传感器和连接着孩子身旁的蜂鸣器组成。每当孩子在睡眠中膀胱自动开始排空时,只要一开始撒尿,蜂鸣器就发出响声。警报器的用途是叫醒孩子,停止排尿。

孩子的大脑逐渐地学会把收紧括约肌和醒来这两个动作与膀胱尿满的感觉联系在一起。经过一段时间之后孩子的大脑就会对膀胱里的尿量有所察觉,当膀胱尿满时,它就自动地做出这两个动作,收缩肌肉并叫醒孩子。最后孩子就能够做到睡眠时不再尿床,如果他夜间需要上厕所,就会自己醒来。

(见本章后附的"给家长的提示3")

短裤警报器

短裤警报器是在治疗尿床当中做夜间或白天上厕所训练时所用的一种便携式小型仪器。一个传感器连接在孩子的睡衣或短裤上,警报器带在手腕带上或装在口袋里。这种装置是将听觉信号传给孩子(Schmidt, 1986)。

- 效果

根据治疗夜间遗尿的有关文献报道,警报方法的有效率在80%到90%之间,比不治疗和其他治疗方法都好(Shaffer, 1994)。但是,多利斯(Doleys, 1977)根据600多个患者的资料报告其平均复发率占40%,他们之中约有60%在经过进一步巩固后才可以回复自制。

激励系统

通过对保持干爽而给予的奖励(强化),就可以激起孩子想要干爽的动机上的变化。这可能是尿床者父母最适合的解决问题的入手处。

- **奖励**

一种方法是只要达到预定的夜间不尿床的次数就给予奖励,当然预定的次数应当逐渐增加。一般认为孩子被"训练好了"不再尿床的标志是连续十四夜不尿床。如果达到这个标志的话,孩子就不大可能再尿床了。

- **五角星/彩花图表**

有时通过采用只要不尿湿床或短裤就贴一个五角星或彩花的办法,就可能结束孩子夜间和白天的遗尿行为。当达到商定的五角星或彩花数目时,就让孩子享受一次专门奖励或优惠,或者把奖励金额换成蜡笔、橡皮泥之类的小奖品。把好的表现记在像日历似的图表上,每天一个空格。每当孩子有一夜不尿床,就在图表的那一天的空格内贴上一颗五角星或一朵彩色贴花,孩子通过图表上金星或彩花数目就可以看到自己取得的成绩,这就能够激励孩子更多次地不尿湿。但是,此后一定要给予强化,就是要确保只要每周得到一定数量的五角星或彩花,就要受到进一步的奖励,例如郊游或看电视(成功记录单见附录Ⅵ)。

这种方法可以收到使遗尿次数显著减少的效果,而且据有些病案报告,高达20%的遗尿患者完全可以治愈(Devlin & O'Cathain, 1990)。

鼓励与支持

孩子可能仅仅是因为缺乏足够的激励促使他去学习保持干爽而继续尿床。确实曾看到一些例子,虽然要求孩子能够夜间醒来去上厕所,但他偏偏愿意尿床。这种现象尤其会在冬天或是去厕所的路长而黑的情况下发生。这里重要的是父母要给孩子提供激励并对现状做些改变,使得上厕所和保持床铺干爽比尿床更有吸引力。还有些问题可能是与对孩子的处罚联系在一起的,因为问题不仅是激励不足可以引起,如果孩子受到不公正的处罚也可以引起。处罚可能导致与尿床相关的焦虑加重。

更好的代替方法是增强孩子不尿湿的愿望并使之成为一种非常有吸引力的选择。这意味着父母要为孩子不尿湿提供激励,同时不要理会更不要处罚孩子的尿湿行为。最方便而且最有效的策略就是要保证当孩子做到一夜不尿床时,就让他受到表扬和关注。

白天扩张膀胱训练

有证据表明尿床者的膀胱容量比不尿床者小,而且训练孩子控制越来越大的尿量能够增大其膀胱容量。

白天训练包括让孩子在初次觉得需要上厕所时发出信号,然后要求他坚持五分钟以后再去。五分钟到了以后告诉他可以去了,并要对他的努力给予表扬。在孩子能够比较容易地坚持到五分钟以后,时间长度就以五分钟为单位逐渐增加,直到孩子能够坚持到三十分钟为止。这种方法可以帮助他增加膀胱容量,这样就能够整夜不去上厕所了。

这种方法肯定可以增加膀胱容量,但是它治疗尿床的有效性在现阶段尚未充分地证实。它是处理孩子着急排尿问题的一个有用的方法(见附录Ⅲ:白天记录表)。

训练孩子控制越来越大的尿量能够增加膀胱容量。要鼓励孩子喝下加量的饮料,然后尽可能长地抑制排尿的需要。要求他使用量杯排尿并记下能够容纳的数量。孩子要每天设法打破自己前面的记录,家长要为孩子的成功提供奖励。(6 岁儿童的膀胱容量平均为 5~7 盎司*)

在一次排尿时重复练习"开始与停止"(即放出和止住尿流)动作,可以增强括约肌和膀胱瓣膜抑制尿流的能力。

- 白天小便失禁治疗方案

使用激励方法和便携式短裤警报器对培养良好排尿习惯和治疗白天遗尿也起作用(见 Halliday 等提供的例子,1987)。

第三节 大便失禁

一、什么是大便失禁?

当大便进入直肠使其扩张时,感觉神经受到刺激。这些神经将信息传到大脑告知我们需要排泄了。但是当儿童由于某种原因抑制大便时,他的直肠经过几周、几个月会慢慢胀大,以致于最后胀大到再也不会因粪便进入而引起明显的胀大,此时儿童就不再能够感知自己的直肠是否胀满。由于需要排便的信息无法正常传递,便秘就会变得严重以致引起大便阻塞。有些粪便液化并在受压区域周围漏出,就会弄脏孩子的内裤(见"给家长的提示 5")。由于直肠的压力使患有大便失禁的孩子无法防止弄脏衣裤,他们感觉不到大便阻塞,也就无法防止大便泄漏。

概括起来说,粪便弄脏衣裤的原因是儿童由于过度便秘和粪便膨胀而失去正常的肛门反射,这个难题也可以叫做"贮留与溢出"方面的问题。有时候,在大约 1~3 周后当粪便充满直肠而且信息可以正常传递时,孩子的肛门肌肉放松,大便就排出来了。通常孩子知道发生的事情时已经太晚了。有些孩子因为害怕嘲笑或处罚就把弄脏的衣服隐藏起来。

你会在教科书里发现关于大便失禁的不同定义。研究表明,对有粪便弄脏衣裤问题的儿童进行身体病因学分类或其他任何可承认的分类,并没有什么意义,只要给一个简单而概括的定义就可以了:一个有大便失禁问题的儿童指的是在 4 岁以上 16

---

* 译者注:英语 Fluid ounce 在这里为液体计量单位:〔英〕1 盎司 = 28.4 cm^3(立方厘米);〔美〕1 盎司 = 29.6 cm^3。

岁以下习惯性地弄脏自己内衣或床铺的儿童。

二、一些论述大便失禁的背景资料

- 大便失禁不是一个罕见的问题。5岁的学龄儿童中仍有3%会出现拉脏衣裤的现象。在7~8岁之间大约有2%的儿童,在十二岁时大约1%的男孩和个别女孩仍然如此。由于对这个问题感到羞耻,许多家庭对此保守秘密,所以真实情况会高于这个数字。
- 便秘,也就是大便排泄困难,引起疼痛、脾气急躁和食欲减退。
- 儿童由于压力或精神创伤造成的情绪状态可能影响大便功能。因此,大便失禁可能是由个人或家庭的令人苦恼的生活事件例如性虐待造成的(Boon, 1991)。
- 许多父母可能觉得只有他们孩子有这样的问题,并为此感到丢脸,因为大多数父母从未听说过别人家的孩子有大便弄脏衣裤的问题。
- 有些儿童从未真正做到大便控制,这种情况称为原发性大便失禁。在大便控制已经确立至少六个月以后又开始大便失禁,叫做继发性大便失禁。
- 大便失禁不是单一症状,而是一种综合征。
- 例如,它可以引起儿童的恐惧、尴尬和自尊心受挫,并进一步引发出其他社会性后果。他在学校里很可能为此受到讥笑、嘲弄甚至欺负。有些情况下,因为工作人员觉得大便失禁的孩子难以处理而劝其休学。家长会感到困惑、受挫、失败、反感和愤怒。大便失禁往往使父母产生消极反应,成为最常见的体罚孩子的原因之一(Claydon & Agnarsson, 1991)。
- 大便失禁有时是与不顺从和对抗行为等问题联系在一起的。
- 有大便失禁问题的男孩比女孩多。
- 不同能力水平的儿童都有大便失禁问题。
- 各个生活阶层的儿童都有大便失禁问题。
- 小便失禁与大便失禁之间有着非常重要的联系。
- 大便失禁与出生时体重较轻有一定关系。
- 儿童必须受到保持清洁的教育,也就是说必须接受入厕训练。

大便失禁共有三种类型(Hersov, 1994; Levine & Bakow, 1976):
(1) 能控制大便,但是把粪便排泄在不适当的地方。
(2) 不能控制大便,感觉不到自己拉脏了衣裤,或者感觉到了但是无能为力。
(3) 由于拉肚子而弄脏了衣裤。

社会学习论

前面曾经提到,必须教会孩子保持清洁,这对干预和改变大便失禁者来说是非常重要的。学习和训练(或再训练)计划的原理是我们工作的基础。在各种文化背景里,孩子的大便训练是母亲的责任,而且不管采用什么方法或多早开始训练,大多数孩子在2~4岁之间就能学会大便控制。本章并没有着重强调早期训练失败即"原发性大便失禁"的问题。在本章开头就从心理学角度强调了在大便控制中复杂的社会行为学习问题,以及对排便控制这一基本身体活动的社会性反应。如果这种学习发生在压力之下,它可能在压力之下停止。不适当的压力往往是促进学习时不得不采用的最后一着!

三、儿童为什么大便失禁?

起因

大便失禁现象没有相同的起因,它们是由于不同原因和以不同的方式产生的。因此正确的评估至关重要。应当从智力(例如缺乏学习能力)、身体(例如便秘)、心理(惧怕到厕所去)或社会性(不注意培养入厕习惯或采用的是强制性的训练方法)等方面展开调查,去寻找有关的影响因素。

身体原因:便秘

绝大多数的大便失禁是慢性便秘和抑制大便的后果。所以我们在此对"贮留与溢出"特别感兴趣就不足为怪了。任何年龄的有大便困难(疼痛还可能是由肛裂引起)的儿童都可能用抑制大便来回应。当他们有想要大便的强烈冲动时,他们由于害怕疼痛,反将粪便贮留在里面。结肠和直肠的作用是吸收粪便中的水分,因此无论孩子有意还是无意,抑制大便的时间越长,排泄大便就变得越困难、越痛苦。抑制大便引起排便更加痛苦,也就引起更多的大便抑制,这样就造成了"恶性循环"。

因为大便常常过满,直肠的肌肉变得过于活跃,同时肛门肌肉为回应直肠的活动就反射性地放松(Clayden, 1988)。因此孩子不能有意地控制底下可能发生的情况,就大便失禁了。难怪有的孩子对我说,"不是我,是我的屁股拉脏了衣裤。"他的屁股似乎不听他的话了!

其他身体情况

它们包括需要确诊的先天性巨结肠、肠梗阻、先天性畸形、胃肠疾病、脑损伤和发育迟缓,这些都可以在克雷顿和阿格纳逊(Clayden & Agnarsson, 1991)的书中读到。

心理因素

我们故意选择了"因素"这个词而不是"原因",是因为与大便失禁相关的心理因素可能是次要的,它只是使症状的开始、持续或恶化蒙上了一层情绪色彩。而"原因"

是一个过分精确的词。

心理因素有：
- 父母方面的强制性训练或以处罚为主的矫正法。
- 焦虑的过分保护的母亲和过于严厉的父亲的综合作用(Bellman, 1966)。
- 紧张(Bellman, 1966)。
- 拒食(Bellman, 1966)。
- 由于无助而苦恼(Sluckin, 1981)。

环境因素

容易产生的环境影响有：
- 充满压力的环境(Butler & Golding, 1986)。
- 家里或学校里过于糟糕的厕所。
- 与家人分离的经历及其他精神创伤。
- 饮食因素：吃缺乏纤维的食物和喝过量的牛奶都可能引起年龄较大儿童的便秘。

四、怎样帮助拉脏者自助

评估

要记住的几点：
- 父母和孩子会是非常尴尬的。
- 你须用对方能够听懂的语言和他们讨论上厕所和大便失禁问题。大多数家庭有自己的用语，例如上茅房、上厕所、去洗手间、坐便盆、拉臭、第二任务、办大事儿等。
- 共同协作。重点在于发现孩子及其父母面对这个问题时想要做些什么。要尊重他们的看法并给他们时间表达自己的意见。
- 要教给父母有关知识和技巧，并使他们拥有与你分享想法的权力。使他们在评估及随后的干预阶段里积极参与合作。与父母共享信息的一种方法就是向他们提供"给家长的意见"，并让它发挥作用。共享信息可以减少退出治疗的患者人数，退出治疗是在处理大便失禁问题中可能出现的情况。
- 评估不仅是针对大便失禁的孩子，还针对有令人尴尬的特定问题的孩子、有情感问题的孩子，以及对孩子的"失败"经受着强烈的感情和不良心态的亲属。

评估的步骤

步骤1：询问大便失禁的细节和任何其他行为问题。

步骤2：使用ABC模式和大便失禁行为检查项目将有关资料分类。
步骤3：简述关于个案原因的假设（见后面的"有助的原因检查项目"）。

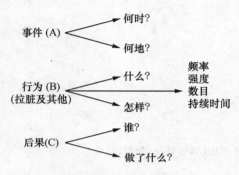

图5-1 评估行为的ABC法

作上述基本分析时需要依据家长的记录，并根据下列访谈提纲收集的资料加以补充(Clayden & Agnarsson, 1991)。

五、关于大便失禁行为的调查提纲

➢ 孩子什么时间最可能出现这个问题：随时？早上？下午？夜晚？睡觉时？
➢ 这是个长年累月的问题吗？
➢ 粪便的形状和硬度正常吗？
➢ 孩子的便秘粪便成"块"吗？
➢ 孩子腹泻吗？
➢ 孩子曾经在厕所里大便过吗？
➢ 孩子在大便时或大便过后躲藏起来吗？
➢ 你帮助孩子上厕所吗？
➢ 孩子大便弄脏衣裤时你批评他吗？
➢ 孩子大便弄脏衣裤时你打他吗？
➢ 当他大便弄脏衣裤时发生了什么后果？
➢ 你认为你孩子经常出现这种问题吗？
➢ 你还担心什么其他行为问题？
➢ 你的孩子最近为这个问题做过体检吗？

六、有助的原因检查项目

以下情况是否存在	是	否	细节
粪便成块(严重便秘)			
排便疼痛			
惧怕上厕所			
粪便形状或硬度不正常			
腹泻			
肛裂			
没有教过孩子控制大便			
早期进行大便训练时过于严厉(例如处罚、强制、过早)			
厕所布置得不方便			
饮食不足或不当			
目前有生活事件造成压力			
在开始出现大便失禁现象前后曾有过有压力的生活事件			
在家里或学校里遭到过与大便失禁有关的嘲笑或欺负			
行为问题			
在家里因排泄大便问题引发强烈的情感反应(愤怒、怀恨、失望、羞愧)			
排便后行为不正常(隐藏,涂抹,隐藏内衣裤)			
拒绝去坐便桶或便盆			
孩子的一般性反抗			
父母作用失常(过分保护或处罚性、斥责性态度)			
对孩子身体、性或情感上的虐待			

七、治疗

干预

要记住的几点:
- 在本章我们主要讨论那种包括"贮留与溢出"在内的大便失禁现象。
- 因为你已经确认可能存在情感或行为干扰、家庭关系严重失调、发育迟缓或虐待儿童等问题,所以当你听到心理警报铃响时,就应当让家属去求助儿童及家庭咨询服务机构或社会性服务部门。

干预共有四个组成部分:
(1) 药物治疗:缓泻剂用来排空直肠以及恢复排便与自控感觉。
(2) 食物:高纤维饮食有助于直肠排泄顺畅。

(3) 培养习惯：培养孩子定时排便和上厕所的习惯。
(4) 训练：用行为塑造法促进孩子学习。

药物治疗
- 用多库酯和匹克硫酸软化和"溶解"清除贮留的坚硬粪便。有些情况下可能不得不用灌肠剂。
- 一般使用斯诺高特（番泻叶制剂）加强直肠收缩，加快粪便排出。
- 用乳果糖等药物通过提供纤维素使粪便保持松软。

食物
- 有些食物（例如牛奶）会使排便活动放慢，有些食物（例如糖果）会使孩子不想吃东西。
- 高纤维食物可以使粪便保持松软。

习惯
- 身体需要一种规律，例如有规律地吃饭、睡眠、大便等。
- 谨慎地使用缓泻剂，并辅以培养习惯的行为训练，可以使孩子在方便的时间排泄大便。

训练

(1) 如果孩子害怕上厕所排大便，你需要降低他对惧怕的敏感度（Herbert, 1987）。

(2) 如果孩子紧张，他会觉得大便困难。你可以通过音乐、滑稽人物、画片或玩具来帮助他们放松，只要他们别忘记排便是主要任务。

(3) 孩子常需要别人提醒才去上厕所。为了严格执行训练方案，父母也需要一些提醒物防止遗忘，例如写一张纸条。

(4) 表扬、鼓励以及实物奖励，作为强化因素会促进学习并消除有些孩子对上厕所活动的不愉快情绪。只要做了努力或有些成功就要给予奖励。

(5) 在开始实行方案之前要保证便秘是能够控制的，否则训练不会成功。

(6) 要记住：失败可能导致失败，成功还会孕育新的成功。

八、训练方案

包括如下步骤：

(1) 根据达成的协议开始治疗计划。

(2) 运用在道德上可以接受的而且已向父母说明并被他们接受的办法，向简单的初期目标推进。

(3) 收集反映孩子行为变化的资料,例如行为分级评定、互动情况、每日记录等。在本章后面有记录大便失禁用的统一表格即"我的图表"。

(4) 处理上述资料,并加以解释,以此作为监控训练情况的基础。

(5) 对于积极的努力和进步要给予鼓励。

(6) 当遇到挫折时,要说明挫折往往是进步的前奏。

(7) 找准特别困难之处到底在哪里。

(8) 如有必要,讨论确定下一步目标。

(9) 运用个人想法和动力去指明方向并推动进展。

(10) 将困难和麻烦解决在萌芽状态。

以行为塑造为目的的家庭疗法和家长训练方法,都需要治疗师精神饱满,善于协作。为此应当做到:

(1) 协商。主题问题是:我们怎样一起提出问题?

(2) 教育。阐明关于大便失常与治疗的想法。这意味着提供解释,说明理由,传达信息,传授知识,以提高父母的理解能力。

(3) 观察。要鼓励和帮助患者进行自我观察,了解对所采用的训练方法的反应,及如何在治疗期间把它们记录下来。

(4) 练习如何做。要提供机会使患者处在舒服而不受恫吓的气氛里练习各种应对技巧:如何放松,如何控制愤怒或冲动以及家长管理儿童的技巧,例如以始终如一的态度指导孩子等。

(5) 练习自言自语。要鼓励患者练习积极的"自我应对话语",例如"我能做到","我能处理好这种情况","要保持平静,慢慢而平稳地呼吸"。

(6) 引出支持。如有必要而且患者允许的话,可让其他家庭成员或外来帮助者提供帮助。

(7) 去除神话色彩。常常会遇到一些妨碍治疗的奇怪说法,例如"我孩子是将弄脏自己作为能得到我的一种方法。"

采用行为训练方法的道德伦理根据

决定选择某种治疗方法的原则是看其能否提高个人技能,减少反社会行为,减轻个人痛苦,从而提高家庭生活质量。运用的治疗方法和技巧应当包括在经过周密计划所制定出的治疗方案之内。还有几个必须履行的道德责任也要予以考虑,并与家长进行充分讨论。

- **方法的选择**

选择行为主义治疗方法时不必追查行为问题的历史原因,只要确认当前问题及其前因后果就可以了。即使追查也很难找到多少真正可以信赖的具体经历。

对治疗任务有用的行为方法有:

> 习得令人满意的行为反应方式,例如适当的入厕行为、顺从、自尊、自制等。
> 减少或除去不必要的反应方式,例如自贬式的自言自语、攻击、大发脾气、拒绝上厕所、藏匿内衣等。

向家长说明行为训练方法

为使行为训练方法在治疗大便失禁及其他问题中取得理想效果,必须清楚地说明它包括的内容及其发挥作用的机理即它们的理论根据。建议家长参考下面这段话:

儿童时期的许多问题,不仅是由于孩子学到一些不适当的或者说令人不满的行为,而且是由于孩子没有学到适当的令人满意的行为和技能。特别是年龄较小孩子身上的问题,是与包括身体控制在内的自我控制方面的不适当技能联系在一起的。毫无疑问,孩子是生活的学习者,只不过他们没有佩带一个写着"学习者"的标签来时时提醒我们!在这里我们要特别强调"学习"这个词,因为它是帮助你和有大便失禁问题孩子的关键。做好任何事情都需要经过良好的训练,这涉及到两种人:学的人和教的人。我们需要教给孩子好的入厕习惯,同时训练他恢复在排便方面的身体功能。作为家长你将是重要的指导者。

技能行为的获得与加强

● 方法1　正强化

这种干预方法是通过使用正强化手段去影响并形成令人愉快的社会行为或技能(例如学会使用厕所)。开始之前先作如下说明:

如果行为后果对孩子有好处,以后这种行为就会发生得更多一些,换句话说,如果孩子在上厕所方面做了努力,而且这一行动结果是令人愉快的,那么这孩子将来更有可能在类似情况下做相同的事情。心理学家们把这类愉快的结果叫做行为正强化,并介绍了好几种强化因素:实际奖励(例如增加看电视或玩电脑游戏的时间、多给零用钱等),社会性奖励(例如关注、微笑、拍拍后背、鼓励的言语),以及自我强化因素(即来自内心的自我表扬、自我赞同和愉快感或成就感)。

九、请家长仔细考虑的问题

你在使好行为值得做吗?

有些父母记住了要奖励令人满意的行为。下面的例子可以印到卡片上供你们使用。

前因	行为	后果
要求桑德拉当她觉得要拉臭时告诉妈妈。	她照做了。	妈妈将她紧紧拥抱并夸"好孩子"。

桑德拉就有可能重复这一行为模式。为了促使她去完成某些行动,就要考虑在她正确完成该行为之后,立即给予一个强化事件(例如一个孩子喜欢的活动)。你要当面讲清楚你的意愿,例如说"当你做到在厕所里拉臭以后,你就可以出去玩。我还会在你的图表上贴上一朵花。"这就是很有用处的"之后—才可"规则。

为了取得最佳效果,行为研究结果表明,像奖励、有益活动、表扬和鼓励之类的强化因素,应当尽可能地紧跟在孩子完成特定的令人满意的行为之后。因此那些敏感地注意孩子点滴成功的父母,比那些当孩子做了一件很不平常的事情时才给予肯定的父母,更会有效地利用表扬和鼓励。

你在使好行为不值得做吗?

有些父母一直忽视自己孩子令人满意的行为:

前因	行为	后果
菲利浦的母亲要求他不用别人提示自己去上厕所。	他做到了。	母亲未加评论。

如果菲利浦下次自己不去上厕所就不足为奇了。你是否也没有注意自己孩子所做的努力?

- **方法 2　负强化**

如果对不愉快的结果采取一种视而不见的态度,就会强化这种行为,使它更有可能在类似情况下重现。如果你孩子做了一件你不喜欢的事情,例如他不按照事先说好的去做,而拒绝坐在便桶大便,你可以通过处罚(例如不允许看电视)增加他遵守协议的能力。这就是在为他努力完成承诺的协议内容提供"负强化"。如果他事先懂得你的处罚是为了让他遵守诺言,你可能不必使用处罚了。例如如果你说"如果你不遵守对布朗太太的承诺,我就不让你看电视",那么他想一想就会增强坚守规则的决心。

重要的是要搞清楚现在向孩子提出了什么要求,以及曾经教过或没教过他们什么。不能因为孩子们没有做他们原本不懂的事情、力所不及的事情或者看来不可接受的事情而责备他们。要问自己以下的问题:

➢ 对孩子的要求合理吗?
➢ 他知道做什么吗?
➢ 他知道怎样去做吗?
➢ 他知道什么时候去做吗?

当然，可能你以前曾经对孩子讲过，孩子已经知道在行为或技能方面的要求但是一直未能做到。因此还有两个问题要问：

➢ 我怎样能让他去做我要他做的事情呢？

➢ 如果他做了，我怎样鼓励他继续做下去呢？

有的家长说："我的困难是，我没有足够的精力始终坚持要求她去完成训练方案上要求做到的事情。她很反抗。"

是的，许多父母对我们讲到这种困境。但你必须下定决心为了长期利益去投入短期的精力。你女儿与你精疲力竭地进行加时赛，而且希望守住并无多少抵抗能力的防线。如果你能坚定地始终如一地持续一两周的话，你就会发现你孩子相信你真的说到做到，从而会变得听话。这代价是很高，但你投入的时间与精力是会有收益的。

- 方法 3 观察学习（模仿）

孩子们通过模仿别人可以学会许多社会性行为和其他复杂动作。他们依靠观察自己周围的重要人物或象征性人物，通过模仿他们的言行来塑造自己。为了教给孩子新的行为模式，可以在游戏中让他去观察洋娃娃或木偶上厕所、大便、擦屁股、穿好衣服，完成一系列令人满意的动作。

- 方法 4 自我管理训练

为了强化自我控制，可以把对孩子的指导改为孩子的自我指导，当孩子自言自语"我是个小孩子"、"我决不会停止拉脏"之类消极语言的时候，更需要这样做。该项训练包括提高他上厕所的意识，要经过几个阶段：首先治疗师模拟一个任务，让孩子做出适当而积极的自我表述。例如，先想一下，"我的身体在告诉我什么？""它告诉我肚子里的大便满了，我要上厕所，看看我能不能拉出大便"。让孩子练习，由大声说逐渐过渡到小声说，最后无声，进行自我指导。要鼓励孩子使用自我语言以使他们能够观察、评价和强化自身的好行为。

行为问题

大便失禁有时伴随行为问题，其中许多是寻求家长关注的小计谋。孩子得知某种行为好像能够吸引父母的关注，结果这种行为就会变成他们的习惯模式。因为父母常常不知道所发生的事情，他们经常不知不觉地强化孩子身上那些正是他们非常希望制止的行为。例如，每当孩子行为不规矩时他可能关注地回应他们，当孩子听话合作时反而没有受到关注。

减少令人不满意的行为

- 方法 5 暂停正强化

现已表明暂停正强化是一种有效的处罚（Herbert, 1987）。这个方法的原理是通过减少获得强化或奖励的机会来减少令人讨厌行为的次数。在实践中，我们可以从三种暂停形式中任选其一。

（1）活动暂停。孩子仅被禁止参加喜欢的活动，但是仍然允许他在旁边观看。例如，因为行为不规，他被迫坐在游戏场之外。

（2）空间暂停。他被禁止参加喜欢的活动，也不允许观看，但未被完全隔离。例如，站在玩游戏的客厅的另一头。

（3）隔离暂停。他被隔离到另一个环境中去，那个环境不要使孩子感到恐惧。

暂停可以持续3~5分钟。当孩子出现令人满意的行为时，再用玩耍、表扬等积极的关注去弥补一下。这样取得的结果最佳。

- 方法6 "反应-代价"

"反应-代价"法是让孩子在没有做出令人满意的行为反应时要付出代价。这可能包括去掉当前的奖励，例如，倘若不能按所要求的样子坐到便桶上，就失去看电视的权利。与其他方法一样，我们要求家长在采用这种方法时协助消除前进中的障碍，直到解决问题。

附录Ⅰ 一份入厕训练方案

适用

➢ 建立有规律地上厕所的习惯。

➢ 在慢性便秘之后重新建立入厕技能和控制肌肉技能。

告诫

➢ 不应当采用压制或处罚。

➢ 重要的是，如果出现不顺从的行为问题，也不能将厕所当成战场。

➢ 让孩子逐渐掌握实施训练方案的主动权。

程序

➢ 要做一次体检，看看是否需要用缓泻剂。

➢ 要安排每天早餐时喝一杯温热饮料。

➢ 10~20分钟以后带孩子到厕所去试排大便。

➢ 不要强迫孩子呆在厕所里超过排泄大便需要的五分钟左右的时间。

➢ 放一个盒子让孩子把脚搁在上面。鼓励他用力往外排便，例如让他模仿吹气球。

➢ 要知道人们的排便频率是有差别的。要每天做一下记录，以确定孩子的大便时间是在每天、隔一天、还是每天不止一次，并且要相应地调整方案。

➢ 要继续监督孩子按时上厕所，直到建立起适当的排便习惯，并保持两周。这就需要带孩子去上厕所,在即将排便之前催促孩子去上厕所,直到培养孩子自我启发去上厕所。
- 将责任交给孩子是至关重要的。训练的目的是培养孩子建立与适当地使用厕所有联系的感觉和行动的意识。
- 要为成功和努力提供奖励。先是表扬,后来可给实物奖励!

注意

如果孩子害怕上厕所,要通过使孩子逐步接触厕所的方法,一小步一小步地减少他的焦虑,这是一种系统脱敏方法。
- 在离厕所还有一段距离、孩子高兴的地方开始训练。
- 直接将孩子带到离厕所近一些的地方。
- 孩子向厕所每走一步要给予表扬,并给一点实物奖励,例如一片水果或一块饼干。
- 不要强迫孩子。当他变得太焦虑或对奖励不感兴趣时就停止练习。
- 这个方案要每天重复三次直到孩子能够舒服地坐在马桶上为止。

附录Ⅱ 设计针对个体的训练方案

每个儿童及其家庭都是一个具有唯一性的个体,在孩子排便问题上也有许许多多个体之间的差异。健康儿童可以每天几次,每周几次或者每月几次大便。甚至儿童的便秘问题也有各自的特点,每个大便失禁问题都有自己的原因、影响因素和后果。这就是说没有一个适合所有情况的行为训练模式,没有固定的方案。每个治疗大便失禁问题的方案都需要家长讨论协商。治疗工作的各个方面都要牵涉到父母和孩子,记住这一点非常重要。

在此给家长提供一份典型的方案"底稿",会有所帮助。

底稿实例:彼得的方案

组织者:彼得的母亲莎莉·布朗

协助者:幼儿园教师玛丽·史密斯

已经明确彼得有便秘问题,签订这份协议是为了执行下面我们共同商定的计划:

(1) 将他的药物治疗情况和他上厕所的情况及结果记入事件日记。

(2) 彼得将随每顿饭喝一杯热饮料(他的食谱已经讨论好)。

(3) 因为最可能获得成功的时间是吃饭后,所以每顿饭后大约15分钟让他上厕所排便。

(4) 彼得将坐在那里至少5分钟。给他连环漫画和"随身听"使他开心。他曾经

答应:
  (a) 一面想象正在吹起一只气球,一面试着用力拉屎;
  (b) 有一只盒子把脚搁放上去帮着用力;
  (c) 如果他排出一小块大便,就继续努力去排出另一块。
(5) 鼓励。因为合作得好,给彼得的奖励将是:
  (a) 因努力(及呆足 5 分钟)在成绩册上贴一个"笑脸";
  (b) 因拉完一次屎再加贴两个"笑脸"。
(6) 家里人要看彼得的图表并给他鼓励(决不批评),要表扬他所做出的努力。
(7) 在彼得积攒到一定数量的"笑脸"以后,他妈妈和爸爸要带他到一个他所喜欢的地方去玩一次。
(8) 史密斯老师按照约定每周几次地与家庭保持联系并检查方案进展情况。

附录Ⅲ 白天记录表

奖给一个贴花的:(1) 在厕所里上完小便;
　　　　　　　(2) 坚持下去。
每上一次厕所加添一道新线。
姓名:_____　　开始周:_____

日期	每上一次厕所贴上一个贴花	白天时间	你需要到厕所去吗? N—不紧急 Y—紧急 E—非常紧急	为憋住小便贴上一个贴花	你憋尿坚持了多久?

附录Ⅳ 夜间记录单

请在:(1) 你自己去睡觉前,(2) 早上分别检查一下床单是否尿湿,还是干爽的。如果尿湿写上"湿",干爽写上"干"。

	第1周			第2周	
	早上	晚上		早上	晚上
星期一					
星期二					
星期三					
星期四					
星期五					
星期六					
星期日					

附录Ⅴ "我的图表"

姓名:

第1天　第2天　第3天　第4天　第5天　第6天　第7天

____周

无大便失禁 ☺

大便失禁 S
(注明时间)

____周

无大便失禁 ☺

大便失禁 S
(注明时间)

____周

无大便失禁 ☺

大便失禁 S
(注明时间)

如果没有大便失禁每天早饭前在方格内画上一个笑脸。如果发生意外在方格内写上个S和时间。

附录Ⅵ 着色鼓励图表

每次孩子成功了就用色彩涂一个孩子。

星期一　星期二　星期三　星期四　星期五　星期六　星期日

附录Ⅶ 治疗记录单

姓名：

如果孩子夜间尿床,在第一栏内填"湿";如果他完全干爽,填"干"。

夜间	湿或干	尿湿时间	尿斑面积(小/中/大)	警报叫醒孩子吗?	夜间孩子没用警报器去上厕所的吗?
星期一					
星期二					
星期三					
星期四					
星期五					
星期六					
星期日					

给家长的提示1 大便训练

➤ 当孩子愿意时(一般地在18～24个月大时,可能更接近后者)主动训练是非常有效的。

- ➤ 训练无定法。
- ➤ 不要大惊小怪，要实事求是，例如在换尿布时对孩子说一说他做了什么和你正在做什么。当你使用厕所他学步跟着进去时，你也要这样做。
- ➤ 训练会给孩子增加压力吗？如果你不给他增加不适当的压力，孩子就不会感到有压力！你了解你的孩子，知道怎样才能最好地正常地完成训练过程。要记住可能遇到一些困难，例如在生病或与家长分离以后学习新的技能将会比较困难。
- ➤ 要做好经受挫折的准备：这和学骑自行车一样，可能有摇晃、摔倒，然后才变得自信、自如。

初期训练要点：

- ➤ 把握孩子的规律（按预期时间或者当看出脸红等迹象时，让他坐到便盆上）。
- ➤ 早晨穿衣前和晚上睡觉前让孩子坐一次便盆。
- ➤ 赞扬孩子的成功和努力。
- ➤ 逐渐增加坐便盆次数（避免强迫性地让孩子无聊地在便盆上坐好长时间）。
- ➤ 鼓励孩子在他已经小便或大便时让家长知道；察觉自己尿湿或拉脏衣裤是自觉地有控制地大小便的前奏！
- ➤ 不再使用尿布。
- ➤ 帮着孩子穿脱裤子，最后做到独自穿脱衣裤。
- ➤ 提醒孩子要便盆——把它放在身边，急需时可以马上坐上去。
- ➤ 对努力和成功要充分使用表扬和鼓励，要避免批评和处罚。
- ➤ 便盆逐渐移向并最终移到厕所，保证厕所设施适合孩子使用，例如，加一个台阶使他够得着马桶。

小便训练

大多数孩子长到十八个月时，随着身体发育能控制小便一两个小时。他们能够懂得简单的指导，配合家长要求安稳地坐在便盆或马桶上。如果孩子准备就绪的话，大便训练也只用很短的时间。要记住在这方面有很大的个体差异！

如果你能让孩子按时坐便盆，可以比较容易地在小便与坐便盆之间建立起联系。在头几周里你要估计他的需要并及时建议孩子坐便盆。训练不要提太高的要求，孩子一旦成功就要提出表扬。

许多实例告诉我们，不必特别努力地去训练孩子控制大便和使用便盆解大便。通过在小便的同时排出大便，他就会自动了解到这一点。重要的是如果确实有必要进行大便训练的话，不要因此让孩子感到恐惧、尴尬或羞愧。平静地定时让孩子去坐便盆,就能达到训练的目的。敏感的父母能够"读出"孩子何时需要上厕所。

给家长的提示2　儿童失禁问题

孤立感觉

做父母的常常认为只有自己的孩子有尿床或拉屎弄脏衣裤的问题,而别人都不会知道这有多么烦心。事实上很多父母面临同样问题,只是不说而已。

什么是尿床(小便失禁)?

➤ 睡眠期间多次地不自觉排尿。

门诊医生们直到孩子超过四岁(五岁)时才会使用大便、小便失禁这种专门术语。两种问题常常发生在同一个孩子身上。

哪些孩子尿湿或拉脏?

➤ 各个生活阶层的孩子。

➤ 聪明的和不太聪明的孩子。

➤ 男孩比女孩多。

为什么孩子会尿湿或拉脏?

有多种原因。下列原因仅是其中的一部分:

➤ 有需要关注的身体原因(例如膀胱感染或便秘)。

➤ 从未学会使用厕所。

➤ 对压力的反应。

➤ 缺乏提示物或激励措施。

➤ 发育迟缓,不够成熟。

➤ 不知怎么办或者惧怕上厕所。

怎样去帮助?

这要取决于你孩子为什么尿湿或拉脏。门诊医生将进行评估并同你一起寻找原因和解决问题的方案。研究工作告诉我们,父母是帮助孩子解决问题的最佳人选。在你、孩子和医生之间建立良好的合作关系是解决问题的最好办法。

给家长的提示 3　关于使用小便失禁警报器的指导意见

➢ 使用警报器时，孩子应当腰部以下光着睡觉。因为睡裤或睡衣往往吸收尿水，因而会推迟触响警报的时间。而有研究表明治疗效果取决于是否一旦尿湿就能迅速触响警报器。

➢ 当夜间警报器被触响时，需要孩子尽快地将警报器关掉，然后排完尿后再回到床上。

➢ 在使用警报器期间，你应当停止"搭便车"——即警报器没被触响时叫醒孩子去小便，并且限制孩子喝水。治疗中的孩子应当被允许任何时候想喝水就喝。

➢ 你应当保证每夜使用警报器并且打开。警报器应当每夜使用，除非有些情况使用它不合适时（例如，当家里有过夜的客人或者当孩子在外借宿）。

➢ 治疗记录应当保持在图表上。保存最新的准确记录对评价治疗进展来说是非常重要的。

➢ 当警报已被触响时，你必须将孩子叫醒，关掉警报器，去上厕所。如果警报本身没能叫醒孩子，你应当在警报继续响着的同时叫醒孩子，鼓励他亲自关掉警报器。只有在孩子完全不知道事情当怎么办时，你才替他关掉警报。你不应当在叫醒孩子之前关掉警报器，因为这样会割断叫醒与警报声之间的联系。

➢ 床应当用干被褥、探测器垫子和干燥的防水床单（湿床单的一个干燥角也可用于此目的）重新铺好，并且把警报器重新定好以防再一次尿湿。根据年龄，如果孩子可以自己做就让他自己去设定警报器。如果患者很少每夜尿湿超过一次的话，在尿湿一次之后就可以将警报器去掉。如果孩子每夜尿湿多次的话，无论如何也要重新定好报警器，因为坚持这样做两到三周，多次尿湿通常就会减少到每夜一次。

（注意：尿湿的床单一定要洗好晾干再重新使用，不然的话由于排汗可能会造成虚假警报。）

对治疗的说明

警报治疗的基础是一个学习过程，因此每次触响警报可以看做是小便控制的一次课程。

重要的是要正确认识小便失禁警报器不是个"魔盒"，不要指望从使用的第一夜起就结束小便失禁,而且尿湿次数的明显减少常常不是发生在治疗的第一个月里。还应当注意的是学习的进步常常不稳定,在前进中也会有反复。

对孩子说明

"当你夜间尿床时,是你身体里面叫做膀胱的盛尿的水箱满了,发出一个信息给你的脑子说它需要倒空,不过当时你的脑子太困了没有注意,所以你的膀胱只得在被窝里倒空了,你就在夜里尿床了。当你在使用警报器时这种情况一发生,蜂鸣器会把你叫醒,就使你停止排尿。过一些时间你的脑子就能学会在它得到膀胱满了的信息之后及时叫醒你去厕所,或者叫你坚持一会儿。"

给家长的提示 4 给孩子解释大便的形成

图 5-2 说明吃了食物以后发生的情况。咽下食物后,它穿过肚子里的一条很长的弯弯曲曲的管子。你所吃的大部分食物会使你成长,保持身体强壮健康,但是有些东西是不需要的,就变成臭臭并被你的肌肉压挤到肚子里管子的末端,就像把牙膏挤压到管子末端一样。当臭臭到达肚子里管子末端时,一个信息发到你的脑子,说:"我需要拉臭,我应当去上厕所",同时一个信息发给你屁股的肌肉,说:"打开,把臭挤出去。"

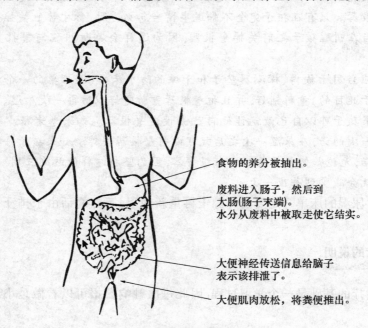

食物的养分被抽出。

废料进入肠子,然后到大肠(肠子末端)。水分从废料中被取走使它结实。

大便神经传送信息给脑子表示该排泄了。

大便肌肉放松,将粪便推出。

图 5-2 大便形成示意图

给家长的提示 5 给孩子解释大便失禁

如图 5-3,如果当你的脑子告诉你去上厕所时你不去,那么越来越多的臭臭积攒在你肚子里管子的末端,因为太多了你不能正常地把它弄出来而且它使你疼痛。因此为了帮你把它弄出来你需要去看医生,他会给你一些药把所有的臭臭都排出来,使你肚子里的管子完全正常,不再堵塞了。

为了不使臭臭堆积在肚子里管子的末端,你得使你的肌肉更猛力地用劲,以便它们把食物顺着管子推下,敞开把臭臭放出去。

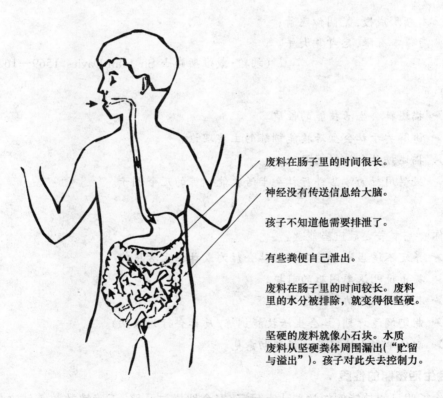

图 5-3 便秘示意图

6

儿童社会生活技能训练

引言

> 本领形成慢,光阴似飞箭;
> 习得本有限,忘却竟大半。
>
> （约翰·戴维斯爵士 Sir John Davies, 1569—1626）

目的

- 描述社会生活技能的性质。
- 讲解关于社会生活技能训练的主要理论。
- 描述评估和治疗问题。
- 提供用行为方法进行社会生活技能训练的几个例子。

目标

你看完本书之后应当能够：

- 界定不适当或机能失调的社会行为或社会生活技能。
- 提出说明这类困难的前提。
- 指导评估并协商调适目标。
- 制定调适计划（社会生活技能训练/反社会行为减少）。
- 以传单形式给家长提供帮助意见。

社会生活技能的性质

除了明显的技能例如学着认字写字、安全地横过马路、正确地数数零钱之外，还有一些技能因为它们不明显或不容易教，幼小孩子难以学会。这些技能是我们在遇见陌生人、闲谈聊天、促进交际、吸引朋友以及与人融洽相处时用的。

我们从童年初期起就必须学会怎样应付和对待众多的人和事。许多传统习俗形成我们在特定情况下对特定人的行为——有些事情是可以明说的，另一些则不能。

对某一个人被允许的亲近态度和举止,常常对另一个人却是禁忌的;话题和语言都有敏感性,为了不在一些场合冒犯他人,两者都必须受到重视。我们必须学会预见和解释别人的行为。

儿童时期行为问题一般而论是夸张、不足或所有儿童常见的不良的行为组合。在儿童时期,主要的行为问题是技能不足,少数儿童由于各种各样尚不明确的原因缺乏一些生活必需的重要技能,而不能以令人满意的方式参与生活。结果,回应各种各样的压力、挫折和挑战时,就表现得很不适应。例如,大多数儿童需要学习控制情绪和控制其他反社会行为的社会生活技能,他们在变成社会成员方面还有许多东西要学习。

强制性行为

儿童们从小就有一套大约十四种强制性行为,包括发脾气、啜泣、叫喊、发号施令在内的全部技能,他们有意或无意地用它们影响自己的父母。有时,如大多数父母所了解的,可能发展成为完全的操纵和对抗。年龄较大的"攻击性"男孩或女孩在两三岁小孩面前会展示强制性行为,在某种意义上这是社会化停顿的表现。通常情况下随着年龄的增长,像啜泣、叫喊和发脾气之类的强制性行为,不会再被父母所接受;如果仔细监视这些行为,就会发现它们的次数在逐渐减少,强度在变弱。儿童们逐步学会用替代性的、社会可接受的策略来表达自己的愿望并达到目的。因此社会生活技能在消除攻击性行为方面有重要作用。

到四岁时儿童自我检查和自我控制强制性行为的能力就有明显进步。五岁以前大多数儿童消极的、不顺从的行为就比较少了。

- **缺少朋友**

对别人不断进行口头或身体上攻击的儿童,会遭到其他儿童的厌恶、排斥和嘲笑。而且,非攻击性儿童的家长不让自己的孩子与攻击性儿童交往。因此,这些表现不好的孩子很少被邀请去参加生日聚会或者放学后同其他孩子一起玩。如果这样的孩子能够得到帮助变得具有顺应性,那么他们就可能不出现问题行为。如果他们缺少社会生活技能,就会出现许多麻烦。

有的家长常常抱怨他们的孩子没有朋友。来自老师和其他家长的反馈是说他们的孩子不像其他孩子。这也是行为不端孩子的家长与其他正常孩子的家长之间关系紧张的一个重要因素,成为他们自己感觉遭到排斥和孤立的原因之一。

- **不顺从和反抗**

那些拒绝接受社会生活技能训练的儿童,正如他们的父母所描述的,他们的另一个主要特点是不听话甚至反抗。家长们说他们的孩子不肯顺从父母的要求,凭借通过反抗赢得的力量不仅控制着父母而且控制着整个家庭。

社会生活技能训练的好处

为社会生活技能训练(SST)和其他领域所开发的行为技巧,弥补了传统方法的不足,给教养界提供了新的方法。例如,它们可以用在不太健全和无言语能力的孩子或者具有反社会行为的孩子身上,使他们获得更适当的社会行为。

- 有社交技能的儿童

有社交技能的个人比较有能力通过妥协、说服、放松、幽默和其他适当反应来应付具有挑衅性的情境,这不仅可以减少自己的激怒,而且可以不用极端行为而保住自尊。相比之下,缺乏社会生活技能的人遇到类似情境时,可供选择的范围是有限的,很可能变成攻击性行为,因为对他们来说选择这种行为更容易一些。社交成功的孩子可以选用更多的潜能技巧来解决日常面临的困境。这个过程涉及到在问题发生时对选择替代性行为过程的敏感性和对行为后果的敏感性。

- 没有社交能力的儿童

没有社交能力的孩子会表现出种种问题,从社会性退缩、羞怯和孤立,到攻击性反社会行为。那些倾向于攻击性行为的孩子缺少寻找适当反应的线索,缺少解决矛盾情况的适当办法。与具有社交能力的孩子相比,他们更多地采取无能的攻击性行为,同时难以预见问题解决的结果。他们只会攻击性地冲动去行动,并不会停下来想一想非攻击性的解决办法。

如果社会生活技能极端而持续不足,学业成绩、心理和情感健康、对学校环境的适应、犯罪倾向、与同辈和成人的关系等方面都会受到不利影响。"成功孕育成功"可能是老生常谈,但是,它是经验的总结。而对那些缺乏必要的社交技能,不能被同辈接纳的孩子来说,失败确实孕育着失败。以不良同辈关系的恶性循环为例,有同辈关系问题的孩子往往变得具有攻击性或与其他孩子对立,或者退缩,毫不奇怪,因为他们受到同辈孩子的排斥。如果孩子不能培养出社会信心,他们往往普遍地感到不适应社会生活。他们越感到不适应,就越有可能失败。

"技能"是什么?

技能最常见的定义是,为了完成一项任务所运用的一套复杂的行为。应当能够把这套复杂行为分解成各种能力,其中每种能力都是成功地完成任务所必需的。特定情境的问题解决明显具有类似之处。就看孩子是否有许多可供选用的替代性行为即解决问题的办法,还是只会采取狭隘的、死板的而且可能具有自我破坏作用的行动模式,例如攻击性行为就是常见的例子。当心理医生帮助一个没有社会技能的孩子时,目的就在于增进这个孩子在人与人的环境里应有的全部行动技能,使他与同辈孩子的关系更有建设性和创造性。

第一节 评估社会生活技能

孩子毕竟是生活的学习者,许多儿童缺乏社会生活技能,他们可能胆怯,不会社交,很不适应社会环境。那么,在社会生活方面感觉迟钝、恐惧或者出现其他行为,到什么程度才被认为是社会生活功能失调呢?如果出现不符合年龄特点的表现,多次出现程度较重的偏激、胆怯或者持续时间较长的反社会性行为的话,我们的心理警铃就应该发出信号。由于社会技能缺陷引起社会排斥或其他障碍,是令人担心的。假如同时存在许多问题,更应引起我们的重视。请参考表6-1中的例子。

表6-1 应当关注的行为因素

行为	频率	例如,是否多次地出现反社会行为
	强度	是否行为比较极端,例如伤人的社会性焦虑,持续的不易管教的反社会行动
	数量	是否同时存在几个问题
	持续时间	是否长期忍受"慢性的"社会性困难
	意义/意思	是否存在古怪的、不可理解的不适当的社交行为

社会生活技能训练的目的之一,是在全面构思的行为训练方案中强调这些问题(Herbert,1986;1987)。

社会生活技能训练的另一个具体的目的,是好好弥补孩子的人际关系技能的不足,使其得到同龄人的接纳。评估社会生活技能的根本问题,是评估者对社会性能力的明确定义缺乏一致意见。这意味着没有具体的公认的外部标准作对照来确认和互相验证评估方法。

格里斯汉姆(Gresham,1981)对从不同来源所得的测量数据进行了因素分析,并得出结论说同伴评定、同伴命名和直接观察是测量社会性能力的独立的维度。评价社会生活技能的条件很难确认孩子们是否真正有不足之处,也就是说不知道所需要的反应是否一定包括在设计好的评估活动之中,而只是未被诱发出来(Kazdin, Esveldt-Dawson & Matson, 1981)。标准化的评估条件,还不足以看清是否真正具备社会生活技能。凯兹丁(Kazdin)及其他人认为评估条件的不同可能会引起孩子们展示出的社会生活技能的不同。凯兹丁等明确指出在社会生活技能评估期间的正强化可能明显地影响评估结果。因为我们当前是被迫使用主观标准来给社会适应性下定义,如果我们要认真地给社会性能力下定义的话,我们还需要从各种不同的社会角色那里获取多方面的测量资料。

一、目标设置和社会性能力

设置社会生活技能治疗目标,首先要对社会行为是否适当加以判断。现将文献中关于儿童社会活动成功或不成功的一些具体描述概括如下。

(1) 那些非常受同伴欢迎的孩子在相互交往中往往表现得敏感和豁达。他们常常帮助别人,给别人关注、认可和亲切感,他们给予并接受友好建议,而且积极回应同伴们的依附行为。

(2) 那些不太被别人喜欢但并不让人讨厌的孩子,往往是退缩、被动的,而且害怕社交接触。

(3) 那些非常令人讨厌的孩子往往是富有攻击性的。他们好像处在一个怪圈里,认为要得到他们想要的东西就应该采取攻击性行为,这在短期内常常成功(例如,他们靠用威胁得到玩具),但是在长期内就会失败,因为其他孩子都避开他们,排斥他们。这样一来,攻击性孩子永远学不到替代自己行为的做法,而且变得越来越依赖攻击性行为,并将这种行为作为自己唯一的社会生活技能。

(4) 那些很受喜爱的孩子比较善于从其他孩子的观点看待事情。令人讨厌的孩子往往在这方面很差。

(5) 最有社交能力的孩子对非语言的交流沟通特别敏感。受欢迎的孩子在社交上的敏感,可以从他们给其他孩子所做的内容丰富、结构完整的描述中判断出来。

(6) 还有一些其他事情决定一个孩子在社会环境中能否成功——例如,他(她)引人注目的程度,及聪明、擅长体育、有趣的程度(Herbert, 1974)。

(7) 如果一个孩子准备相当轻松地结交朋友,有两种态度应当加强:对别人的认知总是比较满意;有机会进行社会交往,可以给予和接受同伴的感情,并感到愉快。

二、产生社会生活技能问题的原因

情境模型

情境模型提出的假设是有些儿童由于缺乏机会去练习或运用技能,所以也就培养不出熟练的技能。重要的是要分析造成社会机能不足的情境因素,例如是否在结交朋友方面有困难。

有些背景比其他背景更有利于产生良好的社会关系。孩子流动率高的学校因为同学关系不稳定,就对学习人际交往技能产生不利的影响。提倡小组合作的班级可能对发展建设性人际技能有特别好的作用。在此基础上,存在着一些使孩子形成个人品质的东西。

社会生活技能学习模型

作为技能缺失模型的基础,提出的假设是孩子的社会技能不足是社会化有缺陷或无效学习的结果。学习社会生活技能最重要的基础可能是孩子与成人以及其他孩子形成的关系。通过这些关系孩子学会在社交世界里怎样确定自己的位置,怎样形成情感联结并理解可能呈现在自己面前的复杂社交事件。

- **家长的态度**

应当仔细分析有困难孩子的社交情境类型。父母的态度,例如对孩子过分担心和关怀可能养成孩子胆怯的性格,当孩子与其他人交往时就会表现出社会技能障碍的样子。因此父母应成为接受心理干预的一部分。可能的情况是,正是父母的过分权威式的或过分放任的教养方式在孩子身上造成了消极的自我态度。

干预模型

干预模型的假设在具体技能事实上是存在的,但是由于受情感因素或认知因素的干扰而没有把它们利用起来。拟定详细目标,制定监视策略,规定评定标准,然后去调整与控制一个人的行动,这个"过程"可能是有缺点的。因为,社会技能不可能是由严重焦虑、错误自我归因和自卑造成的。

班杜拉(Bandura,1977)的自我效能理论,试图解释人们的自我知觉与自己行为之间的相互作用。自我效能低的人认为自己不能取得积极成果,就引起无助感并回避困难情境,结果形成恐惧与行动失败的恶性循环。陷入这个循环之中的孩子没有机会去培养新的社会生活技能,更不用说练习旧的了。

不成熟的、自我中心的孩子不会处理友谊的"给予与得到"之间的关系。交换论告诉我们这样做的原因,它提供了一种评价友谊的方法,并帮助孩子提高他们的社交魅力。友谊的一个显著特征是存在于同伴之间的平衡,常常叫做"地位对称"。它关系到互相尊重,没有支配和利用,具有亲密而持久关系的特征,包括在友谊关系中每个参与者影响力的总平衡。从相互关系中所得到的好处应当超过所付出的"代价"。

第二节 干预:社会生活技能训练

以上描述过的所有因素在制定社会生活技能训练或减少反社会行为训练方案时都需要考虑。

那些评价社会生活技能训练效果的大多数研究,已经在不敢自我表现、富有攻击性和不合群等有行为问题的孩子身上进行过。它们在减少反社会行为和弥补亲社会行为缺陷等方面取得了非常振奋人心的结果(Combs & Slaby,1977;Ladd,1994;Herbert,1993)。

对于发育迟缓孩子的研究开展得很少,但是,已有的研究结果表明这项工作还是很有希望的。其他工作具体地集中在学校技能训练上,其结果是普遍被肯定的。帮助不受欢迎的或遭到排斥的孩子来提高他们与同伴交往的质量和数量也是一件令人关心的事情。

儿童社会生活技能训练,通常包括几种对策:示范、指导、塑造、反馈、行为练习和强化,有时组合在一起。过多地接触社交不当模型或与好的社交模型接触太少,都可能使孩子在社交相互关系中学不到社会交往技能。按照观察学习的原则,通过观察可以学习新的反应方式和促进孩子已经掌握的全部技能里已有的反应方式,通过模仿可以学会抑制或不抑制自己的反应。

大部分社会生活技能训练是以内容为导向的,即教给孩子特定的复杂的技能。认知方法训练往往是以过程为导向的,即重点放在如何解决问题上,虽然孩子们对社会交换知识的了解和对与别人之间冲突的了解,被看成是现实地和敏感地"读懂"社会情况的关键能力。我们知道过失归因、消极信念和不实际的期待可能会导致在社交过程中的适应不良行为(Herbert, 1986)。这样的问题是认知行为治疗师最关心的问题。但是他也会接受委托去帮助孩子解决难以解决的社交问题,去分析这些问题并且提出取代孩子迄今所采用的失败对策的新的解决办法。莱德(Ladd, 1994)采用认知交际学习模式,把有效的交际功能看成是取决于孩子的以下几方面:

(1) 对具体人际活动和他们适应各种不同交往情境的程度的了解。
(2) 把关于社交行为细微差异的知识转变为在不同背景里进行社交活动的技能的能力。
(3) 准确地评价成熟与不成熟行为并相应地调整自己行为的能力。

一、行为方法

示范

示范的目的是为了引起行为变化。它可以有效地用于至少以下三种情况:

(1) 从示范的模型那里获得新的替代性行为模式,那是当事人以前从未使用过的(例如,社会生活技能、自我控制)。
(2) 通过展示受人称赞的适当行为模型,增加或减少当事人全部技能中已有的反应方式(例如,使胆怯退缩的当事人不再去抑制社交活动),或者抑制习得性恐惧(例如,回避体育),或者压制冲动地妨碍社交关系的反社会行为。
(3) 强化观察力敏锐的当事人已经学会的行为。

有三种常用的示范方法:影片示范、实况示范和参与示范。

后效强化

成人关注是儿童接受强化的首要来源。正在成长的儿童所体验到的强化作用可以对其社会交往产生有利或不利的影响。班杜拉(Bandura, 1977)曾经列举了可能造成无效的或不良的社会生活技能学习的情况:

(1) 强化不充分,可能会导致社会适应行为的消失。孩子可能从过分严厉或漠不关心的父母那里得不到什么关注或回应。

（2）孩子的一些不好的行为可能会得到不适当的强化。对粗野、攻击或不听从成人指教等不良行为的强化，会使得孩子以不适当的态度去进行社会交往。

（3）虚构的带有强化作用的偶然事件可以对某些孩子的行为产生强有力的控制作用。如果相信别的孩子出了危险他也就不去操场、不参加聚会，等等；其他许多非理性的想法都可能通过别人的言谈和教导而形成，也可能自发产生。这些可能比真正的外部强化条件更有强化作用。

（4）孩子给自己制定的标准太高，不现实，而且长期对自己的成绩不满意，就可能发生不良的自我强化。

有些例子可以说明成人成功地运用附带性的关注，可以提高学前儿童与同伴的交往能力。不同的成人强化可以减少攻击性行为，同时增加一些在社会交往中令人满意的竞争行为(Herbert,1986;1987)。

二、认知方法（解决问题）

如果心理治疗能够提高孩子的自我效能，那么孩子就能够以新的信念去接近以前惧怕过的情境(Bandura,1977)。自我效能提高后，孩子会更有活力地、不屈不挠地去尝试着处理问题，而且更有可能获取成功。解决问题的成功又会进一步提高孩子的自我效能。班杜拉(Bandura)提出自我效能预期的四个主要来源：

➤ 展示成绩。
➤ 示范演示。
➤ 口头说服。
➤ 感情激起。

有研究证据表明，那些在解决问题任务中能运用较多的替代方法和有能力对策的孩子往往玩耍得更有建设性，更受人喜欢而且较少攻击性。所以这部分方案的目的是指导家长怎样给自己的孩子适当的解决问题的技能。

三、家长在教孩子学习解决问题时的问题

（1）难道不应当告诉孩子们正确的解决办法吗？

例如，"我认为我需要告诉孩子怎样解决问题，因为他们自己没有找出正确答案——事实上，他们自己有些解决办法真是太糟了！"

（2）存在指导太少的情况吗？

例如，"是啊，我刚才告诉孩子自己去解决问题。我想这是孩子学会解决问题的唯一办法。难道你不同意吗？"

(3) 心情与解决问题没有多大关系,对吧?

例如,"我不大和孩子谈论心情。这有什么重要性呢?"

许多家长认为告诉孩子怎样解决问题会帮助他们学会如何解决问题。例如,两个孩子在合用一辆自行车时发生纠纷。家长对那个刚从另一个孩子手里抢到自行车的孩子说:"你们应当一起玩,或者轮流着骑。你抓住不放是不好的。如果他对你这样做,你愿意吗?"使用这个方法的问题是,父母在查明事情真相和问题所在之前就告诉孩子该怎么做。可是,有可能父母把问题判断错了。例如在这一个案中,并非全是那个抓自行车孩子的错,因为另一个孩子已经骑了很长时间的车了,而且好好要求他时他却总是不让别人骑。由于那个孩子始终不许别人骑用这辆车,这个孩子才逐步升级到抓抢。在这个例子中父母的做法并没有帮助孩子自己去想一想他们的问题在哪里以及如何解决问题。没有鼓励孩子去学习想问题,只是把解决问题的办法强加给孩子。

如果父母认为只要告诉孩子让他们自己去解决问题就是在帮助孩子解决矛盾时,也容易发生相反的问题。假如孩子们已经有了良好的解决问题技能的话这可能会起作用,但是对大多数幼小孩子来说这种做法不会起好作用。例如帕特和艾米正在因为一本书打架,不去干预的结果可能是争吵将继续下去,而且攻击性较强的艾米最终会得到书。因此,艾米不适当的行为得到了强化,而帕特的屈服也得到了强化,因为当她放弃争吵时打架停止了。

这里要强调几个主要论点:

➢ 帮助孩子弄清问题。
➢ 谈论心情。
➢ 需要孩子开动脑筋想出可能的解决办法。
➢ 要积极而富有想象力。
➢ 模拟创造性的解决办法。
➢ 要鼓励孩子仔细考虑各种解决办法的可能后果。
➢ 要记住至关重要的是学习考虑矛盾的过程而不是得到"正确"答案。

心理医生们可能建议家长开始要采用角色扮演或者用木偶、书本为道具把发生问题的过程表现出来。要劝说这些讨论安排在合适的时间进行,而不是安排在打架争吵最厉害的时候。一旦家长教会了孩子讨论问题的步骤和语言,他们就可以开始帮助他们在解决实际矛盾中怎样使用这些技能。

有效的做法是,家长首先引导孩子考虑问题可能是因为什么引起的,而不是告诉他们解决问题的办法。家长可以启发孩子们想出可能的解决办法。如果家长想要帮助他们养成自己解决问题的习惯,那就应当要求孩子自己去想。家长可以鼓励孩子一面想一面大声地讲,然后可以表扬他们的想法和对解决办法的尝试。这样家长是在强化发展一种思考方式,这能帮助他们在一生中去处理各种各样的问题。产生几种可能的解决方法以后,家长可以帮助孩子把注意焦点转移到每种解决办法的后果上去。最后一步是帮助孩子评价他们可能的解决办法。对3～9岁的孩子来说,第二步——想出解决办法——是要学会的关键技能。虽然较大的孩子更容易进入期望后果并评价它们,但是幼小孩子需要得到帮助来想出解决办法并懂得有些办法比另一些更好。应当鼓励他们讲出自己关于情景的心情,谈谈解决问题的想法并且谈论一下如果他们实行不同解决办法可能会发生什么情况。家长需要提供解决办法的唯一时间,是在孩子们如果在开始前需要听听家长意见的时候。

治疗师应当强调家长的示范作用作为教孩子解决问题技能的一种方法的重要性。孩子们仔细观察家长拟定解决问题的办法,是个很有价值的学习过程。

附录Ⅰ 向日葵图表

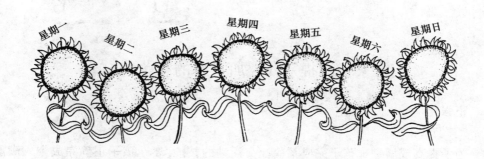

附录Ⅱ 人形图表

附录Ⅲ 足球图表

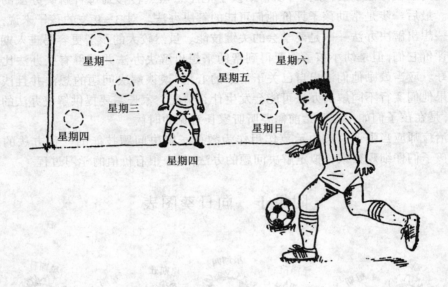

给家长的提示 1 加强新的行为模式

正强化

为了提高或增进你孩子完成某些社交活动的技能,要在孩子正确完成令人满意的行为之后紧接着给以回报。你可以表明你的意见,例如说,"你把玩具放起来以后,就可以出去玩。"这"之后—才可"方法提醒他只有在愉快的行为实行之后才会获得奖励。当孩子已经学会一个行为后就不再需要按时给予奖励了。要记住,在这一阶段表扬和鼓励的言词可以有很好的强化作用。着色图表可以作为一种有用的鼓励手段。

培养新的行为模式

鼓励

要通过指导和帮助,保证你孩子对某个愉快的动作或思想方法持合作态度。要组合使用建议,理解他的困难,表扬他的努力,分享其成功时的愉快。

为了鼓励孩子以他以前很少或从未表现的方式行动,要奖励与正确做法相似的做法。你要带领着孩子,通过奖励与你所要的行为接近的任何行为,一小步一小步地向目标前进。你要继续强化与你想要的行为的相近之处。不要给"错误"行为强化。你要对孩子向正确反应的接近的行为的评价标准(原则)逐渐严格起来,直到最后他真正出现了所需要的正确行为,才可以得到回报。

模仿

为了教给孩子新的行为模式,要给他机会去观察对他来说的重要人物如何完成令人愉快的行为。

技能训练

要模拟需要培养技能的现实生活情境。在练习期间:

➤ 要演示技能。
➤ 要叫孩子练习技能。
➤ 需要时提供示范。
➤ 关于他完成得准确或不准确要提供反馈(如有可能,让幼小孩子——录像设备在这里非常有用——去评价自己技能的效果是有帮助的)。
➤ 要布置家庭作业,例如,安排现实生活技能实践。行为练习不仅为获得新技能作准备,而且使练习按控制的进度并在安全环境里进行,这样可以将苦恼减少到最低限度。

提示

为了训练孩子按具体时间行动,要安排他恰在预期行动之前得到正确完成的提示,而不是在他完成得不正确之后才说他。

辨别

为了教你孩子在一种环境里按特定方式行动,要训练他识别适当环境与不适当环境之间的差别。要只在他的行动符合提示要求时才奖励他。例如,他按照交通信号提示走过人行横道时给予表扬。

治疗不仅是为了矫正没有社交技能的行为或反社会行为。还要鼓励和维持有社交技能的行为和其他良好社交行为所需要的原则和技巧。关于这一点,重要的是要核对你向孩子要求什么并检查一下你已经教给或还没有教给他们什么。孩子们不能因为没有完成他们还没有弄懂的事情或没有能力完成的事情而受到责备。

以下问题是中肯的:

➤ 对孩子的期望合理吗?
➤ 他知道做什么吗?
➤ 他知道怎样做吗?

➤ 他知道什么时候做吗?

当然,孩子们可能已经学过而且知道什么是适当的社交行为或技能,也知道应当在什么时间施展,但是没有去做。因此,还有四个问题:

➤ 我怎样能使他做我要他做的事情?

➤ 现在他已经做了,我怎样鼓励他继续做下去?

➤ 我怎样使他不做我不要他做的事情?

➤ 现在他已经不做了,我怎样鼓励他继续不做?

给家长的提示2 社交技能和友谊

那些不能与其他孩子相处、缺少社交技能、笨拙或胆怯的幼小孩子,常常过着可怜而孤独的生活。他们虽然能够参与闲谈,但是可能缺少社交敏感性,缺少形成对别人准确印象的重要技能,这些都是建立个人交往吸引力借以形成友谊的基础。那些最受欢迎或有影响力的群体成员和最有权威的领袖般的孩子往往都具备这些属性。当然,有些孩子具有必要的社会生活技能,只是没有机会去实践它们从而获得信心。

友谊强调的是互相满足需要。总是要有交换的,那些单方面的、自私或利用他人的友谊是不可能持久的。借用经济学的说法,当成本猛增时资金平衡表就会失衡,如果持续亏损,友谊就处于危险之中了。

选择朋友

人们开始互相吸引到最后成为朋友的过程,可以象征性地用一个带有一系列过滤装置的"漏斗"来表示。每人都有这样一个"漏斗",用设计好的过滤器来为适合自己交朋友的人制定一定的标准。在漏斗的开口处是第一标准,即接近性,用它来决定合适的人选。在任何一种相互吸引建立以前,都必须有机会使孩子与人接触。一般来说,友谊是从某种直接面对面的接触慢慢发展起来的。居住得很近的孩子比那些居住相隔一段距离的孩子更有可能成为朋友。常常互相影响的孩子比那些很少互相影响的孩子更有可能成为朋友。居住在孤立区域的或他们的父母人为地使他们与其他孩子隔离开的幼小孩子,在结交朋友上可能就有困难,他们接触、选择或学习与同伴互相交往的合适人选的范围太小了。

过滤器进一步的作用是使通路逐渐变窄。过滤器选择"相似的个人特点"、"共同的利益或价值"以及"相似的个性"。有的人成功地通过这些过滤器成为了朋友。第二个过滤器是根据"物以类聚"起作用。在儿童友谊上极少或找不到对立者相吸引的证据。事实上,一对朋友在社会性成熟度、年龄、体重、身高和总的智力等许多方面都会彼此相似。友好、精力旺盛、能干、敏感而且勇敢的幼小孩子互相吸引,可能是因为他们彼此理解并能满足相互的需要。因此,第二个过滤器暗示同类的人确实容易聚在一起。

友谊的形成受到社会背景、宗教联系和道德团体成员关系相似性的严重影响。其中最重要的影响是另一个人与自己是否具有相似的信念,这比其他方面更为重要。孩子们也往往选择那些符合自己社会性、令人满意的人当做朋友。

帮助你的孩子

如果你担心你孩子没有能力结交朋友或维持朋友的话,要根据认真观察你孩子与其他孩子的行为,做一下类似"会计工作"的小练习。其诀窍是从另一个孩子的观点来看待事物。你孩子现在是否表现得不敏感、要求过分或不忠诚?他的交往有足够的回报吗?

实用意见

- **教给他**

要教孩子(未必牺牲自己地)去了解对方的观点。把自己定位在另一个人的位置上,这种角色转换对人类一切形式的交流都是重要的。有证据表明,孩子们在生命早期就会采用各种基本形式的角色。但是,当孩子们遇到与自己不同的看法时,他们常常觉察不出来。这就容易引起相互误解,有时为此而感到痛苦。

- **表扬他**

孩子开始社会交往行为时要给予表扬。

- **为他做示范**

要对孩子示范社会交往行为,为他们树立榜样。要通过形体演示与别人在礼仪等方面的不同方式的相互作用。要演示他可能怎样对另一个孩子加以积极评论,还要教给他怎样进行建设性的玩耍。

- **指导他**

要叫你孩子给另一个孩子演示些什么,例如怎样操作玩具,指导他去帮助或求助于另一个孩子。

- **激励他**

要指导孩子怎样进行社会交往,鼓励他参与社会性活动并描述或说明相互交往的方法,例如,当他与你邀请来家作客的其他孩子在一起时。这里有几点建议:

➤ 要鼓励孩子采用有利于社会交往的做法。例如,"让我们谈谈关于你们做游戏时和其他孩子玩得痛快的几种方法","要使大家游戏玩得痛快的一种方法是轮流……当你轮流做游戏时,别的孩子也高兴,会愿意再和你一起玩"。

- 要弄清"轮流"的意思。例如,"在游戏当中轮流就是使每个人都有玩的机会。"
- 要鼓励孩子认清一些好的和坏的做法。例如,"对啦,等到别人做完了你再开始就是轮流","总是想要先玩或不让别人尝试就不是轮流了。"
- 让孩子口头练习几个社交活动的例子,然后再回想一下。
- 要给孩子关于社会生活技能的学习提供反馈。

这样你的孩子就会把社会交往的重要理念逐渐变成行动。

规定限制:提倡父母采取正面行为

引言

目的

本章的目的是当父母因子女难以管教而前来咨询时,帮助心理医生处理一些正面训练的问题。

目标

本章目标是给医务保健人员和心理医生提供信息和技巧,帮助父母(及其他照料人)在对孩子太放任和太约束之间找到折中办法。这需要做到:

- ➢ 规定可行的、严格的限制。
- ➢ 表述清楚合理且合适的规矩。
- ➢ 给出清楚、礼貌但果断的指示和命令。
- ➢ 赞扬并鼓励合作。
- ➢ 应用前后一致的后果,整治不良行为。

行为限制或家规是传达父母对子女的规定或期望的信息。这些信息也规定家庭关系中权力与权威的平衡并构成子女养育的要素。

各种研究告诉我们,与那些允许为所欲为的儿童相比,父母给予一定严格的限制,能够使儿童更有自尊心,更有信心地长大成人。不管怎样,在合理的限制内,给青少年一些选择的自由很重要。研究也告诉我们顺应良好的儿童常常有宽厚慈爱、教养子女、支撑家庭、合理控制而且目标远大的父母。严格的控制可能会影响到儿童的独立性,所以这种控制不应限制儿童进行尝试和主动创新的意愿(Herbert, 1974; 1991)。

下面的例子说的是一个不懂限制的孩子。这些话是一位忧心忡忡的母亲说的,谈的是她 4 岁的儿子罗伯特:

> 到他的妹妹安妮出生的时候,罗伯特已习惯于做家里的"小皇帝"。他喜欢

在他有病时受到一切关爱,享受"独生子"的权利,而且他已经学会以一种顽皮的方式为所欲为。他强烈妒忌这个新生的小妹妹。给安妮喂奶的时候就是做噩梦的时候。罗伯特趁我动不得的时候发脾气,不听话,并对我和安妮摆出一副攻击的架式。他不能容忍安妮受到呵护,他怨气满腹,所以我不敢把他和安妮单独放在一块,哪怕只有几秒钟。他往她的摇篮里扔东西,还又拉又捅又抓。有时候,他甚至想把摇篮掀翻。

随着时间的推移,罗伯特变成了家里的小霸王,他变得越来越有攻击性。他胡搅蛮缠,焦躁不安,越来越不听话。然而,我们知道罗伯特的行为——不安、发火、反抗、攻击性等在大多数儿童身上都会出现,他们是否就被认为是异常或问题儿童呢?

问题儿童和一般儿童在特性上没有明显区别,差异都是相对的,不存在儿童心理失调的绝对症状。大多数儿童时而很不听话,而父母常常因此受到指责。"没有问题儿童,只有问题父母"是一条过分简单化并使人产生误解的格言,这反映在下面的对联中:

<blockquote>
过去的日子教育后代效果奇异
艰苦的生活磨炼孩子都成大器
</blockquote>

或许有人认为,这不过是一位现今的老奶奶在哀叹如今没有有教养、懂礼貌的儿童,但这两行字出自阿里斯托芬(注:公元前448?—385年,古希腊诗人、喜剧作家),而且从公元前五世纪就有了。请注意,这简直就是一种相当现代的说法;人们发现的一段铭文,据认为是一位埃及祭司写的,发出的则是约六千年前的抱怨:"我们人类已经堕落,儿童们不再服从父母。"现在也是如此,几乎什么都没变!

第一节 训 练

一、正面训练

本章提倡并同家长们一起反复讨论一种正面训练的方法,以便可以替代专制性处罚和放任自流这两种产生相反效果的极端做法。这里的假设是有效的训练应当考虑儿童(或青少年)的感情生活以及他们的人生历程——在他们成长中的不同阶段所面临的对他们形成挑战的发展中的问题。如果我们把训练看成达到目的的手段,看做指导,那么,行动的最好时机就是从头做起——树立一个因尊敬、信任和关爱关系产生亲和力的榜样。

训练尤其是关于规定限制,对父母来说,是最难的任务之一,特别是当它涉及学步儿童和十几岁的少年时,要知道他们的任务是探讨人生和独立做事。另一个困难是手段和方法,即如何训练的问题。关于"训练"这个词,存在不同的看法和见解。对许多人来说"训练"这个词令人不快地等同于"处罚"和"压制",等同于父母在训练孩子时因害怕显得落后、守旧或明显地多管闲事,有时候变得犹豫不决和前后不一。关怀和控制成了那些"糟糕的十几岁的少年"大胆非议的问题,而且青少年常常指责父母因循守旧或老古董。下面的言论可能完全出自一个严肃且因循守旧的人:

> 现在的儿童喜欢奢侈,他们没有礼貌,藐视权威,不尊重长辈,喜欢在锻炼场所闲聊。长辈进入他们的房间时,他们也不站起来。他们和父母顶嘴,在客人面前瞎扯,在餐桌上大嚼美味,跷着二郎腿,对待老师蛮横无礼。

这些抱怨是苏格拉底发出的。显然,公元前四世纪的老师像他们现今的同仁一样,不得不应付破坏性的学生。然而,训练失败多被视为现代现象并被归咎于许多现今的问题。

年轻的父母常常受到警告,说溺爱孩子的危险性,说这样会助长坏习惯和不守纪律。流传了好几个世纪的苏格拉底的那段话提醒我们,老一代人对年轻人缺乏纪律、服从和尊重一直抱着不以为然的态度。道理不难发现,服从规矩是社会生活的先决条件,不管这些规矩是会议制定的、根据法律汇编的或是隐藏在我们良心中的。所有的家长和老师都在这个或那个时候受到过不服从儿童的困扰。的确存在着不服从,并且存在着严重的反抗。家长和老师对儿童违犯某些种类的法则非常敏感,但对违犯其他一些,特别是包括称做道德规范的那些,就不那么敏感了。只是当儿童说谎、偷盗、行骗或打架伤人时,家长才会变得极其不安。

二、当没有限制时

当然,难对付的行为是确实存在的。根据美国精神病学会(APA,1993)对儿童失常的分类(DSM-IV-Criteria),对抗-反抗失常(ODD)与儿童不能明白和(或)不能遵守他的行为限制有很大的关系。诊断ODD需要一种至少持续六个月的否定式的、敌对的和反抗的行为模式,在这期间,至少存在着下面情况中的四种:

➢ 经常发脾气。
➢ 经常和大人争吵。
➢ 经常故意做些使别人烦恼的事。
➢ 经常把自己的错误归咎于别人。
➢ 经常小题大做,容易恼怒。
➢ 经常怒气冲冲,忿忿不平。
➢ 经常处于报复心态之中。

梅琳达(Webster-Stratton & Hetbert, 1994)在6岁时显出了ODD的一切征兆。

当她在学校里不能为所欲为时,她大喊大叫,乱发脾气。而且她行为冲动,在教室里异常活跃。她的老师曾经吓唬她要因这些行为把她开除。她母亲说,在家里梅琳达摔椅子并用刀子威胁她。她不断呜呜哀嚎,要这要那并且拒绝刷牙、自己穿衣服和上床睡觉。由于梅琳达常常情感爆发,她母亲觉得不能和她一起去公共场所。这位母亲说每项要求都需要一系列艰难的谈判和哄骗。她说,梅琳达从六个月起就非常难哄。她被女儿弄得精疲力竭、束手无策,感到自己的处境隔断了与其他成人的联系,感到无法到社会上结交朋友。她感到女儿用攻击性的爆发(这些爆发有时候持续一个小时)讹诈父母和老师以便得到她想要的东西。

三、"溺爱"孩子

由于现在闹不清如何养育孩子,阿里斯托芬的那些话在父母中有特别强烈的共鸣。特别是年轻的母亲常常会受到许多警告,说溺爱孩子的危险性,这样会助长坏习惯和不守纪律。父母被拉向两个方向:如果他们太放任,孩子就会变成一个明显依赖父母的"卫星",变成一个以自我为中心的、不受欢迎的、任性的暴君。但是,如果他们太约束、太专制和太严厉,他们的训练会产生奴隶般的顺从,产生一个神经质的、唯命是听的废物。

如果你允许婴儿表示她(他)的依赖性需求,例如,哭着要求被抱起来,真的能宠坏他吗?婴儿需要的是人的关爱、激励和亲密的陪伴。对依赖性需求持接受和容忍态度的母亲,往往会对婴儿的哭声做出反应,相当迅速地把婴儿抱起来。这样的反应与儿童以后"依恋式"的依赖性并没有关系(Herbert, 1991,对父母反应性的评估与含义的讨论)。

满足依赖性需求造成的麻烦是,每个孩子都尝到了被关怀的喜悦,因为即使最不情愿的父母也不得不满足孩子的某些要求。所以孩子知道不会发生什么,特别是很明显父母不会用处罚来阻止他,从而渴望得到更多他想要的东西。这就是依从性训练与对性行为和攻击行为的训练的不同之处。儿童因性行为或攻击行为很少受到鼓励,也就说是很少受到奖励。

服从

一个孩子可能太服从权威,不管它是由于个体的或是群体的强制性作用。那么他是应当坚持自己的权利或观点,还是乖乖地屈从别人的意愿和看法呢?有希望的是,孩子将学会区分人们中意的事和不中意的事,区分特殊的要求和重要性。不过,作为对于绝对服从的回报,有些父母过分迁就子女的每个要求,试图延长孩子的童年并把他们一直圈在自己的身边。

四、"顽童综合征"

这样教养大的孩子非常可能成为妈妈和爸爸眼中"可爱的小霸王",但在别人看来是"宠坏了的顽童"。外人看见一个盘剥式的人物使用各种手段——大喊大叫、甜言蜜语、哄骗和霸道,以使自己能随心所欲。如果现实经历对此不加遏止,受到有求必应的父母的鼓励,孩子可能把这个"可爱的小霸王"的角色继续扮演进成人生活中去。这种持续不断的娇纵可能留给这个"劣子"一个永远权力无边的错觉。

第二节 社会化

社会化的主要目标之一是为儿童的未来作准备。社会发展建立在我们既是社会动物又是个体动物两者自相矛盾基础上的生活过程之中。我们用许多方式同别人交往,但最终必须在世界上独立。

一、同化和适应

通过改造自身和环境去适应不同环境的生物基本动力,反映在两个相互关联的作用中。同化包含一个人调节环境适应自己,并意味着这个人按照他对他的环境的理解,利用他的环境。适应是同化的逆命题,它包含实际环境本身对个人的影响。适应就是理解和吸收客观环境提供的经验。

人们会说成熟的社会发展是在同化和适应之间,一个人以自我为中心的需求和对别人无私的关怀之间的平衡。对此另一种解释是健康的个性发展和满意的社会关系能够用一种平衡来形容。这种平衡就是孩子需要对别人做出要求,他也能够接受别人对他的要求。

这个过程在出生的第一年开始,这一年,孩子的发展是打基础的,但不是不可逆转的。在这 365 天的时间内,发生了一些重大的事情,以致到他第一个生日时,这个先前不合群的新生儿可以说已经完全地、真正地加入到人类之中。

在孩子出生的第二年,训练成为非常现实的问题,早就应该预先准备深情的、慈爱的、关怀的和循序渐进的良好训练方式打下基础。是非观念、行为准则、看法和价值取向、理解别人观点的能力——所有这些使个人形成社会化个性的基本素质——首先是由父母培养的。

二、信任的重要性

可以说,当儿童养成按别人的要求做事的"自愿性"时,他在儿童的社会化中迈出第一步，也是最重要的一步。孩子同父母的信任和感情关系是起决定性作用的，因为它确保孩子完全支持那些正在教授人生社会和道德课的人。孩子认同他的父母，因此，就更可能使正在学的价值和规则内化。社会化包括训练不总是受儿童欢迎的东西。然而，一贯随心所欲的儿童会把这种自由主义的放任解释为漠不关心，他们觉得他们做的任何事情都不会重要到足以使他们的父母担心（Herbert, 1974; 1989; 1991）。

三、训练

母亲和父亲需要不时地"软硬兼施"，不但慈爱温和而且有时要强硬，关键时刻也要灵活。他们也需要知道什么时候应该变换方式。这种混合方法合乎子女养育专家的建议。这些专家致力于研究子女养育的方式方法，而这些方式方法可造就有社会责任感、爽直、友好、能干、有创造性、理性独立和充满自信的儿童。

这种平衡在什么叫做"权威型父母"的准则中或许有最充分的描述。这些父母试图以一种合理的方式指导自己孩子的行动，而这种方式是由在特有训练情况下涉及的问题确定的。他们鼓励说话时互谅互让，并且用一些策略同孩子互相讲道理。他们既尊重孩子的自我表达也重视他对权威、工作等的尊重。根据关于父母行为的研究文献，按照戴安娜·鲍姆林德（Baumrind, 1971）的著述，这就是传统和革新、离散和聚合、适应和同化、合作和独立表达、宽容和坚持原则的结合与平衡。

可以这样描述既欣赏独立性又欣赏守纪服从的母亲，她在和孩子观点不一致的地方牢牢加以控制，但不通过约束来禁锢孩子。她明白她作为大人的特殊权利，但也明白孩子的个人利益和特殊情况。她肯定孩子当前的能力，但也用权力，更用道理给未来的行为规定准则，以达到她的目标。她的决定不单纯基于群体的一致或孩子的个别愿望，但她也不认为自己一贯正确和神机妙算。

三种训练方式

训练方式依据的准则是罗伯特·麦肯齐（MacKenzie, 1993）《规定限制》这本书的主题。他认为大多数父母使用民主的、放任的和专制的（严厉的/专断的）三种训练方式为基础的方法（表 7-1）。据说，每种方式都教授儿童或青少年一套不同的课，这些课包括合作、责任和对可接受或不可接受行为的规定。

表 7-1　三种训练方式

训练方式	限制程度	问题解决办法
民主型	限度内的自由	通过合作和必要的解释
放任型	限度外的自由	说服
专制型	没有自由	压制

四、民主型亲子教育

麦肯齐对民主型亲子教育描述如下：

父母的信念
- 孩子能够独自解决问题。
- 应该给孩子选择权并允许他们从选择权的后果中进行学习。
- 鼓励是促进合作的有效途径。

权力和控制
- 只给孩子能够承担得起的权力和责任。

问题解决过程
- 合作的。
- 双赢(孩子和父母都高兴)。
- 相互尊重是基本准则。
- 孩子是问题解决过程中的积极参与者。

孩子学习的东西
- 责任。
- 合作。
- 家长应该给孩子选择权并允许孩子从他们选择权的后果中进行学习。
- 鼓励是促进合作的有效途径。

五、放任型亲子教育

"放任"已成为我们词汇中一个带有感情色彩的词。当大人搓着双手哀叹"放任的社会"时，他们忘了这正是给自己做出的评判：就是他们曾经完成了他们现在不赞成的青少年的社会化。"放任"这个词有专门意义(见下面)，也有普遍意义，带有"纪律松弛"的主要含义。使用这个词而不知道家庭内部正在发生什么事，会把人引入歧途。一个孩子被允许在"不能少操心"或父母持敌对态度的背景下，把他喜欢的事做得相当好，和在父母的支持和爱护的背景下得到做事的自由，这个孩子会很不一样。

"放任"这个词，好像它规定了自由度的尽头——给孩子发放随心所欲的许可证。但是，存在着各种允许程度的自由。麦肯齐(MacKenzie, 1993)把放任型方式总结如下：

父母的信念
- 当孩子理解合作是要做的正确的事时，他们会合作。

> 我的工作是为孩子服务并使他们愉快。使我的孩子不安的后果不会有效。

权力和控制
> 一切为了孩子。

问题解决过程
> 用说服解决问题。
> 输——赢（孩子赢）。
> 在解决问题过程中父母做大部分事。

孩子学习的东西
> "规矩是给别人定的，不是给我定的。我愿意做什么就做什么。"
> 父母为孩子服务。
> 父母为解决孩子的问题负责。
> 依赖性，无礼貌，以自我为中心。

孩子如何反应
> 试探限制的底限。
> 挑战并蔑视规矩和权威。
> 对父母的话置若罔闻。
> 用言语压制父母。

六、专制型亲子教育

专制的父母试图按照由观念上的（孩子是自己的财产，他们必须服从）、理论上的（如关于修身的宗教教义）或由更高的权威（上帝或教会）制定的固定行为准则（通常是绝对准则），来塑造、控制和评价自己孩子的行为和思想。他们把服从看做一种美德，而且在孩子的行为或信念与他们认为是正确的东西相冲突时采取严厉的、强制的措施来扼制任性。他们认为应该给孩子灌输这样做的重要性，如尊重权威、尊重工作、尊重保留传统秩序。这样的父母不鼓励互谅互让的谈话，认为孩子应该把父母的话作为正确的东西接受。麦肯齐（MacKenzie, 1993）把专制的方式总结如下：

父母的信念
> 如果不给点厉害，孩子是学不会的。

权力和控制
> 一切为了父母。

问题解决过程
- 用压制解决问题。
- 对抗性的。
- 输——赢(父母赢)。
- 父母做解决问题的一切事情,作一切决定。
- 父母指导和控制整个过程。

孩子学习的东西
- 父母为解决孩子的问题负责。
- 有害的交流和问题解决方法。

孩子如何反应
- 愤怒、倔强。
- 报复、对抗。
- 畏缩、胆怯地顺从。

记住:这些都是大概的叙述,漫画式的图解,却是似曾相识的。通常,父母们的具体行为与这些主要的训练类型有不同程度的细微差别和变化。

七、中庸之道

对子女养育技巧的研究表明,有一种愉快的方法——中庸之道。但在实践中,不那么容易成功。放任和约束这两个极端是有危险的。例如,有证据表明严厉的专制的大人支配和约束确实可能造就服从的孩子,但会妨碍他们的创造性(Herbert, 1974)。这样的孩子可能到头来是相当被动、无特色、无想象力和无好奇心的,而且畏畏缩缩,对现实有不适应感。支配性父母的子女通常不会依靠自己并且缺少现实中自己处理问题的能力,而且以后可能无力(或懒得)承担成人的责任,他们容易顺从、听话并在他们觉得困难的形势面前退缩。

有亲切感、民主的父母的孩子主要在爱中抚养长大,得到训练,有认同、模仿的良好榜样,接受行动和准则的理由,并且独立得到机会(通过反复试验)了解他们的行动如何影响别人和自己。各种研究告诉我们顺应良好的儿童常常会有宽厚慈爱、养育子女、支撑家庭、合理控制的父母,而且他们也对孩子抱有很高的期望。严格的控制影响到孩子的独立性,除非这种控制不限制他们进行尝试和主动创新的机会(Herbert, 1974;1989)。

健康的个性发展和满意的社会关系的形成可以形容为一种平衡的结果,这种平衡就是儿童需要对别人做出要求,他们也能够接受别人对他们的要求。在所谓"民主的"或"权威的"父母身上或许最充分地体现出父母规定限制和亲切、鼓励、认可态度的结合。

第三节 训练手段

一、父母的表扬

对期望的行为只有规矩或要求不足以引起行动,儿童学会做某一特殊行为的唯一方法就对那个行为加以强化。一条规矩或一个要求,当那些期望实现时,若不加以强化,就不会有长期的效果。有些父母不认为他们一定要表扬孩子的日常行为,而另一些父母又不知道如何或何时给予表扬和鼓励。或许他们自己小时候未曾从父母那里受到过表扬。由于不习惯听表扬,他们往往也不注意孩子值得表扬的行为,即使确实出现这样的行为。

父母对积极行为做出反应并进行表扬。下面是家长表扬孩子时,要注意的几点:

➢ 行动才给表扬。
➢ 立刻表扬。
➢ 加上"称号",给予具体表扬。
➢ 给予正面表扬,不带修饰语或挖苦语。
➢ 不但用言语表扬,而且表扬时要面带微笑,目光接触,满腔热情。
➢ 伴随口头表扬,要轻抚、拥抱和亲吻。
➢ 无论什么时候,只要孩子当时做得好就要当场表扬,不要把表扬只留给完美的行为。
➢ 无论什么时候,只要看到你想鼓励的积极行为,都要始终如一地加以表扬。
➢ 当着别人的面表扬。
➢ 对难管的孩子多加表扬。
➢ 给孩子示范如何表扬他自己的恰当行为。

有些人做出表扬,然而,由于挖苦或表扬中夹带着严厉的言词,不知不觉地又把它给毁了。这可能是一位家长做的最具破坏性的事情之一。

注意: 对有些对抗和挑剔的孩子,父母的表扬最初不可能成为足够的强化而达到改变困难问题行为的效果。不过,父母可以用物质奖励给孩子提供必要的额外刺激以达到特定目标。物质奖励是一些具体的东西,如,一块小点心、额外多看一会儿电视或参加最喜爱的活动。物质奖励可以用来鼓励孩子这样一些积极行为——和兄弟姐妹一起融洽地玩,学会自己穿衣服,准备好准时上学,完成作业,收拾干净自己的房间,等等。当父母使用物质奖励激发孩子学习新东西时,也需要注意继续提供社会性奖励(那就是关爱和表扬)的重要性。两种类型的奖励结合起来,作用就大了。

若要使奖励方法(可操作性方案)有效,父母必须注意:
➢ 明确地规定要求做到的行为。
➢ 选择有效的奖励(即孩子觉得有足够强化力的奖励)。
➢ 会受到奖励的标准要前后一致。
➢ 方案简单有趣。
➢ 步子小一点。
➢ 仔细检测表格(见本章附录Ⅰ和附录Ⅱ中的例子)。
➢ 马上兑现奖励。
➢ 防止奖罚并举。
➢ 逐渐用社会性认可代替物质奖励。
➢ 随着行为和奖励的改变,修正这个方案。

当奖励方案可能显得简单时,如果它们要有效,有许多失误要防止。你作为治疗员将需要拿出时间检查图表和排解家长在方案中产生的棘手问题(Herbert, 1987; Webster-Stratton & Herbert, 1994。图表放在附录Ⅰ和附录Ⅱ中)。

二、规定限制

一旦使家长认识到使用娱乐、表扬和奖励激发孩子们更多恰当行为的重要性,你可以通过有效的规定限制,帮助他们减少不恰当的行为。的确,研究表明缺少明确的交流准则或规矩的家庭,更可能有行为不端的孩子。

明确地规定限制对帮助儿童更恰当地守规矩是必不可少的。记住所有孩子都会试探自己父母的规矩和准则。研究表明正常儿童约三分之一的时间不能遵守父母的要求。当玩具被拿走或想参加的活动遭到禁止时,小孩子会争吵、喊叫或发脾气。当学龄儿童不准得到他们想要的东西时,他们也会争吵或反对。这是正常的行为,而且是一个需要独立性和人身自由的孩子的表达,虽然令人生气但是健康的。

就一个正常的孩子来说,这都是非常恰当的,但是行为失常儿童的不同之处在于他约三分之二的时间拒绝服从父母的要求——这就是说,父母大部分时间在同孩子进行权力争夺。这种高比率的不服从使父母很难将孩子恰当地社会化,那么严格的限制就变得更加必不可少(见表7-2)。

表 7-2　严格的和宽松的限制比较
(MacKenzse, 1993)

	严格的限制	宽松的限制
特征	用清楚的、直接的、具体的行为字眼说明 用行动支持的言词 预期的和要求的服从 提供需要的信息来做出可接受的选择并合作 提供必要的解释	用不明确的字眼或"混合讯息"说明 行动不支持拟议中的规则 非强制的服从,不是要求的 不提供需要的信息来做出可接受选择 缺少必要的解释
可预见的结果	合作 减少试探限制 对规矩和期望的清楚理解 重视父母的话	反抗 增加试探限制 不良行为升级,权力争夺 对父母的话置若罔闻
孩子学到	"不"就是"不" "指望和要求我守规矩。" "规矩适用于大家也适用于我。" "我为我自己的行为负责。" "大人说话算数。"	"不"是"是"、"有时"或"或许" "不指望我守规矩。" "规矩是给别人定的,不是给我定的。" "我制定我自己的规矩,做我想做的事。" "大人说话不算数。" "大人为我的行为负责。"

三、父母使用有效的"暂停"技巧

在调理的最初阶段,重点是父母要认识到给孩子提供不间断的和定期的交流以及表达父母的爱护、支持和理解的重要性。下一步教父母如何给孩子的行为提供明确的限制和后果。许多父母在他们的孩子有攻击性和不服从时,试着打屁股、训斥、批评和表示不允许。这些都是无效的训练方法,而且通常攻击性儿童的父母发觉他们自己越来越多地使用打屁股和喊叫让孩子听话。事实上,孩子行为不端时,唠叨、批评、挖苦、喊叫,甚至同他们说理,都是父母的关怀形式,因此,实际上强化这些特有的不良行为,造成的结果是孩子学会了唠叨、批评、挖苦、喊叫或同父母顶嘴。

可以教父母用暂停技术来处理激烈的问题,如打架、反抗、攻击和破坏行为。暂停实际上是父母对孩子置之不理的极端方式,在这期间,儿童在短期内被剥夺了一切正强化的来源,特别是大人的关注。

介绍这个方法时,一定要鼓励家长坚持,提醒他们有些行为改起来很慢。如果他们采取最省力的抵抗手段,在某种时候"让步"("下不为例"),他们将功亏一篑,并把事情搞得更糟。如果情形没有好转反而变坏,告诉他们别泄气。如果他们去掉旧的强化物,孩子大概会更加努力地(譬如提高嗓门喊叫)要把它们争回。

向家长强调的要点:
- 如果你不准备坚持到底,就不要用话吓唬。
- 如果孩子正拒绝服从合理的命令,重复使用三至五分钟的暂停。
- 暂停时,对孩子置之不理。
- 准备好,他会试探你们的决心和一致性。
- 使孩子对暂停中的过失负责。
- 支持配偶使用暂停。
- 仔细限制使用暂停的行为数量。
- 不要单独依靠暂停——把它同别的技巧(如置之不理、解决问题)结合起来。
- 希望反复学习试验。
- 使用非暴力方式,例如,像支持暂停那样取消优惠。
- 对自己使用暂停,放松一下,积蓄力量。
- 要有礼貌。
- 用表扬、爱心和鼓励进行"感情投资"。

四、教家长使用反应-代价方法

如果一个孩子做了某件事,作为这个行动的结果或者紧跟这个行动,他招致了一些无益的事——处罚,那么,他以后便不会再那么做。用那种方式行动的代价(处罚、取消优惠)告诉他不能再用那种方式行动。例如,如果父母这么说,"约翰,既然你乱扔你的晚餐,显然你已经吃饱了",而且每次发生扔食物的事时,就拿走他的盘子,约翰便不会再扔食物了。

一个孩子可能学会行动规矩(例如,不毁坏玩具)以避免受到处罚(例如,将玩具全部没收)。警告要处罚完全可以提醒他。对某件事再多做一点以防止处罚的专门术语叫负强化。

负强化的一些例子

如果丽莎吃饭时离开餐桌并且坚持不回来,可以告诉她下次她离开餐桌就不给她饭吃。不应该试图说服她吃东西,在下次正式开饭之前也不应该给她饼干或点心吃。

如果维恩喊着要求去打秋千,他的父母可以决定不去迁就他。他们可以告诫他,如果他继续胡闹,那么晚上他就不能玩电脑游戏了。当他得知发半天脾气,既不能使他随心所欲,也不能得到关爱时,他的脾气就可能渐渐平静下来。因为他不希望玩电脑的时间被取消(注意:他一定得相信他父母的警告)。

如果达瑞尔从幼儿园一回来就满屋子跑,可以告诉他一分钟后要开始一项活动

(知道这是他喜欢的),例如和妈妈一起做十分钟的七巧板。应该只给一分钟的时间供他考虑,以便要求他对喜欢的事情做出迅速的、合作性的响应。

五、教家长了解自然后果和承担后果

对抗性儿童的父母最重要、最困难的任务之一,就是帮助自己的孩子变得更加独立和更负责任。治疗员能够帮助家长培养他们的孩子如何作决定和富有责任感,以及通过使用自然后果和承担后果进行学习的能力。自然后果就是大人不调理时,孩子的行动或无行动引起的一切后果。例如,如果瑞恩睡懒觉或拒绝上学校班车,自然后果是他必须步行上学。如果凯特琳不想穿外套,那么她就会挨冻。在这些例子中,儿童学习体验他们自己的决定的直接后果。这样,他们得不到自己父母命令的保护,就可能出现自己行为的讨厌的后果。另一方面,当然后果是由父母设计的,即"罚当其罪"。对于一个打破邻居窗户的孩子来说,当然后果可能是让他做杂役以弥补换玻璃的费用。偷东西的承担后果是把物品送回商店,向店主道歉、做额外家务或取消优惠。也就是说,父母使用这些技巧时,他们用某种方式帮助孩子弥补过错,使他们为自己的错误负责。

对照置之不理和暂停,自然后果和承担后果会教育儿童更负责任。这些手段对多发性问题极其有效。在这些问题上,家长要提前决定他们如何在不端行为发生的事件中坚持到底。

以下是向家长强调的要点:
➢ 使后果直截了当。
➢ 后果适合孩子年龄特点。
➢ 后果不太严厉。
➢ 使用简单而切题的后果。
➢ 无论什么时候可能的话,让孩子参与。
➢ 要友好、主动。
➢ 提前给孩子选择后果的权利。
➢ 保证家长能忍受他们提出的后果。
➢ 迅速提出可以取得成功的新的学习机会。

附录 I　频次表

孩子姓名：　　　　　　　日期：　　　　　　　周次：
目标行为：
(1) _____
(2) _____
(3) _____

星期六	星期日	星期一	星期二	星期三	星期四	星期五
上午 6~8 时						
上午 8~10 时						
上午 10~12 时						
下午 12~2 时						
下午 2~4 时						
下午 4~6 时						
下午 6~8 时						
下午 8~10 时						
下午 10~12 时						
上午 2~4 时						
上午 4~6 时						

附录 II　ABC 记录

孩子姓名：　　　　　　　年龄：　　　　　　　日期：
正在记录的行为：

日期和时间	前例：事先发生过什么？	行为：你的孩子做了什么？	后果：(1) 你是怎么做的？（如，置之不理、争吵、责骂、打耳光等） (2) 他如何反应？	描述你的感受

给家长的提示 1　规定限制

父母的喜悦是秘密的,他们的悲伤也是如此。

培根,1579

在同子女维护纪律的冲突中,父母产生许多培根(F. Bacon)所指的"悲伤"。有些父母非常不好意思承认他们正跟子女产生的麻烦,这样,他们的悲伤常常保密。不能给子女的冲动、要求和行动规定限制是今天亲子关系中许多不幸的根源。孩子有权利,但是你们做父母也有权利,尤其是做母亲的最有权利!

规定限制

理想的平衡是有时不相容的相互要求和最大限度地提高亲子关系相互有益的生活方式之间的妥协。这种"中庸之道",如果获得成功,是在社会化的过程(获得知识、价值、语言和能使个人结合进社会的社会技巧的过程)中,长期确立的。它以服从训练开始。

毫不奇怪的是,当定下限制并坚持时,孩子可能抱怨并把自己的命运和其他孩子作比较。然而,有证据表明,孩子们能够认识到父母因为关心才那么严厉。孩子们在内心深处知道他们不能独立处事。他们知道需要有人照管他们的生活,以便他们能够安全地学习生活、尝试生活。

总是随心所欲的儿童把放任解释为父母对他们漠不关心,他们觉得自己做的任何事情都不会重要到足以使自己的父母担心。如果你必须对付发脾气、责难和绷脸的孩子,要咬紧牙关,鼓起勇气,从长计议。沉住气,别担心,这可能会给你添一两根白发,但最终会有好结果。

给家长的提示 2　妥善处理孩子的行为

给行为标上颜色

你可以把你孩子的行为考虑分成三种颜色标记:绿色、黄色和红色。

➤ 绿色是"开始吧"的标记,表示你要孩子做的那种行为,表示你总是记住表扬和鼓励的行动。如果你一贯地使用绿色标记,到孩子上学时,这种行为应该已完全确立起来。

➤ 黄色表示"小心"的行为,这种行为你不鼓励但能容忍,因为你的孩子仍然在学习和犯错误。这包括一时愤怒把玩具猛扔到房间的另一头这类行为。任何类型的紧张例如搬家、生病或家庭中的吵架都可能引起孩子行为上暂时的倒退。如果你的孩子突然开始尿床或者夜间做噩梦,在发生重大变化或令人痛苦的人生大事(如失去亲人)后,哭着要求得到关爱,一定要理解。

➢ 红色是明显"不准"(不行!不行!)的行为。这种行为,例如跑到马路上去,需要尽早制止。

规定的任何限制都应该为了孩子的安全、幸福和发展,不要为有规矩而制定规矩。要使这些规矩有实际意义,关键是保证孩子确切知道他们是干什么的和期望他什么。下面是需核查的几点:

➢ 你的规矩简单吗?
➢ 你的规矩可行吗?
➢ 你的孩子理解它们吗?
➢ 你的孩子知道如果他违反规定会怎么样吗?
➢ 这些规矩被公平、一贯地应用吗?

优先考虑的事是必须适合孩子,为年龄较大的孩子和十几岁的儿童制定的规矩当然不同于为学步的孩子制定的。

要严格

你的困难可能是你发觉很难对孩子真正严格起来,而这确实造成许多上辈人的困难。如果你的孩子养成了不注意你的指教的习惯,你可能必须实施下面的部分或全部做法,以便保证孩子听从你的要求。

➢ 在你指教的时候,把住他的双肩不动。
➢ 直接看着他的眼睛。
➢ 用明确而严肃的口气对他说话。
➢ 说话时让你的表情显得很严厉。
➢ 如果孩子不听你的,请别人在场。
➢ 要坚持让孩子听从和服从合理的指教。

当孩子越出限制时,你能做的事

明智的置之不理

➢ 绝对不理睬脏话、粗话和不满。
➢ 无论什么时候可能的话,对发脾气、喊叫和尖叫置之不理。把孩子撇在一边,不听他的。处理你自己的事,例如,打开吸尘器,这样孩子发脾气声就听不见了。
➢ 如果孩子服从你真的很重要,向他表示你说话算数,睁大眼睛看着他,提高嗓门(不是尖叫),两眼有神,以严厉的口气重复你的指教,显得真生气就行了。

发出指教和命令
➢ 使命令简单、明了。
➢ 一次发出一个命令。
➢ 使用的命令要明确规定要求做到的行为。
➢ 期望要现实并使用适合年龄的命令。
➢ 不使用"不准"命令,使用"要"命令。
➢ 命令要有礼貌。
➢ 不要发出不必要的命令。
➢ 别吓唬孩子。
➢ 使用"之后—才可"命令(如,当你收拾干净之后,才可以出去玩)。
➢ 无论什么时候,给孩子选择权。
➢ 给孩子充足的机会服从。
➢ 表扬服从或给不服从提供后果。
➢ 发出警告和有益的暗示。
➢ 支持你配偶的命令。
➢ 在父母控制和孩子控制之间达成平衡。
➢ 鼓励同孩子一起解决问题。

给家长的提示3　加强孩子的自我控制

值得记住的事情

与那些允许放任自流、随心所欲的儿童,特别是有攻击性的儿童相比,父母给他们规定严格限制的儿童,能更有自尊心、更有自信心地长大成人。不管怎样,在合理的限制内,给青少年一些选择的自由很重要。

自我管理训练

有一些技巧能帮助加强自我控制。训练,包括使你的孩子知道他生气的原委,然后通过一系列方式到达自我管理。首先,你要对任务的实施进行示范,做出恰当的、正面的自我表述,如"三思而后行","这不值得我发火","我要数到 10,保持镇静"。你的孩子接着练习同样的行为,逐渐养成低声的、最终无声的自我教育。鼓励孩子使用这些自我表述,以使他们能够观察、评估和强化他们自身的恰当行为。

承担后果

如果你保证(在安全的限制内)允许你的孩子体验他自己行动的后果,这成为纠正行为的有效方法。如果你的孩子在吃饭时,比如说,把食物扔到地板上,但为了不必饿肚子,他更可能学会守规矩。如果你总是更换食物,他很可能继续不顾大家的利益。

很不幸,父母从自身利益的观点出发,并不经常留下孩子体验他们自己不当行为的后果。父母根据他们自己和孩子的最大利益,调理保护自己的孩子脱离现实。然而,这种慈爱或放任的结果是孩子常常并不明白这种情境的含义(结果),而且他们继续不断地干同样的勾当。这里需深思熟虑,你应该在多大程度上(特别是对学步儿童和十几岁的少年)调理(介入)保护你的孩子以防止必然出现的危险和生活打击? 在多大程度上允许你的孩子通过困难学习经验?

8

结冤与打架

引言

当谈到自己孩子的不听话和攻击性时,父母常说的一句话就是"他真是问题"。恰好这后一个特点——是儿童照料人在训练上最头痛的事情之一——本章将专门介绍。

目的

本章的目的是:
- 向心理医生提供儿童攻击及发展的信息。
- 帮助心理医生同孩子的父母一起,制定一些关于他们自己对攻击和其他训练问题看法的全面计划。
- 向父母提供用来处理他们子女表现出的争斗和其他形式的攻击行为的切实可行的方法——训练手段。

目标

为了教家长这些技巧,阅读本书后,你应该能够:
- 依靠伴随发展的信息,把正常的自信心和攻击以及与具有潜在的、更令人担心的、长期隐忧的极端变化的行为区别开来。
- 识别产生强制性、攻击性问题的诱发因素。
- 在社会性学习论的基础上,对当前攻击行为的前例和后果进行机能(ABC)分析,即引发和保持这类活动的条件。
- 计划。开始并落实一个方案(与家长合作),预先制止或减少成问题的(即机能障碍的)攻击。

公众和专业人员对虐待儿童和虐待配偶的高度关注提高了人们的觉悟。这已经有效地使许多人认识到对妇女和儿童的暴力是家庭暴力中最普遍的和最成问题的方面。然而,更为普遍的是,兄弟姐妹之间的暴力——这已经司空见惯,以至于公众几乎不把它看成是家庭暴力。考虑到大街上和学校里儿童和青少年实施的霸道的和其他形式的暴力日益高涨，这就有点令人吃惊了。

攻击性儿童使父母痛苦，使老师痛苦。其他孩子，特别是那些不强壮的，由于手、脚、嘴巴受到攻击，也很痛苦。接下来，"受害者"的父母不得不应付他们孩子的伤心和焦虑。因为孩子害怕去上学，怕出去玩时在什么地方遭到欺负或虐待。在许多情况下，攻击性儿童自己也是失败的和受虐待的，而且他们最终也伤害了自己。他们攻击别人得到的不幸回报是别的孩子躲着他们，大人处罚他们。

使用"攻击"这类字眼的麻烦在于这些字眼包含那么多的意思，包括那么多不同的内容。对个人和社团攻击行为的研究表明人类没有趋向暴力的本能冲动。愤怒的感觉完全可能是被无意识的做法引起的，但人类对情感的行为反应，并不是天生如此。攻击性是一种习得的习惯或欲望，由此产生了人类行为引人注目的多样性。

大体上，社会的而不是生物的特性影响个人的敌对行为和好斗性。这已经使连续几代人展开了关于低俗小说、喜剧、电视和最近以来黄色录像带恶劣影响的严肃争论，有时甚至成为道德恐慌。

攻击行为的发展

儿童的许多攻击性行为显现为一种社会化的（获得知识、价值和技能使之与社会结合的过程）、自然的行为，即使它产生了令人讨厌的副作用。从出生开始，在自信心和被动性上就存在着个体差异。这些差异伴随着儿童长大并继续保留下来。例如，在很小的婴儿身上也会产生愤怒，这个时候，婴儿由于自己的要求得不到满足而大发脾气。小孩子不自主愤怒的典型表现包括又蹦又跳、屏息以及尖叫。孩子越小，立即满足他们想要的东西的要求越强烈。随着长大，情绪激动的、任意的、不受支配的、无目的的表现逐渐少见，而报复性的攻击逐渐常见，这可能表现为摔东西、抢夺、抓掐、咬人、攻击、骂人、顶嘴和固执己见。

对小孩子来说，学会"耐心等待"、"礼貌问话"或"慷慨大方"、"宽宏大量"和"自我牺牲"并不容易。从很早开始，儿童有一套约十四种强制行为的技能，包括发脾气、哭泣、哀嚎、喊叫和支配别人。他们（有意地或无意地）用这些行为来影响父母。有时候，这些影响发展成直截了当的支配和对抗。强制行为在频次上从 2 岁（糟糕的两岁）的高发生率稳步下降到学龄前比较节制的程度。

年龄较大的攻击性男孩或女孩表现出的攻击行为相当于 2～3 岁孩子的水平，在这种意义上，可以说这是社会化受到抑制的表现。通常的情况是随着年龄的增长，某些强制行为如哀嚎、哭泣和发脾气不再被父母认可，这些行为成为监视和处罚的目标，于是，这些行为的频次就会减少，强度就会降低。

到 4 岁时，孩子控制自己的消极命令、破坏性和依靠攻击方式强迫别人的能力有了很大提高。到 5 岁，与自己的弟弟妹妹相比，大多数孩子更少使用消极主义、不服从以及负面的身体活动。正在成熟的孩子自我控制的这种提高是极受欢迎的。不过，到 9 岁时，50% 以下的男孩，30% 的女孩，仍然十分经常地大发脾气。男孩和女孩之间的这种攻击性上的差异，可能是由于在西方文化中，父母不赞成男孩的攻击性，更不赞成女孩的攻击性。

什么时候攻击性成为问题？

考虑到所有儿童在他们成熟的过程中都表现出攻击行为，在什么程度上攻击（或确切地说，任何其他不良行为）被认为过分，产生负性效果或机能障碍呢？如果攻击行为的频次和（或）强度或持续性（持久性）看起来很极端（表 8-1），我们的思想警钟就应该敲响了。如果还有许多其他共存的问题，如反抗、破坏性和异常活跃，我们更应该加强注意。

表 8-1　FINDS 的概念

行为	频次（F）——高比率的攻击行为
	强度（I）——极端的，例如，残酷或霸道行为或持续的（难消除的）暴力
	数量（N）——几个共存的问题
	持续时间（D）——长期持续的"慢性"麻烦
	感觉/意识（S）——古怪而不可理解，例如，虐待狂行为

失去父母控制

许多父母觉得在身体和情感上受到自己子女和十几岁孩子的伤害和虐待。另外一些父母则保持沉默，觉得非常难堪，以致不愿承认这种折磨以及天天经受的恐惧。作者曾接触过一些青少年，这些青少年由于仇恨父母，按时对父母进行口头虐待（脏话、侮辱性批评和威胁）和身体攻击（范围从打耳光到严重暴力）。家庭暴力研究人员指出，儿童控制，确切地说，攻击父母的观念，与我们关于父母子女关系的观念是那么格格不入，以至于使人难以置信这样一种颠倒，尤其是那种破坏性的颠倒会真的出现。

对那些对父母进行连续的极端无礼威胁（包括身体攻击）的儿童的临床观察表明，大多数这样的家庭在内部存在着权威结构的混乱。这些家庭中的儿童可能养成了自高自大的感觉，觉得自己无所不能并希望人人都乖乖地听从他们（Herbert, 1987a）。毫不奇怪，他们的兄弟姐妹也可能进入他们的攻击范围。

攻击行为的防止

有这种问题的儿童，不管他们的实际年龄如何，在发育的需要（自私）阶段，好像受到抑制。1～3 岁之间的年龄段对于这类行为的发展（和预防）是一个敏感时期。

这些问题的根源在父母,因为种种原因,他们无力应用一种方式使孩子进入社会性发展后期的关键阶段和进入必须处理合作、认同感和冲动控制的那些社会化的方面,当然也就无力用这种方式对付孩子早期的和"天生的"强制行为。

心理学家杰拉尔德·帕特森(Patterson,1982)首先提出下面的理由说明为什么孩子不能用成熟的行为代替他早期的强制性行为。

> 父母可能忽视教给孩子亲社会技巧(例如,很少用强化,而用表扬或用其他言语鼓励孩子,使用语言技巧和其他自助技巧)。
> 不管怎样,父母可能通过对孩子强制行为的关注、让步和用其他方式提供了"好处",强化了这种强制行为表现。
> 可能允许兄弟姐妹依靠强制行为的方式戏弄和欺负孩子,而这个孩子要阻止他们的唯一方法就是以牙还牙,以眼还眼。
> 当处理强制行为时,父母使用的处罚可能前后矛盾。
> 当父母确实需要处罚时,他们可能以一种软弱方式进行处罚。

生活在一种缺少家规、不规定限制的家庭环境中,儿童会是什么样子呢?儿童没有能力以任何合理的方式独自建立那些界限。结果就是出现不安,由于没有明确的家规而发生对情境刺激的一系列爆炸性反应(Bolton & Bolton, 1987)。

随着儿童临近青春期,发育得更加强壮、更加自信和更加对抗,原来对父母来说仅仅是麻烦的情境变得险恶起来,而且在某些情况下,特别是已给予孩子太多决定权的家庭,变得危机四伏。

涉及攻击这类自败行为和其他侵犯别人的行为为什么产生和保持的问题(因果关系问题),行为矫正专业人员对儿童(或照料人)的行为进行全面的机能分析,把这个问题与外部的和内部的(机体的)两种环境中的事件与连带问题联系起来(Herbert, 1987b)。在设法回答这个问题之前,有必要先确切地弄明白他们想要说明什么。

第一节 评 估

第一阶段要对问题的各项参数进行艰苦的调查,包括:为什么?在哪里?什么时候?怎么样?有许多甄别/评估工具可以帮助我们做这项工作(Herbert, 1987b; 1993; Webster-Stratton & Herbert, 1994)。附录Ⅰ提供了一个记录表帮助做这项工作。

第二阶段,将问题分成两部分:
(1) 心理倾向的(历史的)影响。
(2) 突发(挑起,激发)的和强化的事件。

从社会性学习论方面来说，攻击的、反社会的行为和相互作用被认为是身体因素、先前的学习经历和当前的事件结合的结果。对这些事件的评估就是准确识别控制问题行为的前例、后果及条件(例如信念、看法)。

有几种可能的情况：

➤ 问题行为可能是对某些先兆——引起或强化那种行为的前例条件的反应。

➤ 可能存在某些强化或处罚问题行为或亲社会行为的结果条件。

➤ 任何这些不恰当形式的前例或结果控制都可能在孩子的思维(象征)过程中，而不是在他的外部环境或心理变化中产生影响。例如，可能对他解决问题的能力有损害。

上述分析有时候被称做行为 ABC 法；它是一种比较简单的方法，可以"探测"儿童如何学得不守规矩。

一、行为 ABC 法

附录Ⅱ中的例子会证明行为 ABC 是有用的。A 代表前例或条件(由什么引起)；B 代表行为(孩子实际做了什么)；C 指后果(行为后紧接着发生了什么)。

有意义的刺激(A 条件)是关键，因为这些刺激指导我们的行为。对此另一种解释是，对个人生存来说重要的是他学会对刺激做出恰当反应。例如，我们相信大多数汽车司机对红灯的刺激是做出停车反应。如果做不到，随之而来的就是一片混乱。我们相信绝大多数父母对哭着的孩子的刺激通过关心他的要求做出反应。这些称做刺激-反应定律：已知刺激 A，你会预期反应 B；或者更简单地说：已知 A，然后 B。我们能够利用这些定律在已知情境和情况下，对大人和儿童的行为做出合理的预测，这样就能够提出改变问题行为的方法，如在出现极端攻击性行为的情况下那样。刺激和反应之间的许多联系或关联是在模仿(仿效)或条件反射过程的基础上学会的。

前例

关于学习有各种不同类型的前例影响，特别重要的是，在模仿或仿效基础上的习得形式产生在童年阶段。

实验和观察已经令人信服地表明，儿童不但模仿令人满意的行为，而且模仿不恰当的行为。在一项研究中，那些观察过攻击性模式的托儿所儿童表现出大量的、准确模仿的攻击性反应，而这些反应极少出现在观察非攻击性模式的另一组("控制组")儿童身上。另有结果表明，观察电影中的模式，观察那些敌对行为，可以产生与观察现实生活模式同样的效果。

这是一个简单的例子，但就是这样一个简单明了形式的习得模式也很难分析。心理学家不明白为什么一些模式(而不是别的模式)对儿童有几乎不可抗拒的影响。

后果

如果一种行为的后果(C项)对一个孩子是有益的,那种行为可能得到加强。它可能变得更加频繁! 举个例子:如果詹姆斯和他的玩具一起玩,而不和它们争吵,作为他的行动的后果,会发生一些令人愉快的事,那么他以后在相同的情况下更可能那么做。心理学家把这种令人愉快的后果称做行为的正强化,他们认为有以下几种强化因素:实物奖励(如糖果、款待、零花钱)、社会性奖励(如关爱、微笑、拍拍后背、一句鼓励的话)以及自我强化因素(来自内心的或非物质的那些,如自我表扬、自我赞许、幸福感)。例如,如果你说,"詹姆斯,你真好,让你的妹妹也有机会骑你的自行车,我对你非常满意。"詹姆斯更有可能再把自行车借给别人(注意:我们是在讲可能,不是必然)。

这里涉及一种学习形式(作为工具性或操作性条件反射)——习得。在这种学习中,个人身上十分自然地发生的行为如果立即获得奖励(即对它加以强化),该行为的频次会有所增加。如果行为不是自然发生,你必须进行激发,然后加以强化。

如果强化间隔太长,不会发生习得。答应一个小孩子奖励,如果一个星期也不兑现,这不会有用处,也不可能有多大刺激和教育价值。长期拖延的处罚同样没有效力。当然,年龄较大的孩子能更好地理解延迟刺激的原因。象征性奖励如图表上的五星、贴花,可以填补行动与许诺的奖励(如专门郊游)之间的空白。

在日常情境中,当孩子行为得体或有礼貌时,只有偶尔母亲才说"好孩子"或微笑着赞许。事实上,有证据表明被称做"间接奖励"的东西(临时奖励),比起为每次做出正强化更有效,它可以使儿童保持更令人满意的行为频次。"独臂强盗"(水果机器)的制造商在编入机器程序的强化表中非常聪明地使用了这一原理。你赢的频次刚好让你舍不得走开,正好把你拴在机器上。

负强化通过消除令人不愉快的后果也可以促进或增强孩子的行为(如果你不停止戏弄你妹妹,就不允许你看电视节目)。

二、家庭影响

父母到底运用模仿、强化等哪种方法处理自己孩子的攻击行为,归根结底与他太顺从还是太敌对有很重要的关系。有些孩子脾气急躁容易发火,每个小的刺激都正好用来作为大打出手和破口大骂的机会。而有的孩子反应迟钝,觉得坐等令人晦气的事过去就算了。

家庭因素和霸道的表现有关,这可以在挪威学者的研究中极其清楚地看到(Olweus, 1989)。兄弟姐妹虐待(以及攻击,如果强烈和持续不断,可以认为是虐待)很可能发生在父母虐待儿童的家庭中。接触攻击性父母,加之缺少温暖和真实情感的大背景,可能造成的结果是儿童感到难以控制他们的攻击行动。对于在家庭门外欺负他人的儿童,可以使人联想到其家中毫无亲情的冷酷的教养方式,家人不和睦或是充满暴力,缺少家规或缺少对攻击行为的监控(Hetbert, 1987a; Patterson, 1982)。在这样的家庭里长大的孩子模仿霸道行为,不能和照料人产生情感共鸣。

几项研究已经证明攻击性儿童在解读家庭和同伴给予他们的社会信息时有障碍以及他们很少看到自己的攻击性,却最大限度地看到别人(特别是同辈人)的攻击性。许多横向和纵向研究(Webster-Stratton, Herbert, 1994)已经集中在个人社会统计变量如家庭规模、兄弟姐妹数目、社会经济地位、单亲家庭、父母犯罪或其他个别异常特征的重要性上。在各种研究中好像有一种一致的意见,即认为儿童的攻击行为可能与父母普遍的(长期的)态度和子女养育方式有关。

正如我们已经知道的(特别关于子女的攻击行为),一连串松弛的纪律,与父母的敌对态度结合起来,会使子女产生非常具有攻击性的和难以控制的行为(Herbert, 1987a)。有敌对态度的父母,一般不满意、不赞许孩子,他们不能给予孩子关爱、理解或解释,而且常常毫无道理地使用体罚。当他们确实使用他们的权威时,通常也是反复无常、蛮横无理地使用。这样的方法常常被称做权力自负:大人相信通过体罚、严厉责骂、愤怒的威胁以及剥夺优惠待遇来达到支配和专制的控制。在家里父母广泛使用体罚和在家外子女高度的攻击行为之间有一个递增关系。暴力产生暴力,孩子好像学到的是"强权就是道理"。

无效的训练和交流

攻击性或行为失常的儿童家中的交流、暗示和未说出的讯息常常是负面的——没完没了的批评、唠叨、哭喊和叫喊。帕特森(Patterson)把这其中的许多内容称为父母的"无效唠叨"。他的意见(而且他谨慎地评论)是,对社会行为的控制需要及时使用某种处罚。但是为什么攻击行为不像学习理论预料的那样减少或消失呢?

答案是并非处罚本身而是被父母使用的那种处罚可能是无效力的。有一种主张是,处罚攻击性儿童有必要性,但是要在伴随非暴力性处罚的说理和谈心、宽厚慈爱关系的情况下进行(需要提醒父母,在一种激烈的气愤状态下同孩子说理不但无效,实际效果正好相反)。帕特森持有这种基于自己结论的处罚观点,他的结论是根据对攻击性儿童家庭20年介入的评估结果提出来的。

暂停和承担后果(例如在家中干额外的活或取消优惠待遇)等维护纪律的方法的确令孩子讨厌,但是这些不是暴力式的,而且帕特森保证它们具备有效性。有证据表明特别是在漠不关心或完全排斥的情况下实施极端的处罚手段,会对塑造暴力青少年构成难以预料的影响(Herbert, 1987a)。

父母制定的不起作用的家规

在评估不服从的攻击行为时,要重点调查研究的是在家里和学校里实施的规则

(含蓄的和明确的)。这些包括礼貌的常规规范以及可用于特定人或情境的正确行为,包括同情和尊重别人、守信、助人和诚实的规则(Herbert, 1987a; 1989)。这其中有些是关于礼貌的,另一些是许多人主张的保持社会秩序和文明生活必不可少的道德规范。引导儿童进入社会体系(社会化)包括由家属和社会其他行为者向儿童传达道德准则。

考虑到行为失常的儿童藐视规则,要把父母给予子女确定的限制或限度的特性作为需要评估的一个重要问题。在这种意义上,限制由家规界定,这些家规具体说明在家庭内部,在他所属的系统中,个人的角色和这样的成员要从事的恰当行为。限制可能明确(因为家规容易认定和接受),可能散乱(模糊和混乱,因为家规根本不存在),也可能死板(因为家规不灵活,不适应)。

行为主义的家庭治疗师尤其担心家庭限制不明确或上下辈间角色颠倒的那些行为问题层出不穷的情况(Herbert, 1987a; 1993)。例如,父母可能服从子女的无理要求,在这种情况下,孩子掌握了家中的控制权,夺得父母的角色,以致到了父母和孩子角色之间界限不清的地步。

像这样一些根深蒂固的后果往往会持续下去。例如在韦斯特和法灵顿对伦敦男孩的研究中,明显存在相当大的连续性(West & Farrington, 1973)。在评估的 8~10 岁最有攻击性的儿童中,50% 在 12~14 岁时,仍处在最有攻击性的小组里(其余男孩只有 19%),40% 在 16~18 岁时,也是如此(其他男孩只有 27%)。那些在 8~10 岁时有严重攻击性的儿童尤其可能变成暴力少年犯(14% 对 4.5%)。

帕特森和他的合作者在俄勒冈州社会性学习中心(OSLC)非常详细地观察攻击性儿童在家里的行为,发现他们的家庭在许多方面不同于正常儿童的家庭:

➢ 攻击性儿童的父母在训练子女上缺少一贯性。
➢ 虽然父母经常使用体罚,但是没有效果,不是因为处罚没有明确地联系所犯的错误,就是因为孩子反击时,父母最终向他们的要求让步。
➢ 缺乏监督和检查,攻击性儿童经常没人理睬。
➢ 攻击性儿童的父母缺少温暖,不能够使自己专心一意地与孩子一起参加活动,也不能够清楚地向孩子表明什么是正确的,什么是错误的,以及在什么情况下,什么是要求他们做的,什么是要求他们不做的。
➢ 攻击性儿童的母亲可能认为自己是孩子敌对攻击的受害者。

通过与刚才提到的有害的生活影响相比,促进社会意识和适应行为发展的因素包括:

➢ 父母和子女间强有力的感情纽带。
➢ 父母给子女制定严格的道德要求。

- 前后一致地使用约束(规定限制)。
- 心理的而不是肉体的处罚技巧(例如吓唬孩子要收回已经答应的事情)。
- 更多地与孩子谈心和说理(诱导方法)。
- 赋予责任。

这些特性的平衡,在鲍姆林德(Baumrind,1971)调查中在"权威的"父母身上表现得最为充分。他们对给孩子规定的限制或界限很有把握,但既不狭隘也不过分。他们给孩子选择和解释权,但坚决严格(不专制)要求孩子服从社会和道德准则,其中有些是可以协商的。

然而,如果一个孩子常常受到家庭成员不断地批评,这会导致糟糕的自我形象,结果造成行为攻击的心理倾向,特别是在糟糕的人际情况下。在这种情况下,儿童使用攻击行为来终止父母和其他家庭成员引起的讨厌的(令人不愉快的)相互作用。这种做法,被帕特森称做"强制的家庭作用"。

强制的家庭作用

这种理论认为攻击性的、行为失常的儿童从事太多的令他们父母讨厌的行为,反过来,他们的父母报以同样太多的令人讨厌的行为。这些行为继续导致不间断的吵闹和愤怒——发脾气、喊叫、尖叫以及攻击。这样的相互作用不但对攻击性儿童而且对父母都是负强化。儿童在父母的最后顺从中得到强化。在这种情况下,很难弄清什么是原因,什么是后果。根据反社会行为的发展,这些作用会形成一系列正反馈循环的概念:愚蠢的父母行为培养反社会的儿童行为和造成儿童技能缺失;这些特性反过来,使父母更难养育子女等。

负强化

父母会听到心理医生的善意的劝告,当心由于负强化,无意中加强了那些不希望出现的行为。意思是说,我们大多数人都会防止或避免令人痛苦的事情。凡是能"关闭"不愉快(讨厌)事情的行为最终会得到加强。下面是一个相当典型的程序:

汤姆抢了克利斯的玩具,而惹恼了克利斯——克利斯做出的反应是打了汤姆——那么汤姆不再招惹克利斯,这样负强化了克利斯的打击反应。

克利斯已迫使汤姆终止讨厌行为,非常可能发生强制的恶性循环,即逐步升级的攻击与反击。程序可能继续是:

汤姆对克利斯的反应可能不是停止抢夺他的玩具,而是进行回击,试图停止克利斯的攻击,克利斯用更强烈的反击回击汤姆的攻击。

这场交战会继续下去,直到被激怒的父母制止或者其中一个对手被另一个对手的停战负强化。我们能够看到这里面蕴藏着儿童霸道行为的种子。

如果你努力分析你的一些当事人同子女对抗的 ABC 序列,你会发现具有讽刺意味的现象之一:你的当事人可能会加强他们不喜欢的行为而会削弱(压制)他们会真正希望鼓励的行为。这里举一个例子:波琳正在同她哥哥争吵——她想要他正在使用的颜料盒,她哭泣着要那些颜料。约翰不给,所以波琳哭声更大了,母亲气得不得了,命令约翰把颜料递给他"可怜的小妹妹"。她已经强化了波琳的哭嚷并且使她可能以后更加多地采用这样的强制行为。得到这个颜料盒就是强化因素。

但不幸的是,这还不是全部。母亲也被"关闭"那令人苦恼的哭嚷噪声强化了。这种安慰(奖励)使以后对哭嚷让步的可能性变大了。如果我们告诉她,她是在"训练"她孩子哭嚷,波琳是在训练她采取非正义的、毫无抵抗的手段,她无疑会非常气愤。

这些是在其他信息来源中出乎意料的程序,从父母或照料人那里把它识别出来是有用的。在下面,阐述对一种形式比较简单的攻击性发脾气的评估过程(作用分析)。

三、ABC 分析

第 1 步:识别父母对问题的理解
例如:
家长:当我坚持要求艾莎服从我时,例如,我叫她吃早饭,她就发脾气。天天早上如此。只是对我,不对她父亲。

第 2 步:识别孩子的优点
例如:
治疗师:你已经指出你同艾莎的一些问题。如果我们看这个表,你会看到它有一个收支栏。我已经在支出栏列上了你发觉不可接受的行为。现在让我们在收入栏上列上她的优点。

第 3 步:识别希望的结果(目标)
例如:
治疗师:如果你在一天早晨醒来发现艾莎已经变好了,你怎样知道?她的行为和态度的什么地方会不一样?你愿意要家里一些东西不一样,以便使生活更舒服或更满意吗?(也应该给其他家庭成员机会以同样方式表达意见)

第 4 步:制定和观察行为/信念/相互作用 ABC
例如:
治疗师:在你能够改变你孩子的行为之前,你必须非常密切地观察那种行为,以及你自己的和其他家庭成员的行为。什么导致你想改变讨厌的行为?你已经说过,

这些是经常的攻击发作。你当时的感觉是什么——你提到过无助感？你如何反应？从这些对抗中产生什么后果？(见附录Ⅱ)

在这个阶段,在口头上或用书面形式说明ABC模式。例如:

治疗师:当经验导致行为、态度和知识的比较持久的变化时,我们说已经产生习得。记住,认识一副面孔、照谱唱歌、害怕做数学题或去聚会都是习得的例子。我们必须把学习一种行动或行为与实际去做区别开来。小孩子可能学习某事,但不去做。奖励完全可以使一个孩子感到值得去做! 如果一种行为得到有益的后果,这种行为就更可能再出现。如果这个行为后面不跟上在技术上我们称它为"正强化"的奖励,它就不大可能再出现。对行为进行处罚也是如此。如果你的孩子做了你不喜欢的事,如他太容易发火,你可以增强他先思考而抑怒的能力。做法是奖励(用口头表扬)他保持自我控制,以及(或者)如果他不能这样做,你就始终如一地使用你的约束(处罚)方法。

第5步:确定目标行为

例如:

治疗师:记住我们已经讨论过的行为ABC。B代表行为(在这一例子中是艾莎发脾气),而且它也代表信念(你对这个例子中发生的事情的感觉和看法),让我们弄清你打算在家里和其他地方观察什么。也就是说,艾莎做的什么和说的什么使你称她的行为和言语是"发脾气"?

家长:艾莎跺脚、攥拳、踢椅子而且尖叫骂人。

第6步:观察目标行为的频次

例如:

治疗师:我要你数一数艾莎每天发脾气的次数(根据你描述的那些行为确定)。你也可以记下每次发脾气持续的时间,这样做三四天。

第7步:观察行为ABC

例如:

治疗师:我要你对一些发脾气的情节作好日志记录。重点放在ABC序列上。

下面是艾莎的母亲叙述的ABC序列的一个例子。

A. 我正在收银台前等着结账。艾莎不断地往篮子里放巧克力,我不断地从篮子里往外拿。她说:"我要糖果!"我说:"不,宝贝,我们回家时,你可以吃饼干。"她大声说:"给我一块该死的糖果!"我叫她听话别嚷嚷。

B. 她开始尖叫并踢柜台,接着就躺在地板上,挡着通道,别人也不能通过。

C. 大家都看着我,我觉得非常难堪,就给了她一块巧克力,说:"等到回家……"她马上安静下来,开始吃巧克力,我觉得非常生气、愤慨和羞耻。

治疗师:后来呢?

家长:我在家里没再说什么,想保持安宁。

第8步:分析你的信息——前例

例如:

治疗师:几天后你观察你的日志和发脾气的计数时,这些发脾气是属于更普遍形式的吗? A项(前例)很相似吗?

家长:是的,它们好像形成一种反抗形式。它们遵循两条线。或者艾莎支配我做某事,如果我不,她坚持并且最后发脾气。或者我叫艾莎做某事,她对我置之不理并说"我不干",如果我坚持,她就发脾气。

第9步:明确问题行为

例如:

治疗师:当你观察你的计数时,这些发脾气看起来是否是
- ➤ 在一定时候吗?
- ➤ 在一定地方吗?
- ➤ 对一定的人吗?
- ➤ 在特定情况下吗?

家长:在这种情况下,所有问题的答案都是"是"。它们在早上和晚上最经常;在卧室里和吃饭的时候;当我给她穿衣服、叫她和弟弟一起玩以及和弟弟一起玩玩具的时候。我知道艾莎通常随心所欲……虽不总是,但几乎总是。她也把我弄得精疲力竭。我有时候流着泪收场。她总是使我陷入争吵,而我又不得不投入大量的时间应付纠纷。

治疗师:你到底在观察谁?答案必定不只是你的孩子。作为你分析ABC序列中A项和C项的一部分,你在观察你的孩子以及你自己和别人。如果不看别人对孩子的影响和孩子对别人的影响,就不可能理解一个孩子的行为。在这个例子中,你(和别人)已经无意地强化(加强)了你希望减少频次的行为(发脾气)。例如,第一个强化因素是她随心所欲;第二个是她惹你生气并喜欢使你激动;第三个强化因素是她独占你的关注,即使是责骂,也是有益的。你知道这是有益的,不是有害的,因为这种行为总是持续不断。

要改变艾莎的行为,我们必须制定一个小方案,在这个方案中,我们必须强化她的那些经过我们仔细(例如,共同研究)确认的恰当行为,而且,如果可行的话,用我们讨论的方法对发脾气和其他不当行为置之不理和进行处罚。

第二节 评估兄弟姐妹不和

一、兄弟姐妹对抗

令人意想不到的是,小孩子毫不掩饰的妒忌使父母感到震惊,有时候他会满怀希望地问,"它(指新生婴儿)什么时候离开?"兄弟姐妹对抗是心理学家给兄弟姐妹之间经常充满仇恨的竞争起的名字。有些人把这种兄弟姐妹对抗延续下来带进成人生活,他们与同事和对手竞争的紧张与激烈程度很像他们近乎遗忘的童年时期的争斗。几乎每一个孩子,当他们必须与一个那么需要母爱的新生儿(或一个较活泼的学步儿童)竞争时,都会有妒忌排斥的感觉。他会觉得弟弟或妹妹受到偏爱而自己却无人关爱并被抛弃了,尽管这些感觉显然没有什么根据。这种妒忌经常伴随着寻求关爱的婴儿行为,好像他只有再变成一个婴儿才能夺回以前的"垄断"地位。

兄弟姐妹对抗被认为是兄弟姐妹关系的"正常"部分。的确,许多父母认为这种对抗为成功处理现实生活中的攻击行为提供了良好的训练。美国的家长普遍觉得对攻击的一些接触是人生中应该早经历的、具有积极意义的体验。美国人中十个有七个同意这一说法——"对一个男孩来说,成长中打几次架是很重要的"。

流行率

苏珊·斯坦梅茨(Steinmetz, 1987)在对特拉华州一些完整的家庭中兄弟姐妹冲突的研究中发现,在她研究的家庭中 63%~68% 的青少年用身体暴力解决同兄弟姐妹的冲突。研究过兄弟姐妹之间攻击行为的社会学家说,父母觉得对于他们的孩子来说,学会在暴力情况下如何把握自己很重要,而且他们也不积极阻止孩子们的争端。事实上,父母可能对相互之间的攻击性行为置之不理,只有感到小事就要升级成为大的对抗时,才进行干预。

有一种观点,尽管未经证实却既普遍又受推崇,那就是童年打架和谋杀与肢解的游戏,以及观看暴力画面,通过宣泄,能产生积极的效果。按照这个理论,由于消除了卷入兄弟姐妹不和的紧张或者由于辨别暴力事件参与者时消除了紧张,情感反而得到了净化。好比说,通过(想象中)"消除"或"宣泄"这些刺激,愤怒得到了发泄。有些父母认为对孩子来说,对他们的父母(兄弟姐妹)表现攻击不算什么大事,因为攻击者挫败被攻击者,这种愤怒的传递和直接表达要比禁止攻击"更健康"。

至少有两个理由可以怀疑以高压锅来比喻的这种观念所形成的假设。第一,在文明和谐的生活中不允许出现身体的或口头的攻击行为。某些掩饰的口头攻击例如戏弄、流言蜚语或所谓"坦率",比身体攻击和直接的咒骂容易得到宽恕,但是,平和的、隐藏敌意的流言蜚语和"坦率",更可能在人际关系中产生复杂情况。

第二,学习论预言,攻击的表现及其随之而来的暂时的紧张消除,能够加强而不是削弱攻击倾向,有证据支持这种预言(Herbert,1991),同时没有证据能够证明表现攻击可以减少攻击倾向。无论证据如何,舆论对攻击的表现好像出奇地冷静,甚至是漠不关心。

苏珊·斯坦梅茨(Steinmetz,1987)发现很难使家长们讨论兄弟姐妹暴力,不是因为他们不好意思承认这种行为,而是因为他们大部分时间确实不认为自己孩子的行为有害甚至值得一提。49个家庭的父母在一周的时间内记录了自己孩子之间相互攻击的频次和形式。在这段时间共发生了131起兄弟姐妹冲突,范围从短暂的争吵到更严重的对抗。这些数字虽然很高,但对真实情况的兄弟姐妹攻击可能还是相当低的估计。

杜恩和肯德里克(Dunn & Kendrick,1982)直接观察了英国儿童(兄弟姐妹)在自己家中的相互作用。在43对兄弟姐妹的每一对中,较小的孩子18个月大。母亲的行为也作了记录,六个月后他们回访去作进一步的观察,结果发现:

➢ 存在大量的争吵——平均每小时约有8场争吵或潜在的争吵。
➢ 母亲对争吵的干预导致了更多更长时间的冲突。在母亲经常干预的家庭中(常常在第一观察期内),在第二观察期内(六个月后)与母亲干预较少的家庭中的相比,孩子们的确进行更长时间的争吵和更经常的打斗。
➢ 当一位母亲在孩子争吵时,对他们采取一种讨论规矩、讨论感觉的方式时,她就是在子女身上培养一种更成熟的处理冲突的方法。这些方法包括和解行为,例如对别人表示关怀、安慰、帮助别人或向别人道歉。这样母亲的孩子更可能注意遵守规矩——"我们必须轮流,妈妈说的"。

有的观点认为,如果每一个孩子观察到对方受到斥责或得到父母那怕暂时的支持,可能完全使争吵增加频次。相反的结论是父母的干预必须传授公平竞争、共享和妥协的重要性。许多父母也觉得如果他们不介入,较小和(或)软弱的孩子会遭受伤害和(或)不公正。他们也不希望疏忽而宽恕打架和霸道,这意味着坐视不管。

二、父母对兄弟姐妹不和的介入

杜恩(Dunn & Kendrick,1982)检验了几份对父母介入和不介入的研究报告。训练父母置身于兄弟姐妹争吵之外的研究好像表明这些争吵的频次减少,特别是如果为阻止冲突把对争吵的置之不理与奖励孩子结合起来时。其他的研究表明如果父母希望增加子女关心别人发生什么事的能力,他们需要在孩子小的时候,明确而坚决地指出冷酷和攻击的后果。杜恩认为兄弟姐妹之间的争吵提供实行这种教育理想的训练根据,尽管这可能是艰苦的努力。对小孩子的采访表明,比起描述自己的朋友甚至父母,他们使用更多的情感字眼描述自己的兄弟姐妹,往往他们选用的词语是消极的。

　　大量各种各样不愉快的事件(讨厌的刺激)可能导致冲突的进一步发展和连锁反应——例如,令人痛苦的威胁或侮辱性的霸道和戏弄,或者剥夺弱小孩子的财物、权利和机会。杜恩发现两岁的、第二胎的孩子恰恰和他们的哥哥姐姐一样,可能首先挑起争吵、戏弄和打架。母亲有双倍的可能性是去责骂年龄较大的孩子并叫他们停下来,而对于年龄较小的孩子,他们往往不责骂,而是分散他们的注意力以及尽力使他们对一些事而不是对冲突来源感兴趣。

儿童之间的竞争

　　儿童之间的竞争有益于鼓励他们更加努力,只要这种竞争不变得太激烈。对于父母来说,重要的是,不要直接比较孩子的学习成绩,而是要表明每一个人都有自己的特殊才能——一个人可能擅长体育,擅长安装东西,可能歌唱得好以及可能有喜欢动物的习惯。如果父母把他们的志向定得太高——超出了孩子的能力,这会打击孩子的自尊心,造成不利影响。如果他的自尊心降低,他会容易失败,如果可能的话,孩子接着会从具有挑战性的活动上后退。对一些青少年来说,失败起着更加努力的激励作用,对另一些来说,失败只是证明他们"不行"这一现有结论。他们越来越害怕失败,以至于在遇到挑战之前就缴械投降。

　　聪明的兄弟姐妹一般会获得成功,因此,成功和表扬不会使他感到惊喜,也不会把他提高到新的表现水平。他预计不会失败,不会受到批评,因此,当这些事情发生时,效果是有益的。处罚,实际上非常有效,结果他会加倍努力以避免再受罚。这不是表明父母应该停止表扬和鼓励自己聪明的孩子,但是他们应该在适当的时候加进一些明智的批评性言论。失败中的孩子预计会失败和受批评,因此,批评对他效果不大,只会证实他最坏的预料并减少他的努力。对表扬和奖励的体验是那么重要,以致他加倍努力以保证再次受到表扬或奖励。

第三节　霸道和兄弟姐妹虐待

　　戏弄和打骂是家里家外司空见惯的问题。然而,在有些情况下,它们会呈现令人担心的施虐味道。这种行为通常以口头攻击的形式开始,这种攻击使正在受害的孩子神经紧张,引起争吵,这种形式的霸道是精神上的而不是身体上的攻击。

一、兄弟姐妹暴力和虐待

　　兄弟姐妹暴力包括一个兄弟(或姐妹)针对另一个的极端攻击或暴力行为,而且是家庭暴力中最普遍的形式。弗鲁德(Frude, 1991)指出且不说孩子互相攻击中非常普遍的推搡或揪头发,已经报道过几个极端的攻击案例,例如婴儿被扔进洗手间,用刀子和剪子的攻击。卷入兄弟(或姐妹)暴力的年龄越大,攻击及其后果可能会越接近发生在大人和儿童之间的那种虐待。的确,父母实施儿童肉体、性和感情虐待或兄弟(姐妹)实施儿童性虐待的家庭中,常常发现兄弟姐妹暴力(Browne & Herbert, 1996)。

波尔顿(Bolton, 1987)说兄弟姐妹之间发生严重肉体虐待的家庭往往是混乱的、无序的。关心和关爱出现偏差。做坏事的儿童常常是不得不接受异父(或异母)新生的弟弟或妹妹侵入的"独生子"(译者注:此处的独生子指重新组成的家庭中一方原有的,或另一方带来的孩子)。做坏事的哥哥(姐姐)在家里往往地位"低下"并且受到父母的消极对待。父母往往一心想着给受到兄弟姐妹虐待的孩子提供关爱。在这样的家庭中,存在大量的危机,特别集中在母亲身上。当她的时间和精力必须转向别的地方时,常常指派做坏事的哥哥(姐姐)充当小受害者的"照料人",而这正是攻击可能发生的时候。这位哥哥(姐姐)感觉父母如此偏心,痛苦不堪,以致有理由认为虐待那个看来更受爱护的弟弟(妹妹)就是一种报复的机会,一种对母亲表达敌意的方式,一种获得关注的手段,或者是一种借助做坏事者的角色掌握他们自己行动自由的策略。

年龄和性别

对兄弟姐妹攻击行为的研究证实这样的信念,随着儿童长大,使用攻击或更极端的暴力解决兄弟姐妹之间冲突的比率下降(Steinmetz, 1977; Straus et al., 1988)。这可能是儿童更好地具备了使用言语技巧解决纠纷的结果。当然年龄较大的孩子常常有更多的时间不在家,这也减少了与兄弟姐妹冲突的机会。

苏珊·斯坦梅茨发现促成冲突的因素随着年龄而变化。年龄较小的孩子更可能把冲突集中在占有物上,特别是玩具。有一个家庭说,在一周的时间内,他们的小孩子为争夺使用吊椅,共用一辆手推车,共用一辆三轮车,撞倒了一个孩子的积木并把积木拿走,而打得不可开交。稍大一些的孩子的冲突集中在领土上。如果一个兄弟(姐妹)侵犯了他们的个人空间,青少年变得非常不安,"他们没事找事,"他们说,"他坐在我的座位上。"(Steinmetz, 1977)

在所有的年龄段上,女孩比男孩更少攻击性,但差异比较小(Gells & Cornell, 1990)。女孩的争斗与男孩相比,常常是口头上的多于身体上的。83%的男孩和74%的女孩对他们的兄弟或姐妹进行身体上的攻击。

性情在正反两方面都起作用,与受害者的畏缩和缺少自信心相比,霸道儿童天性冲动,反应急躁(Herbert, 1991)。

憎恨

在兄弟姐妹攻击中憎恨的作用还不清楚。儿童是否可能向他们憎恨的那些人进行攻击?攻击是否可能是憎恨的外表和看得见的标记?当然,互相妒忌的兄弟(姐妹)之间的感觉强度,或者重新组成的家庭中异父母兄弟(姐妹)的对抗,无处不显出难以缓和的憎恨。

二、霸道

霸道带有伤害受害者的目的,常常是一种系统、反复的活动,包括身体上或心理上的(经常是言语上的)伤害。这些伤害由一个人或者多个人挑起,反对另一个缺少权力、力量或者抵抗意志的人。冷酷的嘲笑和戏弄可能像身体攻击一样长时间有害。欺负别人的人可能更不体谅别人,特别是潜在的受害者的感觉。当然,史密斯(Smith, 1990)发现典型的问卷回答以及对小霸王的采访都显示出小霸王们对看到霸道事件觉得跃跃欲试或中立,而大多数别的孩子说他们对这些事件感到讨厌或不幸。

很难获得家庭儿童之间霸道行为的可靠的调查数字。但是根据对学校中这类行为的调查,这些数字高得令人担忧。对南约克郡两千所初中和高中学校的研究(Smith, 1990)表明五个孩子中有一个受到欺负,十个孩子中有一个欺负其他的孩子。史密斯用"沉默的噩梦"来描述一半的受害者把痛苦留给自己的事实。在学校里有攻击性的儿童在家里往往也有攻击性。除了不服从(藐视权威),攻击是对必须养育、关怀或教育儿童的大人的最常见的发泄行为之一。

三、认知和社会生活技能缺失

儿童的社会能力一般被定为一个五阶段的处理模式:
(1) 给刺激情境编码。
(2) 解释这个情境。
(3) 寻找合适的反应。
(4) 评估最好的反应。
(5) 做出所选择的反应。

社会能力的任何"缺失"都会被归因于这其中一个或多个阶段中的失误。在美国的研究表明高度攻击性儿童常常把情境编码成为敌对的(即,更容易把敌对意图归因于别人)并产生较少的非敌对反应(Hollin & Trower, 1986)。人们已经证明,在欺负别人的孩子身上,以信息处理的观点来看,他们并不是那么缺乏社会性技能,而是他们对自己的社会冲突完全具有不同的价值观和目标。

适应/不适应的机能作用

霸道行为可能被认为在某个时候、某些情况下,个人对它实施可能是合适的,但是由于它对别人有害,它不再被社会接受,在任何情况下也不再合适。后者的一个例子来自对小霸王的采访。这些采访表明小霸王们把操场看做是一个无法无天的地方,在那里你需要支配别人以使自己不会被别人支配(Smith, 1990)。

第四节 对攻击行为的治疗方法

作为普遍原理,攻击行为的延续在很大程度上是因为它的后果。得到"有益"后果(同时这可能包括受挫折的父母发牢骚)的攻击行为往往重复出现,而那些没有回报的或受到处罚的行为则可能频次减少或者被消除。就习惯强制的家庭来说,暗示和信息常常是消极的,例如不断的批评、唠叨、哭喊、喊叫等。

处罚:一种批评

帕特森(Patterson, 1982)谨慎地提出的观点是:控制反社会行为需要偶尔使用某种形式的处罚。这种主张在表面上看起来至少与根据调查父母关于处罚做法的报告的发展心理学研究是相违背的。这些研究一贯表明受处罚的反社会儿童的行为问题呈递增关系(Feshbach, 1964)。问题儿童的父母说他们比正常孩子的父母更经常地使用处罚。他们的处罚方式也可能是极端的,正如我们在本节所看到的,社会攻击性儿童的父母的确更经常地进行处罚以对兄弟姐妹攻击行为和问题儿童攻击行为做出反应。

模仿-受挫假说

这是班杜拉(Bandura, 1973)提出来的。他坚持说在实施控制过程中,处于控制地位的行为者例如家长示范了攻击性行为,而这种类型的行为又恰恰像他们希望阻止别人的那些行为。孩子作为接受者,可能在以后采取相同的攻击性的解决方法,去处理摆在他们面前的问题。他又说虽然因果关系的说法根据相关资料不可能明确确立,但是根据对控制的研究,攻击性的模仿产生攻击。接着就是上下代之间的暴力种子。但是为什么受到处罚的攻击行为不像学习论预言的那样减少或消失呢?

波科维茨(Berkowitz, 1993)强调可能正是攻击性儿童的父母所使用的那种处罚也许无效。他论证处罚攻击性儿童行为的必要性,但是要在做宽厚、慈爱的父母的背景下,父母结合使用非暴力的处罚如暂停、进行劝导或说服。帕特森同意波科维茨的观点,这种观点反映了帕特森小组对攻击性儿童家庭十年介入研究的结论。暂停和类似的后果(如额外干活或取消优惠)肯定是让孩子讨厌的。然而,它们不是暴力的,而且帕特森保证这些后果相当有效。当然,有绝对的证据表明在漠不关心和完全拒斥的背景下施行体罚的极端做法容易使孩子堕落成为暴力青少年。

合同

我们已经知道在强制性家庭中,暗示和信息都是消极的,成员间的交流非常讨厌,简直不如没有或者实际上不存在。如果家庭秩序只能借助使用口头和(或)肉体折磨去控制,这样的做法就可能产生频繁出现攻击行为的孩子。由负强化保持强制的相互作用极可能在封闭的社会体系中起作用,在这种体系中,儿童必须学会处理讨厌的刺激,例如不断的批评。

这就是合同派上用场的地方。当然,增加正强化交流,同时减少处罚性相互作用的方法是由心理医生为家庭成员制定的一种合同。在这种治疗师引导的情境中的讨论、谈判和妥协向家庭提供了解决人际冲突和紧张以及增强交流的重要方法,而这些是他们以前几乎没经历过的。

在制定合同时,可以遵循下面的原则:

➢ 保持积极的讨论。责难是难免的,但声音应当压低并把消极的抱怨变成积极的建议。
➢ 非常具体地说清楚要求做到的行为。
➢ 注意写明不受合同限制的特殊情况,它们应该是:(a) 重要,不繁琐;(b) 参与的人能理解。

对策

在本章后面给家长的提示中,推荐了一些关于行为管理的对策,可以同父母一起讨论。

附录Ⅰ　频次表

孩子姓名:　　　　　　日期:　　　　　　周次:

目标行为:

(1) _____

(2) _____

(3) _____

	星期一	星期二	星期三	星期四	星期五	星期六	星期日
上午 6~8 时							
上午 8~10 时							
上午 10~12 时							
下午 12~2 时							
下午 2~4 时							
下午 4~6 时							
下午 6~8 时							

(续表)

	星期一	星期二	星期三	星期四	星期五	星期六	星期日
下午 8~10 时							
下午 10~12 时							
上午 2~4 时							
上午 4~6 时							

附录 Ⅱ　ABC 记录

孩子姓名：　　　　　　年龄：　　　　　　日期：

记录的行为：

日期和时间	前例：事先发生过什么？	行为：你的孩子做了什么？	后果：(1) 你是怎么做的？（如，置之不理、争吵、责骂、打耳光等） (2) 他如何反应？	描述你的感受

给家长的提示

给孩子一个机会冷静下来

根据我们对攻击问题的研究可知，好像在愤怒最激烈的时候进行的责骂可能酿成失败→怨恨→愤怒→攻击→反击这种循环过程，当一个孩子激烈地发脾气时，同他说理是无用的。转过身不理会这持续的发脾气，或者走开不听。当你孩子冷静下来时，应该告诉他为什么这种行为不可接受。

严格而尽可能温和地约束他

你不可能总是对孩子的攻击置之不理。伸出双臂紧紧抱住他,这样他就发作不了了(这叫做被动压制)。

减少讨厌的刺激

关键是努力改变激发孩子的攻击行为的环境。这种行为常常来源于由别人或生活环境引起的、令人沮丧的、遭受剥夺的和令人气恼的经历。当然,关于这一点,说比做容易。

减少导致攻击行为的诱因和信号

进行监督的大人不在场,可能预示着一个孩子威胁或打击另一个孩子,以便(比如说)拿走他的东西,或仅仅预示着寻找霸道的乐趣。在操场上或在家里组织得较好的监督,是对这种情况的一种对策。

减少与攻击模式接触

如果你孩子与你知道的一个小霸王而且打仗出了名的坏家伙在一起,应该尽快叫你的孩子脱离这种关系。另外,你会表现出敌对态度和攻击行为吗?

提供非攻击行为模式

你可能叫你孩子接触表现温和行为的孩子,支持可以接受的选择。特别是当他看到他们因这样的行为而获得奖励时,就会产生效果。要教孩子新的行为方式,给他机会观察别人如何实施要求做到的行为。这叫做模仿,能够有效地应用在下面的情境中:

> ➢ 要根据模式,获得新的或可供选择的行为方式,例如社会交往技能、自我控制,这些是你孩子从没表现过的。
> ➢ 通过对恰当行为的演示,增加或者减少已经存在于儿童全部技能中的反应。

训练技巧

许多孩子缺少一些以令人满意的方式在社会中发挥作用的技巧。结果,他们可能采取攻击行为以应对各种挫折和羞辱。如果能够帮助这样的儿童变得更舒适,那么他们会更少依靠攻击。例如,你可以教你孩子更加自信的技巧,那就是,以一种高明的和有信心的方式保护他自己的权利,而不是用对别人的攻击和轻视来否定别人的权利。

在处罚攻击行为的同时,奖励非攻击行为

有些父母无意地使孩子感到讨厌的行为不值得做,如下面的例子:

前例	行为	后果
约翰尼要想去公园,爸爸说午后茶点前没有时间。	约翰尼又踢又喊,躺在地板上嗷嗷叫。	爸爸对他发脾气置之不理,约翰尼安静下来,开始玩了。

对这次发脾气做出反应,如果约翰尼的父亲使孩子感到讨厌的行为(如攻击)有效,那么此类行为便有可能再次发生!

正如被强化(奖励)的行为常常再发生一样,不被强化或受到处罚的行为常常中断。说"奖励",我们不是指昂贵的实物;说"处罚",我们也不是指身体上的、残酷的或令人痛疼的事情。我们努力使孩子明白某些行为产生令人满意的后果(如表扬、赞许、尊敬、款待、优惠),而另一些行为则得不到。

我们有一个简练的公式:

可接受行为 + 强化(奖励) = 更加可接受的行为
可接受行为 + 无强化 = 不大可接受的行为
不可接受行为 + 强化(奖励) = 更加不可接受的行为
不可接受行为 + 无强化 = 比较可接受的行为

训练孩子的先决条件是做父母的必须以一种始终如一的方式向孩子提供有意义的、积极的关注。不言而喻,如果孩子热爱、信任并尊敬自己的父母——换句话说,认同他们——那就能使父母的奖励和处罚更加有效。

非攻击性处罚,向孩子发出信号表示他的攻击行为不会有好结果,而可能导致消极结果(处罚)。作为你的手段的一部分,提供这样的信息就可能把攻击控制住,同时,你要鼓励更多可供选择的可接受行为。

暂停

儿童有时需要时间去发挥自我控制的作用。他们需用一段时间来考虑自己的攻击行为和考虑这种行为如何造成自己失败的。这可能有效。要向他们解释攻击行为如何导致对他自己的不幸。例如,如果你的孩子坚持破坏大家的娱乐,可能有必要(让他观看一个活动但不参加)把他从群体中带出来。可以设计别的方法使坏脾气的行为付出代价。阻止孩子吵闹最有效的方法就是剥夺他的听众。这个古老而非常有

效的方法已经幸运地得了个专门术语——剥夺正强化的暂停。

已经证明暂停是有效的维护纪律的方法。暂停,通过保证孩子没有机会获得任何强化或奖励,可以专门用来减少例如攻击这类行为的频次。在实施中,我们可以从三种形式的暂停中选择:

(1) 活动暂停:仅仅禁止孩子参加娱乐活动,但允许观看——例如,由于行为不端,叫他置身游戏之外。

(2) 空间暂停:在不准他参加娱乐活动的地方,不允许观看活动,但不完全隔离的地方——例如,由于行为不端,坐在起居室或教室远端的"暂停"椅子上。

(3) 隔离暂停:让他离开群体,隔离在远离奖励情境的地方。

暂停可以持续三至五分钟。在实施中,在任何形式的"隔离"暂停之前,总应该先考虑"活动"或"空间"暂停。事先警告你孩子注意他那些被认为不恰当的行为以及随之而来的后果。同专业人员事先讨论因使用暂停会产生哪些问题是有益的。例如,暂停很可能导致发脾气或反叛行为,例如哭喊、尖叫和身体攻击。对年龄较大的、能从体力上反抗你的孩子,这种方法可能是行不通的。当要消除的行为是要求在场的人注意(强化)的格外不好制服的行为或者由于孩子强壮和反抗,暂停难以实施时,可以采取对应措施撤去他的强化/奖励来源。如果你是强化的主要来源,在孩子大发脾气时,你应该把你自己也撤下来,带着一本杂志到洗澡间去,等一切平静下来时再出来。

反应代价

反应代价的步骤包括,因不能完成要求做到的反应而正在实施的处罚。这可能包括取消现成的奖励——完不成作业的结果是失去看电视的机会。合作方式的一个特点是父母用这样或那样的方法帮助心理医生解决问题——就是付出适当的代价和奖励。这个方法曾经用于马修,一个极具破坏性和吵闹的、活动过度的男孩。在他的哥哥姐姐读书或看电视的时候,他不断地打搅他们,大声嚷嚷、鬼哭狼嚎、摔这摔那,搞得他们苦不堪言。用下面的方法向他的父母解释反应代价方法:要阻止你孩子以一种不可接受的方式行事,你需要朝着希望的方向改变这种行为,安排他结束一个显然不令人愉快的后果。父母为马修制定出下面的方案。

把一瓶代表马修每周零用钱加上一份奖金的弹珠放在壁炉台上。每个不当行为花去一颗弹珠(相当于一个具体数目的钱)。在表现好的一周内,马修能够非常实惠地增加他的零用钱。在表现坏的一周内,零用钱会减少到零。当然,这种不当行为的"代价"是他看得非常清楚的。像一贯的那样,处罚得用奖励平衡,因为处罚只能告诉儿童什么不要做,而不能告诉儿童什么是期望他们去做的。扩大治疗调理奖励的范围蕴藏在所谓普瑞麦克(Premack)原则之中,更以老奶奶规矩闻名,那就是如果孩子做了他虽然不喜欢做但却是应该做的事,就奖励他去做一件他喜欢做的事。父母在应用这个原则时,要求马修在规定的时间内安静地玩耍,用厨房计时器记下时间。如果他成功地做到了,就奖给他贴花。这些贴花可以兑换成电脑游戏时间。

当然结果

如果你(在安全范围内)保证允许孩子体验他自己行为的后果,这会成为纠正行为的有效方法。如果孩子破坏东西,例如东西碎了,就没有这东西了,他更可能学会仔细。如果你总是更换玩具,他可能继续破坏东西。

不幸的是,从父母自身利益的观点出发,并不经常让孩子体验他们自己不当行为的后果。父母根据他们自己和孩子的最大利益,介入保护自己的孩子脱离现实。然而,这种慈爱的结果是,孩子常常并不明白这种情境的含义(结果),而且,他们继续不断地干同样的勾当。这里需要反复讨论,你应该在多大程度上(特别是对学步儿童和少年儿童)参与调整以保护孩子免受必然出现的生活危险呢?在多大程度上允许孩子通过艰难困苦学习经验呢?

自我管理训练

有能够帮助加强自我控制的技巧。这种训练包括使你孩子知道他生气的详情,然后通过一系列阶段前进。首先,你要模仿做一件事,做出恰当而积极的自我表述,如"先思而后行","这不值得发火","我会数到10并且保持镇静"。你孩子接着练习同样的行为,逐渐做到小声,最终无声地自我指导。鼓励孩子使用这些自我表述,以便他们能够观察、评估和强化自身的恰当行为。

值得记住的东西

父母给规定严格限制的孩子,比起那些允许为所欲为的特别是那些攻击性的孩子,会更有自尊心、更有信心地长大成人。不管怎样,在合理的范围内给青少年一些选择的自由很重要。不令人惊讶的是,当规定下限制并坚持时,孩子可能抱怨并把自己和别的孩子作比较。然而,有清楚的证据表明孩子能认识到他们的父母严厉是因为他们的关心。他们知道自己不能独立处事。他们需要知道有人负责他们的生活,以便他们能够在安全的基础上学习和体验生活。总是随心所欲的孩子经常把这种放任解释为漠不关心。他们觉得他们做的任何事情都不会重要到足以使自己的父母担心。

9

消除不良行为：帮助家长处理儿童行为失常

引言

"不良行为"是心理医生最好不用的字眼，除非在私下，以他们自己的家长身份。父母在处理不服从和攻击时，的确使用"不良"这个词（与"顽皮"这个词一起）。而这类被心理学家称为对抗症或行为失常的极端形式的行为，正是本章特别关注的事。它们是困扰儿童照料人训练的事，而作者的希望是向专业人员提供实际指导和信息指导，帮助父母处理子女日常的以及更严重的训练问题。

目的

本章的目的是：

➤ 向心理医生提供父母会完全理解的、对行为（正常和成问题的）直截了当的解释。

➤ 帮助心理医生和父母一起就训练内容（例如，人生观、规矩、希望、规定限制）制定几个对策和计划。

➤ 提供实际可行的方法——训练手段，父母能够在独自分析的情况下，用这些手段来处理自己子女方面的不服从和（或）攻击行为。

➤ 把更多的乐趣带进父母和子女的关系中。

目标

教父母处理管教问题的技巧，当你研究了本章之后，你应该能够：

➤ 把"正常的"不服从（不遵从）和其他形式的不当行为与带有潜在担忧的机能障碍型的行为区别开来。

➤ 在社会学习理论的基础上，对不遵从和攻击行为——激发和保持这样的活动条件的前例和后果进行机能（ABC）分析。

➤ 识别先兆（前例）、（构成问题的）行为/信念，以及亲子对抗的结果（后果）。

➤ 计划、着手和贯彻一个方案，预先制止或减少因机能障碍造成的不遵从、攻击或其他麻烦行为。
- 向父母提供概念框架——考虑允许孩子自己解决问题的方式。

服从和自我控制

所有的孩子有时都会不服从,拒绝对特定的命令或者拒绝遵守通常的"家规"。不遵从在"糟糕的两岁"期间,达到吵闹的顶点,但随着孩子长大逐渐减少。调查研究表明,4~5岁的正常儿童只服从父母约三分之二的要求,这种偶尔的不遵从是在表达儿童成长中的独立性,尽管令人生气但可以理解。然而,如果父母(以及后来的老师)打算叫孩子为成人生活作准备,适度的服从是非常重要的。

社会性训练(社会化)

父母有责任把无助的、不合群的和以自我为中心的幼儿转变成合群的、自我控制的孩子并最终成为成熟的、负责任的社会成员。在早期的几年里(从出生到7~8岁),如果孩子要学习基本的社会智能和体力技能,遵从父母某些要求和指教是至关重要的。强化某些规矩的原因有:
- 安全需要——儿童必须学会防止危险。
- 家庭内部和睦——攻击性的、反抗性的"顽童"会造成不幸家庭和父母兄弟姐妹间的不和。
- 家庭的社交生活——没有人欢迎不受控制的、破坏性的孩子到家里做客,这样会使得这些孩子和他们的父母与社会更加隔绝。

父母在一定程度上是通过榜样作用要求孩子遵从的,因为只有这样他们的孩子(特别当有关爱和尊敬的情感时)才会认同他们,争取他们的赞许,并尽可能做得像父母一样。遵从也是通过认真地把孩子引导到"正确的方向"上而获得的。一个严格而周到的训练框架有助于孩子形成他们自己的准则和自我控制(经常叫做"良心",以便他们能够自己预先考虑到他们的所为和"训练"自己的后果)。

失败的代价

失败对父母来说代价高昂,归根结底,是对自己不守纪律的孩子感情上的破产。随着孩子长大,当不服从和反抗成为相当普遍的问题,对照料人来说后果令人沮丧、讨厌、精疲力竭,此时如果他们坚持并强化,可能弄出危险来(例如,在家中冒虐待儿童的危险)。

时间一长,会有其他潜在的严重后果。同顽固的反抗有关联的是缺少自我控制,以及冲动性攻击行为。总之,一个孩子不能够或不愿意遵从在社会各个阶层中发挥作用的规则,就是患有早期称做对抗症,后期(约从7岁起)称做行为失常的孩子(Herbert, 1987a)。

第一节 行为失常

有早期或严重失常的青少年表现出(除了其他问题)无能力或不愿意遵守由社会在各个阶层规定的行为规范和准则。这类失败可能关系到:

- 丧失尚不牢固的学到的自我控制能力。
- 一开始就没学到这些自我控制能力。
- 孩子掌握的行为准则不符合规定和强化这些规则的社会阶层的常模。

实例研究

柯林从学步起,就表现出极端的攻击、反抗行为。虽然一开始专业人员就告诉他父母,他长大后就不会有这些问题了,但是父母发现他越来越有攻击性和反抗性,而且他在上学前就被从两个保育小组开除过。他的父母绝望地说他们已经试验了所能想到的一切训练方法,例如送他去他的房间、嚷他打他、取消优惠待遇、罚站,但是这些方法没有一样对他有效。他的父母说他们在正常孩子的家长面前感到无地自容,并且觉得老师把孩子的不当行为归咎于他们。

对他在学校的行为的一份评估显示他在教室里漫不经心,注意力分散,特别是在课间攻击同学,而且由于不可接受的和无法控制的行为,校长经常打电话叫他母亲从学校领他回家。他的智力成绩属于正常范围,但他的学习成绩却严重地低于智力测验所得的分数。他旷课、打架,弄得学校经常联系他的父母并且声称要开除他。

一、社会学习理论

社会学习理论家认为有像柯林这样有严重反社会问题的儿童,行为不轨是因为他们早期的社会性学习/操作性条件反射一直是无效的。结果是,他们没有掌握恰当行为的界限,也没有在最初阶段将什么是正确、什么是错误的意识内化成为自我意识的一部分。在极端的情况下,可能没有对反社会行为强烈的感情上的厌恶,越来越没有抵抗诱惑的能力,而且当实施伤害时,缺少自责感。毫无疑问,儿童持久而普遍地不遵从以及反社会的行为长期存在,如果不加抑制,会是非常严重的。对许多行为失常儿童的父母来说,存在着进退两难的境地。在许多个案中可以看到,青少年无论年龄多大,只要发展到自我中心阶段,父母的教育都很难奏效。

大约1~3岁之间的年龄段,是发育的敏感时期,因此,要防止许多失常行为。这些失常可能会产生深远影响,因为父母(由于机构的、经济的、情感的或社会的各种原因)没有能力应用一种方式使孩子进入道德发育的至关重要的后期阶段,以及进入必须处理感情移入和冲动控制的那些社会化进程,当然就无力以这种方式对付在有些孩子身上严重存在的强迫行为。

二、发展级数

许多调查研究表明,学龄前儿童的破坏和攻击问题与青少年行为问题有高度连续性。最近,发展理论家已经提出关于行为失常可能有两条发展途径:"早期发病者"和"后期发病者"。假设早期发病途径在学龄前早期岁月,以出现对抗症(ODD)为开始的标志,并发展成学龄中期的攻击和非攻击(例如,说谎、盗窃)的行为失常(CD)症状,然后到青春期发展成最严重的症状(Webster-Stratton,1994)。相比之下,"后期发病者",在学龄前和上学的早期岁月正常经历社会和行为发展后,在青春期,先是以行为失常(CD)症状开始。对"后期发病者"青少年的诊治比对具有来源于学龄前行为问题慢性病史的青少年好像更有效果。

攻击行为

行为失常的一个明显的特点是完全不受限制的攻击。儿童的许多攻击性行为,虽然令人厌烦,但是作为自然的、实现社会化的副产品出现的。从出生起自信心和被动性就有个体差异,而这些差异常常随着孩子长大,继续留在他们身上。愤怒表现在很小的幼儿身上——幼儿不能忍受自己的要求遭到拒绝,往往因失望而又哭又闹。小孩子不受支配的愤怒的典型表现包括:又蹦又跳、屏息、尖叫等。孩子越小,立即满足自己需要的要求越强烈。随着孩子逐渐长大,分散的、不受支配的或无目的情绪激动表现越罕见,而报复性攻击越经常。这可能包括摔东西、抢夺、咬人、攻击、骂人、顶嘴和固执己见。对于小孩子来说,学会"耐心等待"、"礼貌问话"以及慷慨大方、体贴别人和自我牺牲是不容易的。

从很早起,儿童就有表现约十四种强制行为的本事,包括发脾气、哭喊、嚎叫、叫嚷和指挥,他们有意地或无意地用这些来影响自己的父母,如许多父母所知道的那样,有时会发展成完全的支配和对抗。强制行为通常在频次上,从约2岁("糟糕的两岁")的高发生率逐渐下降到入学年龄比较节制的程度。

年龄较大的孩子在相当于两三岁孩子的层面上表现出强迫行为,这是受到抑制的社会化典型。通常发生的事情是随着年龄的增长,某些强迫行为,如嚎哭、哭喊和发脾气不再被父母接受。这些行为接着成为严密监督和处罚的目标,反过来,随之而来的是这些行为在频次上减少,在强度上减弱。孩子也学会了供选择的、社会上可接受的方法表达他们的愿望和达到他们的目的。因此,社会技巧是减少攻击行为的重大因素。

到了4岁,孩子控制自己的负性命令、破坏性和用攻击方法进行强迫的企图有了真正的转变。到了5岁,大多数孩子比年龄较小的弟妹更少使用负面的、不遵从的和消极的身体行动,发脾气的次数也减少。然而在8岁时,50%以上的男孩和30%的女孩十分经常地大发脾气。男孩和女孩之间一些攻击性的差异可能是由于在西方文化中的父母不赞成男孩中的攻击,更不赞成女孩中的攻击。

三、问题什么时候真成了问题?

心理医生根据评估结果认为,严重的攻击或不服从,作为童年"问题"无处不在。我们已经看到,作为对严厉的社会化的"正常"反应,特别是在学步时期,以及后来的青春期争取独立性期间(所谓的"糟糕的两岁"和"糟糕的十几岁"),它们以反抗或反叛的形式达到顶点。

四、家长的反应:实例调查

3岁的克莱尔在要求得不到满足时,是一只小母老虎,而大人对她的反抗往往感到困惑不解。开始时,克莱尔心不在焉地坐在一张精巧的咖啡桌上面。她的母亲(布朗太太)优雅而温和地叫她别坐在桌子上,但她对这个要求置之不理。布朗太太接着提高嗓门叫她从桌子上下来,但她仍不理睬她母亲。贝斯特太太(她的姥姥)把她从桌子上抱下来,笑话她"顽皮"。她满屋子乱跑,然后爬回到桌子上去。她母亲再一次抱下她并轻轻打了她一下。她尖叫一声,满屋子乱跑,再次爬回到桌子上。她再一次被抱下来,被打得更重并被告知她不得再上桌子。她大喊大叫,停下来朝她母亲和姥姥看,接着又跑回桌子上。伴随着这一切的是,生气的母亲和逗乐的姥姥对这个行为的评说。这个情节重复了几次,直到克莱尔勃然大怒,用玩具娃娃砸她母亲的头。贝斯特太太告诉她要爱妈妈。她去拥抱和亲吻一下母亲。她母亲说,"别再那么做了!"但她又回去坐到桌子上。这次没有人理睬她,最后她自己找机会下来了。

不服从

像克莱尔这样的孩子,需要家长的支持,但是他们也想努力减少家长对他们认为有趣的活动的限制。他们对两者都想要。长大并学会应该如何守规矩以及应该尊重什么,意味着儿童必须放弃他们喜欢的许多东西。他们发现自己被吸向"两个磁极"的一端或另一端:一方面要了解和顺应别人的要求,另一方面把以自我为中心的要求强加给社会环境。然而,不是所有家长的命令都是合理的,而且,除了有时进行任性的反抗外,一个孩子还有什么办法确立和发展自己的个性呢?

那么到什么程度,不遵从、攻击或其他不当行为才被认为是过分的,因此被认为出现机能障碍呢?如果出现特别的不适宜的和极端的行为(根据频次和(或)强度)或者不遵从或攻击行为的持续时间很长,我们就要敲敲警钟了。如果还同时存在许多其他问题,我们也要重视起来(表9-1)。

表 9-1　应关注的行为维度

	频次(高比率的不服从/攻击行为)
	强度(极端的,如残酷的霸道行为;持续的、难对付的不顺从)
行为	数目(几个问题共存)
	持续时间(成为长期持久的"慢性"问题)
	感觉/意识(古怪、不可理解的行为)

孩子的轮廓图

要理解同一个行为失常的孩子生活在一起的意义,关键是先理解这个孩子的父母如何看待他们。这个看法很重要,因为这是父母对自己孩子的理解,而他们一般把这种意识归因于孩子的行为问题。下面的描述决不意味着把孩子当替罪羊,也不是建议(如我们以前所看到的)在孩子行为问题的发展中父母不去发挥作用。行为失常的决定因素是复杂的、多方面的。

暴君式的孩子

当要求指出自己孩子不当行为的主要特点时(Webster & Herbert, 1994),父母倾向于指出攻击性。当孩子的攻击可能呈现多种形式并指向多个目标时,父母的整体印象是孩子在家当暴君。

攻击父母

父母说,当他们孩子生气的时候,他经常会对他们采取攻击行为,有时候到了人身虐待的程度,他们说自己觉得受到伤害和欺负,并且经常抱怨他们在孩子周围时,感到深深的不安。他们抱怨必须保持警惕,怕万一孩子突然攻击他们。值得注意的是,母亲比父亲更普遍地拥有这样的感觉。攻击也指向兄弟姐妹、别的孩子或动物。父母经常抱怨自己的孩子对家庭和家用物品进行破坏的事情。

杰基尔-海德[*]式的孩子

从父母的看法中浮现出来的行为失常孩子的性格剖面图是消极和积极特点的混合,但以消极的居多。孩子具有杰基尔-海德的人格面具——时而非常暴虐、破坏和无礼,时而又和蔼、理智、通情达理并且对父母的情感很敏感。

好像正是这些消极行为的不可预测和逐步升级的性质给父母造成那么多痛苦。他们必须时时提防:行为问题可能会随时随地出现。

这一幕幕言语上和身体上的攻击导致他们的孩子被其他孩子憎恶、厌弃和嘲笑。况且,别的家长也不愿意自己的孩子结交具有攻击性的孩子。结果是,极少有人邀请

---

[*] 译者注:原为英国小说家史蒂文森(Stevenson)故事中的一个人物,他服用自己研制的药,时而变恶,时而变善。现在比喻具有两种面目或双重性格的人。

行为不当的孩子参加生日聚会或放学后同其他孩子一起玩。家长常常说他们的孩子没有朋友。老师和其他家长的反馈信息对于家长是一个重要信号,这些信息说明他们的孩子和别的孩子不一样。这也是行为失常儿童的家长与其他正常孩子的家长关系紧张的一个关键因素,同时造成失常儿童有被嫌弃和被孤立的感觉。

不服从和反抗

行为失常儿童的另一个显著特点,正如他们的父母所叙述的那样,是他们伴随着反抗的不服从。父母说他们的孩子拒绝服从父母的要求并通过反抗取得权力,不但控制父母,而且控制全家。

过度活动、分心作用、高度紧张

许多父母谈到自己的孩子是极端的气质类型。他们把自己的孩子描述为非常活跃、容易兴奋、过分激动、吵闹鲁莽和不可控制,常常说孩子是生来如此。此外,他们把孩子描述为难以专心聆听,难以集中注意力,哪怕是很短的一段时间。当他们叫孩子做某事时,他们说孩子常常置若罔闻或者只顾周围的事情,听不见父母说了什么。他们常常抱怨自己的孩子不能坐下来玩拆装玩具游戏、猜字谜画谜,而且常常需要照料。结果,父母陷于疲劳状态,因为他们在白天从来得不到休息或一时的安静。对于这些父母来说,他们的孩子活动强度太大了,以致孩子的安全和生存成为父母的主要问题。

学习的困难和父母的指教

许多父母表示担心自己孩子无能力学习经验,他们经常看到自己孩子承担特有行为的消极后果,而且在很多时候重复这些使自己失败的行为。相似的是,他们叙述他们解释和帮助孩子理解问题的努力,结果碰到的不是漠然的脸色就是明知故犯。这引起他们对自己孩子的前途担忧。

五、对家庭体系的影响

可以预见,下面有些情境对父母来说会是"灾区":

- ➢ 早上弄孩子起床。
- ➢ 洗脸和给他穿衣服。
- ➢ 吃饭(早饭和其他各餐)。
- ➢ 在白天叫孩子服从要求/指教(例如,别戏弄你妹妹,把那个饰物放回架子上,别到马路上去)。
- ➢ 无视"家规"(例如违反规矩玩火柴,在儿童节目开始前打开电视,在餐桌前坐不到整顿饭吃完或者跳到家具上去)。
- ➢ 当父母在洗手间、打电话、做饭时,打扰(纠缠)他们等。

> 用不断地说"我要……"扰乱超市购物，从货架上拉物品，发脾气等。
> 不断地同兄弟和(或)姐妹争吵、打仗或戏弄他们等。
> 叫去睡觉不去睡；不在床上过夜。

连锁反应

根据刚才列举的情况，很明显，行为失常儿童不但对自己父母的努力没有反应，而且实际上是从身体上和情感上给予父母折磨。受伤害的父母总是觉得，不管什么时候都不能预测和无法控制可能从孩子那里得到什么样的反应。正如父母所叙述的，一个孩子的行为问题造成连锁反应，在更大的圈子内影响家庭。首先是父母，其次是婚姻关系，然后是其他兄弟姐妹，再就是近亲家庭，最后是家庭同社区的关系。

行为失常儿童的父母(特别是母亲)经常因孩子的不当行为受到外人和专业人员的指责，这可能是由于父母有时表现出敌对和嫌弃。这些做法可能是首因，但很可能对于从幼儿期就已经特别难管的孩子来说是次因。在治疗中，要解开自古以来的先有鸡还是先有蛋的难题，通常是无用的。一般来说，父母得到的信息是只要他们更加努力或者早点应用某些维持纪律的方法，他们可能已经解决了自己孩子的问题。

卡罗琳·韦伯斯特-斯特莱顿(Carolyn Webster-Stratton, 引自 Webster-Stratton & Herbert, 1994)对家长采访作的品质分析表明做一个行为失常孩子的父母的过程包括四个阶段：

(1) 就像是踩水，费劲不少但没有前进(希望他们长大后就没有问题了)。
(2) 认识(承认问题的严重性)。
(3) 寻找原因(归因)。
(4) 习得性无助。

习得性无助

这是治疗计划中的一个关键概念。习得性无助假说的基础是，在不能控制自己会发生什么事的地方，身处其中的人们常常产生某些动机的、认知的和情感的缺失。动机缺失的特点是自觉反应的主动性大大减弱。认知缺失的特点是出现不可控制的信念和要求。情感缺失的特点是抑郁。

父母习得性无助阶段通常的特点是从自责转变到竭力设法理解和处理问题，最终进入放弃的状态。确定习得性无助的要素有三种：任何维纪方法都无效的观念；失去控制的愤怒感觉；对子女养育投入越多，做父母得到越少的感觉。

无计可施

由于家长认识到自己孩子的行为问题不会消失，他们对孩子实行各种维纪方法，以摆脱他们的自责。家长说他们从书本上、课程上和各种专业人员那儿寻求帮助。许多家长说他们尝试一系列手段例如教导、鼓劲、批评、打屁股、暂停、取消优惠以及正强化。另一些家长具有非常有限的维纪技能——通常主要是处罚。虽然他们对使用一系列各式各样的对策可能显得很积极，但其实，这表明这些父母多么绝望，因为他们在选择任何专门手段中反复无常，并对什么时候应用特定手段处理具体形式的问题缺乏信心。

第二节 因果关系：错误的社会性学习

可以引起行为失常的社会的、经济的和心理的决定因素(Herbert, 1987a；1989；Webster & Herbert, 1994)有很多，本章的目的是把注意力集中在一种主要的因果影响上：父母行为问题。

一、缺少做父母的技巧

有充分的证据表明问题儿童的父母和别的父母的区别在于使用更多的处罚，发出更多的命令；越轨行为过后提供更多的关注；识别不出什么行为是越轨；更多地卷入广泛的强制性的敌对；发出更多的含糊命令；没有能力制止自己孩子的越轨行为(Patterson, 1982)。

根据对家庭成员相互作用观察的分析，帕特森已经证明对一个攻击行动做出敌对反应足以使这种攻击永久存在。家庭中无论谁，好像都是如此。换句话说，处罚反应是在交换敌对情绪，远远不能制止攻击，实际上只能把事情搞得更糟。这种加速敌对反应的后果是到处蔓延，把其他家庭成员卷入强制的消极交换的家庭模式中。

所有这一切，正如我们以前所看到的，很难用因果关系解释清楚，正如长久以来的先有鸡还是先有蛋的问题。当然，这未必是个两者择一的情境。我们可以说的是，这样强制的亲子相互作用很经常和很强烈时，无助于道德和社会性的发展。儿童在通往成为社会人道路上的主要学习之一，是发展对自己行为的内心控制——用"良心"这个字眼表示的行为和道德准则的内化。用行为的字眼解释，可以认为一系列的行动内化到对这些行为的保持，已经不以外部结果为转移的程度，那就是到达这些行为的强化后果是以内心产生的而不是外部事情的支持(如奖励和处罚)的结果。提到自己的孩子，父母常常说两者都不起作用。

二、性情

难管的婴儿

对许多有行为问题的儿童来说，他们从出生早期开始就难管。新生儿执拗，反对改变常规甚至拒绝最简单的训练要求，父母有时候被这些搞得大感不解。以下是一位母亲告诉笔者关于自己婴儿的事：

从我看见我的养子第一天起,我就看出他比他姐姐詹妮更好动,而且不愿意独自呆在房间里。他常常尖叫,我花了好几个月,想知道我是否对他的养育方法不对,是否他有痛苦或者饿了。他从不轻易习惯于常规,好像从不满足。同时还出现了别的问题。他不像别的婴儿那样在白天睡觉,而且最后常常在夜间也不睡觉。当我去抱他时,他常常尖叫,又咬又踢,特别在洗澡和换衣服时表现尤甚。

某些性情上的特性会严重伤害父母和子女之间早期的亲子关系。婴儿出生后可能很快表现出不同类型的性情。有些儿童具有先天的特点,例如生物机能(进食、睡觉、大便)不适应;过度敏感;在新情况面前容易退缩;经常大发脾气。他们以后比听话的婴儿更容易产生行为问题(Thomas, Chess & Brich, 1968)。

一个孩子做事的独特方式能够激起父母复杂的感情——自豪、怨恨、内疚或无助。对活泼儿童来说,精力饱满的、活泼的父母可能欢迎他们。因为对他们来说,这样的行为丝毫不过分。然而,沉默寡言的、比较冷漠的(或者确实身体不好或孤单的)照料人却觉得同一个孩子使人疲惫而且不可爱。

这些倾向对有些家长来说可能太过分。这样就提出了一个问题——本章适用于哪些家长?

> 你可以向家长提出的第一个问题是"你常常觉得你好像在和你孩子'交战'吗?"

> 你可以继续说,"要考虑你的答案,你可以问你自己,是否紧张、对抗和自责的时间远远多于相互愉快交流和娱乐的时刻"。这是个平衡问题。没有人会奢望一种田园诗般的、同任何人完全没有冲突的关系,更何况是与儿童或青少年。你担心你的平衡向消极方向倾斜得太多吗?

学习"不容易"

学习发生在社会背景之中。奖励、处罚和其他事情是由人在情感和社会制度范围内形成的,不是没有人情味的行为结果。儿童不仅仅对刺激做出反应,他们还解释刺激。他们在联络、交往和向对他们重要而有价值的那些人学习。他们对一些人觉得反感,对另一些人由于尊敬或有情感而感到依恋。这样他们可能把后者的鼓励看做是"有益的"(就是正强化),但是把前者的看做是无价值的甚至讨厌的。对攻击性儿童来说,极为经常的是后一种情况!

在各种研究中好像有一种共识是,儿童的攻击行为可能与父母长期的态度和子女养育方式有关系。概括这些研究结果可以看出,松弛的纪律(特别是关于子女的攻击行为的)、父母的敌对态度,在子女身上会产生非常攻击性的和难以控制的敌对行为(Herbert, 1987a)。持有敌对态度的父母大部分不被子女接受和不令孩子赞成,因为他们不能给予关爱、理解和对孩子说明情况,并且常常大量使用体罚。当他们的确行使权力时,往往不分青红皂白;使用起来,也是反复无常、蛮横无礼。

这类方法常常被认为是权力自信。大人主张通过体罚、严厉的责骂、愤怒的威胁和剥夺优惠,进行支配的和专制的控制。父母在家里广泛使用体罚和子女在家外高度的攻击之间,有正相关的关系。暴力产生暴力,孩子好像学到"强权就是道理"。有过失的孩子比无过失的孩子,更容易受到成人的攻击,所以往往情况更糟(Herbert, 1989)。这些后果往往持续下去。

交流

在机能障碍家庭成员之间的交流非常讨厌,简直不如没有,或者几乎不存在。考虑到一切社会交往包括由于人类相互依赖而相互影响,以及考虑到人类社会合作的关键作用,所以在与行为失常儿童的家庭合作时,必须采取某些措施改变强制家庭的成员试图互相影响或相互控制的方法。当相互影响的来源是幸福和有凝聚力的家庭时,它是极其有力量的。的确,家庭凝聚力对家庭成员的快乐与健康具有显著的影响。凝聚力的标准给我们提供一些重要的调适目标,即使是困难的:

➢ 家庭成员拿出充分的时间参与活动。
➢ 极少相互回避和分开活动。
➢ 成员间经常亲切互动,很少发生敌对的互动。
➢ 家庭成员间有充分的、正确的交流。
➢ 家庭其他成员的评价常常是有益的,批评性的意见极少。
➢ 个人常常认为其他成员对自己有良好的看法。
➢ 成员间的爱意是看得见的。
➢ 他们表现出高度的满意和良好的精神面貌,并对家庭群体的安定抱有乐观的态度。

当没有这些特点时,特别处于危险状态的是由于其他原因容易受到伤害的那些人:年幼的、年老的和正面临压力的人。

第三节 评 估

问题的认同和确定

行为问题评估的原始信息常常来自家长。他们往往用相当含糊和笼统的说法,如"发脾气"、"不服从"、"反叛性"或"攻击性"这类字眼描述自己孩子的问题。要鼓励家长对问题举例说明,也就是说,当使用一个专门说法时,要用明确而形象的语句表明自己的意思。心理医生的简述要根据人们所做所说的实例(尤其)点出成问题的行为、态度、信念和互动关系的症结所在;研究意外情况(行为/信念的 ABC);把这些情况放入考虑家庭活力的发展框架内;教家长和孩子观察(可能的话,并记录)相互作用。然后同他们一起充分讨论这些资料或信息,达成一个共同的"临床诊断的系统说明"。

对问题行为进行逐字逐句的说明,不但提供问题的可操作性定义,而且提供在下一个评估阶段有用的前例和随之而来的事情的背景。

识别和确定问题的步骤
- 第1步:识别和点出问题

心理医生:你愿意用自己的话告诉我正在使你担忧的事,也就是你想让我帮你解决的事情吗?不要觉得你必须马上说,慢慢来(在适当的时间暂停以总结当事人的话)。我要看看我是否已经恰当理解了你提出的问题。

心理医生(过一会):你还想探讨别的情况吗?谢谢你有益的说明。我能够理解你很担心,我要问你另外几个孩子行为的例子,以澄清你提出的一些问题。

- 第2步:确认孩子的优点

心理医生:你已经指出了你孩子的一些问题。让我们来看看这个表格,你会看到这个表格上有一个支出栏和收入栏。我已经在收入栏上列出了他所有的让你觉得不可接受的行为。现在让我们在支出栏列上优点。(过一会)……请把这个表格带回家并找出他做令人愉快的、有益的和其他积极的事,并且把这些事记下来。同时也请你观察另一栏中他的消极行为以便我们一起研究这些行为并制定一个行动计划(见本章后面的 ABC 记录表)。

- 第3步:认同想要的结果(主要目标)

心理医生:如果我有一根魔杖,能够满足你三个愿望,用来改变你孩子的行为,你愿意改变什么?

如果你在一天早上醒来发现你的孩子变好了,你怎么知道的?他的行为或态度有什么不一样?

- 第4步:确定目标行为

心理医生:你希望改变的行为可以称做"目标行为",以便我们用 ABC 方法讨论孩子的行为问题。在这里 B 代表你孩子发脾气的行为,也代表你的信念,也就是你对所发生事情的感觉和态度。让我们弄清你打算在家里和别处观察什么。你说孩子"发脾气",是指他的哪些行为和言语?

- 第5步:观察他多久发火一次?

心理医生:请根据你描述的那些行为,数数你孩子每天发脾气的次数。你也可以记下每次的持续时间。这样做三四天。

- 第6步:观察行为的 ABC(见记录表)

心理医生:请对每次特定行为作一个简短的日志记录。重点放在 ABC 序列上:

A：什么原因？
B：发脾气！
C：以后马上发生了什么？

- **第7步：分析你的信息，从前因开始**

心理医生：几天后当你翻阅日记观察孩子发脾气的情况时，发现它们的起因很相似吗？

家长：是的，它们好像形成一种反抗模式，遵循两条路线：我的孩子支配我做某事，如果我不干，她硬要我干而且发脾气；或者我叫她做某事，她置之不理或者说"我不干"，如果我坚持，她就发脾气。

- **第8步：弄清发脾气的具体情况**

心理医生：通过日记你观察一下，发脾气是否经常出现在：
(1) 某些时间？
(2) 某些地方？
(3) 同某些人？
(4) 在特定情况下？

家长：它们经常是在早上、在夜间、在卧室、在餐桌旁；对我；当我想要给她穿衣服，叫他吃完她的饭或收起玩具时。

- **第9步：系统说明：分析前因和后果**

心理医生：你是否感觉到你已经养成了一种习惯，像一张破唱片一样，仅仅是在一遍遍地重复你的命令，而不管效果如何？你总是让步，因为这是最容易做的事吗？再看看你的日记，你能在这些气人的对抗行为 C(后果或结果)中看到某种模式吗？

家长：是的。克莱尔随心所欲，几乎总是这样。她也惹我生气。有时候，最后我都哭了。她总是找我吵架，而我不得不拿出大量时间应付这些事情。

心理医生：你实际在观察谁呢？肯定不会只是你的孩子。作为你对 ABC 序列中 A 和 C 分析一部分，你在观察你孩子和你自己及别人的关系。如果不观察别人对一个孩子的影响和一个孩子对别人的影响，就不可能理解一个孩子的行为。

心理医生：在这个例子中，你(和其他人)已经无意地强化了正是你希望减少的行为。例如，第一个强化因素就是她随心所欲了。第二个强化因素是她惹你生气并喜欢使你不得安宁。第三个强化因素是她独占了你的关注，即使是责骂，也是一种关注。孩子从中受益了，所以这种行为照样持续不断。

- **第10步：确定明确的调理(方案)目标**

心理医生：你要十分清楚，要改善这种状况，克莱尔可能会变化的情况，还要再具体一些。例如，"当我做出合理要求和命令时，我希望她服从我，例如我叫她收拾玩具时，她这么做而不会无休止地吵闹和暴跳如雷。"你对这些命令信念的记录是她不愿意服从你，因此，你高度紧张，所以我们需要帮你放松下来并且更有信心地坚持己见。

第四节 调 适

调适方法是直接针对攻击性（反社会）儿童的父母而不是针对（或加上）儿童本人，目的是通过改变父母的行为来改变孩子的行为。

特别紧迫的是需要帮助有严重行为失常儿童的家庭，因为那些攻击性儿童不但因受到家长的虐待处于更大的危险之中，而且根据纵向研究结果表明他们还处于下面的危险之中：学校开除、酗酒、吸毒、少年犯罪、成人犯罪、反社会个性、失败的婚姻、人际问题以及身体不健康。如果不加以治疗，行为问题儿童的长远前景一片暗淡（Herbert, 1987a；1993）。

在努力减少儿童的行为失常问题时，一直采取的主要手段之一，包括帮助家长改变强化他们孩子的反社会行为的偶发事件。这种方法的理论依据是从研究中得来的，这些研究表明行为失常儿童的父母在某些基本的父母行为技巧上（如前面所提到的）存在着根本的缺失（Patterson, 1982）。按照这个理论（父母在行为失常的发展中的首位作用），调适方法主张直接训练父母（Herbert, 1987a；1993）。针对以"一对一"疗法为主的各种家长行为训练方案的评论，普遍支持这些调适方法的有效性（Webster-Stratton & Herbert, 1994）。当治疗师努力改变或纠正家长的行为、态度和习惯时，只是叙述具体的行为准则，不解释事情发生的心理机制和进行过程。关于家长训练过程有许多问题需要回答，例如：

➢ 治疗师怎样处理家长对新概念的反对？
➢ 他们怎样保证完成作业？
➢ 他们的教学方法和策略是什么？
➢ 他们什么时候使用对证？
➢ 他们怎样提高家长的自信心和自身功效？
➢ 他们怎样保证他们在文化上的敏锐性？

在建立家长训练实验基地中，我们需要突破技术限制进行活动。

一、个别家长/家庭训练方案

有相当多的文献描述家长训练方案的"内容"，详细列出了像暂停、B命令（体态命令）、表扬、分化注意、反应-代价等行为原则（Herbert, 1987b；1988）。已经出版了包含为个人而设计的结构化的小册子。另外，凭借特别根据，依靠个人评估，教授行为管理策略，通常使用的普遍依靠的方法还有下面这些。

发出命令

家长扮演角色并学习如何发出明确而合理的命令和要求(见"给家长的提示3")。

分化注意

关注和置之不理的分别使用被广泛认为是家庭行为调适的首选方法。如果孩子不接受足够的正强化(关注)和(或)在不适当的时候接受正强化,特别需要区别使用注意和置之不理。

"关注规则"指出,孩子愿意做出努力,以得到别人特别是父母的关注。这种关注在性质上可能是积极的(例如,表扬),也可能是消极的(例如,责骂、批评)。如果这个孩子得不到积极的关注,他会努力接受消极关注。然而,有些孩子反应迟钝,而且确实对大人积极关注的东西表现抵触。许多人认为家长训练方案的先决条件是保证家长能够给孩子提供有意义的、积极的关注。为使"表扬-置之不理"方案有效,下面的条件是必不可少的:

➢ 父母的注意必须能够强化孩子的行为。
➢ 父母要在适当的时间给予适当的关注。
➢ 仅是注意本身就对不适当行为有强化和维持作用。
➢ 单独使用非强化是消除不当行为的有效方法。
➢ 置之不理是令人不快的或非强化的。
➢ 不当行为的延续对孩子或别人不会有害。
➢ 家长合理的始终如一的反应,会使孩子知道什么是适当的或不适当的行为。那就是,如果家长天天持有始终如一的期望,孩子就能够从家长对他们行为的反应变化上,理解恰当和不恰当行为的定义。

提供"专门的"和"有质量的"时间

愉快的亲子关系是彼此强化相互作用(例如,一起计划娱乐时间、游戏时间)的结果。

公平而明确的家规/限制

家规必须公平(见"给家长的提示 4",问卷)。

解决问题

处于控制状态的感觉对于自我授权和成功地走出困境至关重要,不论这种感觉是在日常的还是危机的情况下。你为当事人把问题重新分类,把他们过去认为无法解决的问题重新界定为"可管理的",并应用一系列人际问题解决策略。

要把大部分(但不是全部)重点放在人的想法上。治疗或训练的目标是当问题出

现的时候,产生一种想法,一种用来作决定的信念和价值观。这里包括下面的步骤:

➢ 鼓励当事人想出人际问题的不同答案(可称做"替换答案思维")。
➢ 帮助他仔细考虑需要得到答案的步骤("手段-目的"思维)。
➢ 然后,如果试过的话,要确认每个解决办法产生的适当后果。
➢ 还要理解一件事怎样导致另一件事("因果思维")。
➢ 最后,要意识到可能发生的同别人有关的问题("对人际问题的敏感性")。

二、团体训练方案

这个方案强调要减少家庭成员中的对抗和敌对的相互作用,增加积极的相互作用的有效性并减轻家长处罚的强度。在这些团体训练方案中,家长不但学到新的行为模式,而且学会理解他们行为的后果,以及他们的行为在保持他们孩子的"问题"行为中所起的作用。实际上,家长学会一种的新的口头的和非口头的语言,以同自己孩子交流。

关于家长训练理论和实践的具有开创性影响的工作是帕特森、雷德(Patterson, Reid)和他们的同事们在俄勒冈社会学习中心(OSLC)的创作。在那儿,在约二十年的时间里,他们治疗了二百多个有极端攻击性的、反社会子女的家庭(Patterson, 1982)。有令人鼓舞的证据表明,利用小册子和个人治疗改变家庭管理方式,能够使像攻击、不遵从、破坏性、破裂和过度活动这类反社会行为产生巨大变化。

五种家庭管理的方法构成俄勒冈社会学习中心训练方案的核心成分:

(1)教给家长怎样指出有问题的活动,以及怎样在家中追踪这些活动(例如,依从与不依从)。

(2)教给他们强化技巧(例如,表扬、记分)和维纪方法。

(3)当家长看到自己的孩子行为不恰当时,他们学着利用温和的做法,例如暂停。

(4)教给他们"监视"(就是监督)自己的孩子,即使当他们离开家时。这包括家长随时都知道孩子在哪里、在干什么以及什么时候回来。

(5)最后,教给他们解决问题和谈判对策,并且逐渐负责设计他们自己的方案。

与个别家庭24小时的直接接触是俄勒冈社会学习中心整套治疗方案中的典型模式。治疗师必须熟练处理对变化的抗拒,抗拒变化是许多接受治疗家庭的特点。通常治疗师如要具备这种水平的治疗技巧需要好几年有督导的临床经验。

卡罗琳·韦伯斯特-斯特莱顿研究制定了一套训练行为失常幼小儿童家长的成功方案(Webster-Stratton & Herbert, 1994)。它包括整套有效治疗方案,也包括解决问题和交流技巧的要素。团体讨论录像带模仿(GDVM)方案以富有想象力和系统使用录像带模仿方法而出名。卡罗琳·韦伯斯特-斯特莱顿研究制定了一套16盘录像方案(300多个画面),表现不同性别、年龄、文化、社会经济背景和性情风格的家长和儿童。给家长展示吃饭时同孩子的相互作用,早上给孩子穿衣服、入厕训练、处理孩子的不服从、一起游戏等。现场描述家长的正确做法和错误做法。表现积极也表现消极的目的是解开有完美的父母行为这一观念之谜,以及举例说明家长如何向自己的错误学习。重要的是强调以录像带作为催化剂,以一种合作的方式来鼓励团体讨论和辩论。

现已表明使用针对年龄较小的行为问题儿童的家长的录像带训练方法,不但对改善亲子关系(与团体讨论方法和单一治疗师一对一的治疗相比较)有效,而且作为预防方法也非常合算。此外,录像带模仿具有潜在的好处。因为,一般来说,它很容易被不识字的家长接受,也容易被阅读理解有困难和不善言词的家长接受。录像带模仿可以大量传播,应用于个人训练的成本也降低了。英国人的一个杰作是赫伯尔特和伍基(在编辑中的)方案。这个方案为卫生保健和社会服务机构的患者研究制定,并在他们身上得到验证。

上述所有的方案由于家长接受和消费者满意,已经受到高度评价。家长和儿童行为的重大变化以及家长对儿童的理解的重大变化已经显出令人鼓舞的短期效果。在家庭环境中的观察,已经表明家长成功地把儿童的攻击程度减少了20%~60%。所有这些方案都报告,从六个月到四年的随访时间,从门诊环境到家庭,行为普遍得到改善(Webster-Stratton & Herbert, 1994)。

三、合作模式

我们与行为失常儿童的家长合作的理论方法(Webster-Stratton & Herbert, 1994)属于认知-社会学习模式,同时结合存在主义和人本主义模式的一些核心要素。我们为称我们的方法为"家长训练"感到不安,因为这个字眼可能含有一种治疗师和家长之间存在权力等级差别的意味,在其中,治疗师作为"专家"去治疗家长内心的一些"缺陷"。不管我们叫这种调适方法什么,我们都主张同行为失常儿童家长一起工作的根本援助过程是以合作模式为基础的。合作表示一种以平等使用治疗师的知识和家长的独特力量和期望为基础的非责难的、支持的相互关系。合作表示对每个人贡献的尊重,表示一种建立在信任和公开交流上的关系。合作表示家长积极参与规定目标和治疗议程,并且同治疗师一起负责解决他们自己或家庭的问题。合作表示家长对每次治疗课提供动态评价,以便治疗师能够随时了解家庭需要,以进一步完善调适方法。

在合作关系中,治疗师同家长一起努力,积极征集家长们的意见和感受,了解他们的文化背景,并且共同地使他们参与交流经验、讨论和辩论以及解决问题的过程。治疗师并不是以专家自居向家长发出忠告和训诫,指导他们如何更有效地做家长,而是要求家长帮助写出调适方案的底稿。然后,治疗师作为合作者去了解家长的期望,澄清问题,总结家长提出的重要看法和话题,用文化上容易接受的方法指导与说明,最后当家长要求帮助和产生误解时,教给并提出可能的替代方法。

家长经常在自信心差、有强烈的内疚自责感的时候,为自己孩子的问题寻求帮助。他们同治疗师之间的伙伴关系具有帮助他们找回尊严和自我控制的作用。我们的假说是赋予家长责任(同治疗师一起),研究提出解决方法的合作模式,与不要家长对解决方法负责的其他治疗模式相比较,更可能在治疗中增加家长的信心、满足感和自我效能。对这种方法价值的支持来自论述自我效能、归因、无助性和控制点的文献。例如,班杜拉(Bandura, 1986)已经提出自我效能是知识与行为之间的中介变量。有自我效能的家长常常会坚持努力直到获得成功。这些文献也表明那些获得成果的人在困难面前更可能坚持下去,而不大可能在压力面前萎靡不振。此外,研究表明,互通信息和交流想法的做法既可以减少摩擦,又可以增强治疗动机;既可以减少阻抗,又可以促使暂时性和情境性的效果泛化,这样就能使家长和治疗师在调适努力的结果中共同获益。

合作方法包括下列过程:

➢ 协商。关键问题是"我们打算怎样共同提出问题",这意味着使这个(些)人参与共同计划治疗目标的工作。

➢ 教育。这包括澄清对行为失常的特征及治疗的看法。这意味着提供说明,通过讲道理给家长以力量,互通信息和增加知识。尽管困难,但是听到别人成功的例子是有益的,从而产生一种乐观的心情。

➢ 观察。鼓励和帮助当事人观察他们自己(和他们的孩子)对所使用方法的反应,并向他们示范如何在治疗期间记下这些反应。

➢ 行为练习。给当事人机会在他们感到舒服和安全的气氛中练习自我处理技巧,例如放松技巧、自我谈话及生气(冲动)控制技巧以及儿童管理技巧(例如,发出指示、坚持始终如一,以及社交技巧)。

➢ 自我谈话练习。鼓励当事人练习积极的"应付"表述:"我应付得了","我能应付这个局面"。保持镇静,慢慢地、静静地呼吸。

➢ 寻求支持。如果需要,如果可能并且如果当事人允许,把其他家庭成员或外面的帮助者带来当助手。

➢ 去除无稽之谈。需要经常反对妨碍治疗的无稽之谈和归因(例如,"他没救了","他改不了了")。父母对子女的看法,以及他们对子女养育的观念和归因对评估和讨论有重大影响。

合作方案的应用效果,取决于清楚解释所涉及的事情,以及为什么这些方法可能有效(即它们的理论根据)。要讨论关于解决问题、解决"未了的感情纠葛"、面对的变化以及反对变化的看法，下面是其中的几个问题。

你的孩子在努力解决生活问题

心理医生：不要认为你的孩子有问题或成问题，这可能有助于认为他在努力解决问题。你不喜欢的那种行为可能是他不很成功地(因为终归他是个孩子)努力处理一个生活难题的方式。让我们设法看看他在努力做什么。在这个人生阶段，他必须解决的问题是什么？

消除阴影(重新计划)

心理医生：你可能发觉难以把你全部的思想和精力放在目前的困难上，或许存在一些过去留下来的"阴影"仍然困扰着你，在你养育孩子过程中，你不需要责怪自己。让我们谈谈这些事情，把它们消除，那么你会感到更有信心面对未来。

戴上一副新的"护目镜"

心理医生：我们都觉得很难改变。的确，改变可能是痛苦的。我们习惯于"有色眼镜"，我们用它来看整个世界，特别是看自己的孩子。必须戴上一副不同的"有色眼镜"，一开始会令人困惑。我们对熟悉的东西感到舒服，所以新的前景是新奇且有点可怕的，但是那种感觉会渐渐消失。

变化不是没有代价的

心理医生：你觉得难以放弃你对自己孩子过去的不端行为的愤怒和怨恨。让我们设法看看这为什么如此困难。我们将设置两栏，上端标有消除愤怒的"有利条件"和"不利条件"：

家长	有利条件	不利条件
	我会觉得更好	这会看起来仿佛他的行为对我不重要
	我会觉得不太紧张	我会失去自尊心
	要更有理性	人们可能认为我不尽心养育我的孩子

心理医生：你会明白，你头脑中有一些充分的理由不放弃你的愤怒，所以改变是有代价的。你需要仔细考虑的是改变(这与不改变相比)的相关代价。

治疗过程不只是关于反社会行为的"矫正办法"。家长需要原则和实际技巧来鼓励和保持孩子的服从的和其他亲社会行为。关于这个要点，重要的是要替孩子辩护并检查正在要求他们什么和已经教给他们什么，或者还没教给他们什么。儿童不应该因为不做他们不知道、不会做的或者不明白是越轨的事而受到责备。下面的问题是中肯的：

➢ 对孩子的期望(规矩、要求)合理吗？

> 他知道该做什么吗?
> 他知道该怎么做吗?
> 他知道该什么时候做吗?

产生变化的更详细的方法,在本章后面"给家长的提示"中作了叙述,并且在赫伯尔特(Herbert,1987a;1978b)、帕特森(Patterson,1982)、韦伯斯特-斯特拉顿和赫伯尔特(Webster-Stratton & Herbert,1994)的著作中能够读到。

附录 I 信念和行为(作 ABC 记录)

孩子姓名:　　　　　　年龄:　　　　　　照料人姓名:
日期:

时间	前例:事前发生了什么?	信念:我当时的感觉、态度、意见。 行为:我孩子当时的行为	后果:紧接着发生了什么?	苦恼等级 0~5 级(见下面的标准)

在事件期间感到的苦恼程度的等级标准:
0 —— 1 —— 2 —— 3 —— 4 —— 5
无苦恼　　轻　　　　　　　　很严重

附录Ⅱ 观察趋向目标的进步

当事人姓名： 孩子姓名： 日期：

一周一周地记录孩子是正在向目标进步，还是离目标更远。

目标：

		1	2	3	4	5	6	7	8
	+10								
	+9								
	+8								
改	+7								
	+6								
	+5								
进	+4								
	+3								
	+2								
	+1								
周数		1	2	3	4	5	6	7	8
	−1								
	−2								
	−3								
恶	−4								
	−5								
	−6								
	−7								
化	−8								
	−9								
	−10								

方案期间

附录Ⅲ 记录表

孩子名字： 开始周：

行为	星期一	星期二	星期三	星期四	星期五	星期六	星期日
鼓励和表扬的积极行为							
上午							
下午							
晚上							
要劝阻的消极行为							
上午							
下午							
晚上							

附录Ⅳ 儿童教养和训练问卷

尽可能坦率地回答这些问题。有些问题有普遍性，另一些涉及具体一个孩子。如果你有不止一个孩子，只考虑最小的一个。如果问题不适合你，就写上"非"。

这不是分数要加起来那种意义上的测试，也不是对特定问题的答案正确或错误的测试。问卷包括许多关于儿童训练和教养以及父母作用的问题。这会有助于你认真地检查你在使你孩子社会化中的态度、花费的时间总量和表现的关爱。

母亲和父亲可以分别填写。要对照记录，但不要为此争吵。

	总是	大部分时间	偶尔	从不
(1) 你和你的配偶讨论出现的训练问题吗？				
(2) 你同意对孩子的训练吗？				
(3) 你亲自参加对孩子的训练吗？				
(4) 你亲自参加日常对孩子的看护吗？				
你(或曾经)给孩子换尿布吗？				
给他洗澡吗？				
喂他吃东西吗？				
在夜间起来照料他吗？				
参加对他的入厕训练吗？				
(5) 你对你孩子做出的要求合理吗？				
(6) 你根据他能做或不能做的事情规定限度吗？				
(7) 你对你孩子表露感情吗？				

(续表)

	总是	大部分时间	偶尔	从不
(8) 你对他掩饰感情(如愤怒、焦虑、怨恨)吗?				
(9) 你表扬你孩子的良好的或令人满意的行为吗?				
(10) 你感谢他的帮助吗?				
(11) 你经常爱挑剔吗?				
(12) 你仔细选择对你孩子的批评言词吗?				
(13) 你的孩子明白你对恰当行为的期望和规矩吗?				
(14) 你对孩子打耳光作为处罚形式吗?				
(15) 你对你孩子唠叨吗?				
(16) 当你生气或愤恨时,能控制自己吗?				
(17) 你认为孩子基本上是好的吗?				
(18) 你认为孩子基本上是顽皮的吗?				
(19) 所有的婴儿都哭。如果他身体没有毛病而哭很长时间,你应该抱起他吗?				
(20) 你应该处罚一个三岁以上尿床的孩子吗?				
(21) 你应该在半夜阻止你孩子上你的床吗?				
(22) 当你的孩子吵架时,你应该介入吗?				
(23) 孩子应该在餐桌旁呆到整顿饭结束吗?				
(24) 你对你孩子的一些不良行为置之不理吗?				
(25) 你同孩子讨论重要的家庭事务吗?				
(26) 你孩子和家人一起在餐桌上吃饭吗?				
(27) 你认为应该允许孩子打断大人的谈话吗?				
(28) 你认为当要求孩子安静或做某事时,家长应该指望他们马上服从吗?				
(29) 母亲应该指望父亲训练孩子吗?				
(30) 父亲应该指望母亲训练孩子吗?				
(31) 你是否做下面的一些事: 　　帮助孩子穿衣服? 　　给孩子喂饭? 　　带孩子去托儿所/学校?				
(32) 当你在早上出去时,你对孩子说再见吗?				
(33) 你向他吻别吗?				
(34) 你单独带孩子出去散步吗?				
(35) 你孩子长得更像你还是更像你的配偶呢?				
(36) 你喜欢做母亲/父亲吗?				
(37) 回想一下,你认为再晚些时间做父亲(母亲)对你本人来说情况会更好些吗?				

(续表)

	总是	大部分时间	偶尔	从不
(38) 你在意孩子的性别特征吗?				
(39) 你会让你儿子玩洋娃娃/女儿踢足球吗?				
(40) (对父亲)当孩子出生时,你是否在场: 　　在最初阶段 　　直到分娩 　　正在分娩 　　自始至终				
(41) 你能记得并描述当你第一次看到婴儿时的感觉吗?				
(42) 请你谈谈你同下列人的关系: 　　你的母亲 　　你的父亲				

附录Ⅴ　孩子的 ABC 记录

孩子姓名:　　　　　　年龄:　　　　　　照料人姓名:

日期:

记录的行为:

日期和时间	前例:事先发生了什么?	行为:你孩子做了什么?	后果:(1) 你是怎么做的?(如,置之不理、争吵、责骂、打耳光等)(2) 他如何反应?	描述你的感受

附录Ⅵ　行为问卷

你的孩子做下面的一些行为吗？如果有，在一个格里打上勾号表示下面的行为多久发生一次。另外说明这种行为是否是你烦恼的事。

	0 从不	1 偶尔	2 经常	3 大部分时间	你把它看做令人担心的问题吗？	
					对	不对
你的孩子：						
发脾气吗？						
进行威胁吗？						
从身体上攻击别人(打人、推搡、抓掐、揪头发、摔东西)吗？						
同别人(兄弟、姐妹、朋友)吵架吗？						
损坏(自己的、别人的)财物吗？						
搅乱、妨碍别人的活动(打断、分散注意力)吗？						
欺负别的孩子吗？						
打搅别人(例如把音乐放得太响,吃饭迟到)吗？						
用伤人的方式戏弄别人吗？						
说脏话、指名骂人吗？						
进行讨厌的、不恰当的身体接触(黏黏糊糊、搂搂抱抱)吗？						
使自己游手好闲吗？						
使别人游手好闲吗？						
不能随心所欲,反应不恰当(生闷气、退缩、发怒)吗？						

(续表)

	0 从不	1 偶尔	2 经常	3 大部分时间	你把它看做令人担心的问题吗? 对 不对
偷钱,逛街买东西吗?					
公开手淫吗?					
不服从你吗?					
暴露身体吗?					
尿床吗?					
弄脏自己衣裤或在不适当的地方大便吗?					
拒绝上学(逃学)吗?					
紧张、焦躁、易激动、不安宁吗?					
显得迟钝、缺少活力吗?					
好像害羞吗?					
好像抑郁吗?					
显得胆小、焦虑吗?					
语无伦次吗?					
提出无理要求吗?					
没完没了地哭吗?					
显得沉默少语、鬼鬼祟祟、神神秘秘吗?					

附录Ⅶ 监视向目标的进步

这个表格每隔一定时间记录一次,例如,由当事人每周一次。

当事人姓名:　　　　　工作人员姓名:　　　　　日期:

记录你本人觉得每周你正在向目标进步还是离目标更远。

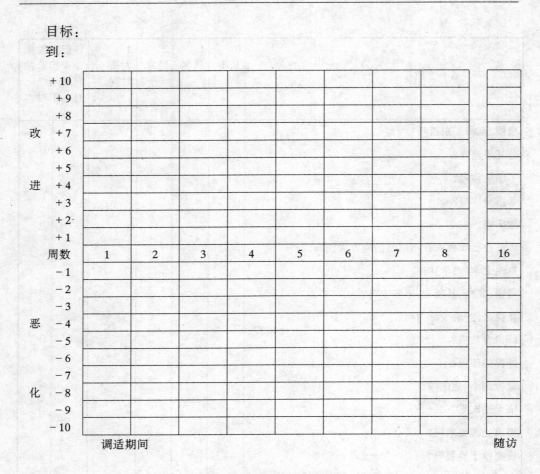

附录Ⅷ 情况和场所问卷

在下面的任何场所或在下面的任何情况下,你同孩子有麻烦吗?圈出最能概括你的意见的数字。

场所或情况	从不	偶尔	经常	你把它看做是令人担忧的问题吗?
访问朋友	1	2	3	是/不
买东西(例如超级市场)	1	2	3	是/不
坐公共汽车或小汽车出去	1	2	3	是/不
有人来访你家	1	2	3	是/不
带孩子去学校或托儿所	1	2	3	是/不
把孩子留在托儿所	1	2	3	是/不

(续表)

场所或情况	从不	偶尔	经常	你把它看做是令人担忧的问题吗？
给孩子穿衣服	1	2	3	是/不
叫孩子上床睡觉	1	2	3	是/不
叫孩子呆在床上	1	2	3	是/不
同弟兄姐妹吵架	1	2	3	是/不
同朋友吵架	1	2	3	是/不
叫孩子去参加聚会(朋友家)	1	2	3	是/不
叫孩子同人说话	1	2	3	是/不
拿别的孩子的东西(如玩具)	1	2	3	是/不
叫孩子共同玩玩具	1	2	3	是/不
叫孩子有礼貌	1	2	3	是/不

给家长的提示 1　维纪问题

这儿简单地提出关系到你孩子的一些维纪手段(行为方法)供你考虑。有益的是记住"维纪"这个词本质上是一个褒义词，而且意味着提供指导、鼓励和规定适当限度加上树立良好的榜样。

第 1 种方法：正强化

如果我们希望帮助孩子抛弃讨厌的行为并得体地学到一些更合适的东西，我们必须改变奖励孩子或不奖励孩子行为的方式。我们把这称做"强化训练"。

这是一个要仔细考虑的问题："我在使良好的行为值得做吗？"

有些家长记得奖励(强化)令人满意的行为。我们需要考虑一个新的口号"要发觉孩子做好事，而不是总发觉在做坏事"。这意味着如果我们一直在关注(生气或别的方法)奖励"坏"行为，而在极大程度上不理"好"行为，那么我们应该颠倒我们的反应，开始尽量不理坏行为，而奖励好行为。这听起来很简单，但涉及各种问题和潜在的复杂情况。

要获得最大效果，应该尽可能在孩子做了特别令人满意的行为之后紧接着加以强化，如款待、优惠活动、表扬和鼓励。这样把注意力吸引到成功上，比起当孩子做一些非常特别的事，才给予满意的评语，可能更有效。

第 2 种方法："表扬-置之不理"公式/关注规则

规则表明孩子会努力争取得到别人特别是父母的关注。我们有一些简单公式：

可接受的行为 + 强化（奖励）= 更加可接受的行为

可接受的行为 + 无强化 = 不大可接受的行为

不可接受的行为 + 强化（奖励）= 更加不可接受的行为

不可接受的行为 + 无强化 = 比较可接受的行为

不言而喻，如果孩子热爱、信任并尊敬自己的父母，换句话说认同他们，一般而论，他们想使父母高兴的愿望，会使父母的奖励和处罚更有效力。"感情是争取奖励的动力"。

有些父母无意之中使孩子觉得自己的那些令人讨厌的行为不值得再去做了。

前例	行为	后果
（a）约翰尼要想去公园，爸爸说午后茶点前没有时间。	约翰尼又踢又喊，躺在地板上尖叫。	爸爸对他发脾气置之不理；最后约翰尼平静下来，开始玩起来。
（b）艾莎正在吃饭。	她不停地离开座位。	妈妈警告她一次后，拿走了她的早餐，艾莎只好挨饿。

正像被强化的行为往往还会再发生一样，不被强化（a例）或受到处罚（b例）的行为往往会停止。说"奖励"，我们并不一定只指物质的东西；说"处罚"，我们也不一定只表示身体上的、严厉的或痛疼的事情。我们在尽量帮助孩子明白在社会生活中，某些行为产生令人满意的后果（例如，表扬、赞赏、款待、优惠），而另一些行为却不能。

第 3 种方法：正强化的暂停

已经证明暂停是一种有效的处罚。这个步骤的目的是通过确保紧随讨厌行为之后，减少获得强化或奖励的机会，来减少讨厌行为的频次。

➤ 活动暂停：在这期间，只禁止孩子参加娱乐活动，但仍然允许观看。例如，做了不恰当的事，叫他坐在旁边，置身于游戏之外。

➤ 空间暂停：在这期间，把他从群体隔离到室内的远端，坐在一把为调皮蛋准备的椅子上；或隔离到走廊上（不是愉快的也不是吓人的地方）。

暂停可以持续 3~5 分钟。在实施中，应该先选用"活动"或"空间"暂停，后用"隔离"暂停，"隔离"就是父母把孩子送到他们的房间待上一段不确定的时间，是一种经常使用的方法。

用积极的关注（游戏、表扬、额外接触）抵消暂停很重要。当表扬和暂停并用时，可获得最好的结果。

第 4 种方法：反应-代价

使用反应-代价的步骤,包括对不能完成要求的反应给予的处罚或"罚款"。这可能包括失去眼前可得到的奖励,例如,不完成作业的结果是不许看电视。

第 5 种方法：观察学习（模仿）

儿童通过模仿别人学习大部分的社会性行为(和其他许多复杂行为)。他们根据观察自己周围的重要人物,自己去模仿,照搬他们的一言一行。儿童的模仿能力也有消极一面,并且在学习讨厌的行为时,同样发挥重要作用。我们经常忽视儿童不但做我们说的事,而且做我们做的事。你可以在栏目中列上你对你孩子抱怨的行为,而在邻近一栏中,列上哪些家庭成员做同样或相似的事。

要教给孩子新的行为,给他机会观察别人如何做那些该做的行为。

第 6 种方法：当然结果

如果你保证(在安全的限度内)允许孩子体验他自己行为的后果,这会是纠正行为的有效方法。如果一个孩子粗暴地对待一件东西,例如,东西坏了;如果他只好不用它了,他可能学会仔细。如果你总是买新玩具,他可能继续损坏东西。

给家长的提示 2　学习并不容易

必须教育孩子如何正常守规矩,也就是说,以一种群体上和道德上可接受的方式行事。童年时期的许多问题不仅是由于儿童学习了不恰当的(也就是讨厌的)行为,而且也是由于儿童不能学习恰当的(也就是可接受的或令人满意的)行为。儿童的许多行为问题(特别是在早期岁月)与不适当的自我控制技能有关。"学习"这个词是帮助你和孩子的关键。

有一两条简单规则,如果你把它们用于孩子,甚至你自己的行为的话,你会觉得有用。

第 1 个原则：正强化

开始先说明正强化是有用的。如果一种行为的后果对孩子是有益的,那这种行为可能增加力量。例如,它可能变得更经常！例如克利夫做某事,作为他的行为的结果,发生了一些令人愉快的事,那么今后在相似的情况下,他更可能做同样的事。当心理学家把这种令人愉快的结果称做行为的正强化时,他们记住了好几种强化因素：

- 物质奖励,如糖果、款待、零花钱。
- 社会性奖励,如关注、微笑、拍拍肩膀、一句鼓励的话。
- 自我强化因素,如来自内心的、非物质的强化因素:自我表扬、自我赞同、愉快感或成就感。

一个孩子的反抗和固执行为经常由于自我满足(随心所欲)形式的社会性正强化或父母的关注而保持下去。这种关注可能以各种形式出现,包括责骂或唠叨,在错误的时间同孩子说理(例如,在孩子发脾气时)或者太详尽地讨论不端行为。作为对父母的这种行为的反应,孩子可能用一种合作的方式行事,这样无意中强化(奖励)了父母这种方式。这种做法叫做"正强化陷阱"。

在大多数情况下,正负强化的结合可能会保持对抗行为。

第2个原则:负强化

一种行为如果可以避免不愉快结果,那么该行为就会受到强化,遇到相似情况,更有可能再去那样做。如果你孩子总做你不喜欢的事,例如太容易发火,你可以让他们先想一想控制脾气,做不到的话,就要始终如一地对他们加以处罚。这样,你就是在为他们"保持冷静"的努力提供所谓的负强化。如果他们由于你信守诺言而相信你的警告,你就可以不必应用处罚了。例如,如果你说"唐娜,如果你不先想想,随便欺负你妹妹,我不会允许你看电视"。那么,将会促使唐娜先去想一想,而打消随便打人的念头。

采用阻力最小的做法

家长或者老师向孩子的不服从行为让步的现象并不少见——往往是由于他对家长发脾气等反应作了强硬的抵制。对孩子反抗的让步往往不是每回都发生,这就产生了所谓的对强制不服从行为间歇强化的现象。这种"断-续"形式的奖励或强化促成了很难对付的不当行为。

父母一屈服,孩子就不再闹了。于是父母的屈服行为也受到了强化。这种为了消除不愉快的刺激,父母与孩子相互强化的做法已被描述为"负强化陷阱"。

给家长的提示3 日常要求和命令

不听话孩子的家长常常在下面几点上"出错":
- 发出太多命令吗?
- 使用含糊的要求吗?例如说"你为什么不能更有礼貌一些?"而不是"当你提

出要求时应当说'请'!"
- 经常从远处大声发出命令吗?
- 批评孩子行为中太多的琐碎小事,造成无数实际上无关紧要的对抗吗?
- 是否很少俯身看着孩子,叫着他的名字,严肃而有礼貌地说话?
- 你态度生硬地安排时间吗?在一个吸引孩子的电视节目当中突然叫孩子上床睡觉是在找麻烦。告诉孩子在节目结束时上床睡觉更有可能产生成功的结果。
- 让你的孩子改掉他的不端行为吗?要处罚孩子的警告没兑现吗?你是否允许孩子对你一连串的命令("你不准!"、"你不能"、"别干……否则")置之不理,直到突然疾言厉色打骂孩子以发泄你不断上升的挫败感和愤怒呢?
- 有意或无意地应用你自己的嗓门和十足的批评语调,传达你的"信息"和你对孩子缺点的关注吗(这些缺点导致你不喜欢他)?
- 不找时间共享欢乐时光吗(例如不和孩子一起玩)?

给家长的提示4　问卷

这是一份你可以与你的心理医生一起讨论的问卷。
(1) 你有孩子在家中遵循的行为规则吗?
(2) 它们是什么?
(3) 按顺序列出要遵循的最重要的规则。
(4) 这些规则是如何传达给孩子的?
　　通过口头
　　通过事例
　　通过处罚孩子
　　其他事例
(5) 依次逐条举出最重要的规则,说明为什么对孩子来说遵循这条规则很重要。
(6) 孩子的祖父母、外祖父母或家中其他大人给孩子定有同样的规则吗?
(7) 每条规则隔多久违犯一次?对于每条最重要的规则,根据每周的平均数加以估计。
(8) 当你的孩子违犯这些规则时,发生什么事?依次逐条举出这些最重要的规则。
(9) 当孩子遵守这些规则时,发生什么事?
(10) 你给家中所有的孩子定有同样的规则吗?

10

帮助失去亲人的和濒临死亡的儿童及其父母

引言

儿童的去世"打乱了事物的自然规律"。我们预料老人会有一天去世,但是没有一位父母准备接受由于意外事故或疾病造成的儿童夭折,从而打碎他们全部的梦想和希望。

(Ward et al., 1993)

目的

本章的目的是向心理咨询人员、医生、护士和其他社会服务专业人员提供知识、技巧和评估方法,协助他们在儿童和他们的家人可能处于最为痛苦和茫然的时候,做好心理援助工作。而且,为此目的,启发上述人员理解儿童和大人对失去或即将失去亲人的反应方式。

就心理医生而言,应能做到:

- 不仅敏感地觉察他们所关怀的人们的感觉、恐惧及(经常是)无言的担心,而且敏感地觉察他们自己在这项工作过程中可能出现的个人的与职业上的压力和紧张。
- 理解儿童和大人(幸存的父母)对失去亲人的反应。
- 能够整理临终(或重病)儿童或父母及其家人可能需要的信息、知识、技巧和情绪应变能力。
- 懂得儿童通过疾病和死亡所理解的事情。
- 能够诚实而坦率地沟通大多数人不愿谈论的话题。
- 了解每种疾病给儿童和家庭带来的具体问题。这些问题,按照症状的性质、频次、可见性和严重性,毁坏身体或威胁生命的程度以及必要治疗的要求而变化。
- 有技巧和对策帮助处于失去亲人悲伤中的个体。

痛苦和愈合

悲伤被形容为慢慢愈合而留下伤疤的"精神"创伤。如果儿童(无论什么原因)不能"消解"悲伤,他们可能遭受持续的感情伤害。例如,失去父母就是抑郁症普遍的早期原因。为了帮助儿童应付失去父母的情况,我们需要理解怎样和什么时候他们的反应是正常而又必要的。在这种意义上,悲伤不只是一种"精神创伤",它也是一种历程——一种"愈合中的痛苦",它使儿童能够在适应没有这位亲人的生活历程中,体验一系列强烈的情感。

罗伯·朗(Rob Long)和詹妮·贝茨(Jenny Bates)是这样说的:逃避或者仓促通过这个历程的一些阶段是不会解决问题的。想象一下你割伤了自己,你会希望你的身体有时间自己愈合。在这段愈合时间内,会有痛苦,会结伤疤,而且慢慢地在下面生长新皮。相似的是,失去亲人,对我们的情感本身就像是这创伤,而且我们需要专门的时间经历这种痛苦和愈合。

本章专讲这两个问题:失去亲人的痛苦和帮助儿童及其他家庭成员愈合创伤的方法。

第一节 面临孩子病危与死亡的时候

一、爱的联结

一个儿童的死亡是一件特别令人痛苦的事,因为它引起一系列感觉——失去了希望,失去了前程,失去了未来,以及失去儿童对父母的信任与医生保护和拯救他们的能力(Douglas, 1993)。

所有的儿童为了生存需要依赖父母(或者照料人)。儿童与父母的感情关系和父母同他的联结存在于正常发展的基础上。婴儿期的主要任务之一是培育对别人的基本信任。在生命的最初岁月里,儿童会去了解世界是一个美好的和令人满意的住处,还是一个痛苦、苦难、挫折和变化无常的发源地。由于人类的婴儿需要那么长久、完全地依赖外部世界,他们需要了解他们可以依靠的这个世界。

这正是周·道格拉斯(Jo Douglas)的话的中肯之处。不管是父母或是孩子重病住院造成孩子和父母的分离,或者面对最后的死别,都会把人们带到痛苦的深渊。拉尔夫·沃尔德·爱默生(Ralph Waldo Emerson)深入地观察到"悲伤使我们所有的人又变成了儿童"。

分离焦虑

更多的紧张来自于作为儿童正常(更何况混乱的)发展的一个组成部分——分离

焦虑的影响。随着年龄的增大，儿童的恐惧表现出清楚的形式，而且每一阶段都有它自己的"调节"危机或焦虑的样子。对出生第二年和第三年与父母分离的健康儿童行为的研究，常常表明相当可预见的行为序列。他们的分离焦虑可以用一个母亲要住院的幼小儿童的例子来说明。

- 在最初或称"抗议"阶段，儿童用眼泪和愤怒对分离做出反应，他们要求母亲回来，而且对成功抱有希望，这个阶段可能持续几天。
- 后来，他们安静些，但是很明显，他们一门心思想着自己离去的母亲，并且渴望她回来。然而，他们的希望也许已经消失。
- 这时叫做"绝望"阶段，这些阶段经常变化交替，希望变成绝望，绝望变成重新唤起的希望。
- 最后，发生更大的变化。儿童好像忘记了自己的母亲，因此，当他们再见到她时，他们对她保持奇特的漠然，好像不认识她。这是所谓的"超脱"阶段。

在每一个阶段，儿童都容易发脾气，引起一场场破坏行为。同自己的父母重新团聚后，他们可能反应冷淡，也不苛求。到什么程度和持续多久取决于分别时间的长短以及在那段时间内儿童是否经常去探视自己的母亲。例如，如果他们好几个周得不到探视机会并且已达到超然的早期阶段，反应冷淡可能会持续几个不同的时期，从几个小时到几天。当这种冷淡终于消失时，他们对母亲感觉的这种强烈的矛盾情绪就会毫不掩饰地表现出来。出现感情爆发、强烈的依恋，而且无论什么时候，母亲离开他们，哪怕只一会儿，他们也会出现剧烈的焦虑和愤怒。下面是一个四岁儿童母亲的经历：

> 自从那时我必须住院（两次，每次 17 天）离开她，我的孩子不再信任我。我哪里也不能去，不能去邻居家，不能去商店。我必须一直带着她，她不愿意离开我。今天在晚餐时间，她晚饭时去到学校门口，像疯了似的跑回家。她说，"哦，妈妈，我以为你不见了！"她总忘不了那两次分离。她总是不离我左右，我只好坐下，把她放在膝盖上，疼爱她。显然，如果我不那么做，她就会说，"妈妈，你不再爱我了。"

那么得了重病或受了致命伤害必须住院的儿童的情况怎么样呢？分离的暗示和恐惧可能大得多，临终儿童关心的事可能是双倍的：

- 他们一想到与父母分离就不安。
- 他们对天国感到担心，天国什么样，他们怎样去那儿，他们会孤独吗，等等。

这种痛苦，特别是儿童未说出来的、无人理解的痛苦，是难以忍受的。在同重病儿童的交往中，这不但使我们变得脆弱，而且使我们的专业判断力模糊不清。我们很容易向一个儿童，特别是一个病入膏肓儿童表明自己的想法、感觉、恐惧和怪念头。

这样,可能会认为儿童不会想要知道他临近死亡的"可怕的真相";认为他们太小,承受不了这样的负担;认为他们没有力量处理未知的情况,特别是在一段未知的(有人会说永久的)持续时间里同亲人分离的想法。

因为定期接触失去亲人的家庭是感情上的考验和消耗,所以心理医生具有有效的自助方式是非常重要的。如果心理医生不像关心他们的病人那样适当地关心他们自己,就随时有可能累垮自己。下面的练习是为帮助你解决这个问题而设计的。

练习

和同事们讨论或者你自己仔细考虑以下这些问题:
(1) 我自己的——或许没有承认的——关于死亡的想法和感觉是什么?
(2) 我怎样考虑、说明或对待一个儿童的死亡?
(3) 我的态度会怎样妨碍帮助在疾病晚期的儿童和家庭?
(4) 在这样的困难时候,我怎样把我自己的评价(关怀之情)解释成帮助家庭的积极对策?

二、家庭

英国每年发生约 15 000 起儿童和 20 岁以下的年轻人死亡。生病的儿童有健康儿童双倍的可能性出现行为和情感问题,这一事实给凭自己的天赋努力对付疾病的父母增加额外的紧张。希尔顿·戴维斯(Davis,1993)指出每种疾病如何给儿童和家庭带来特定问题。

当儿童受伤、得病或致残时,他们都需要身体上和个人的关怀。这需要所有家庭成员承担责任。一有点儿事,父母中一人必须停止做饭、看书或看电视而去照料孩子,搂抱或亲吻他以减轻他的痛苦。如果孩子病了,父母开始操心,必须做出安排照看他,同时,父母需要送其他孩子去上学,或者他们必须找时间去看普通医生。可能无法去上班,其余的儿童也失去了关怀。这样的结果是家庭生活中常见的,尤其是在患慢性病的情况下,这样的结果就成了一种生活方式。焦虑可能成了常事,也许不可能将孩子委托给外人,只能亲自增加对孩子的护理,包括约定专业人员,甚至定期去住院。

戴维斯描述了父母怎么深深地受到自己孩子疾病的影响。高达 33% 的患癌症儿童的父母(即使在恢复期间)患有严重的抑郁和焦虑,以致他们需要专业帮助。在由戴维斯和他的一个学生指导的一项研究中,发现 31% 患糖尿病儿童的母亲有不同程度的压力,而且这是可以从心理保健专业人员的调适中获益的。

交流和感情关系问题反映在越来越多的婚姻痛苦中,有时导致离婚。有证据表明在兄弟姐妹中也会出现越来越多的障碍,包括容易发怒,社交退缩,妒忌和内疚,学习成绩低下，行为问题，焦虑和缺乏自尊心等。一个主要问题是其他孩子出现了社会关系障碍，尤其是同他们的父母之间，他们常常觉得与生病的孩子相比，自己被忽视了。

不难看出，在关怀和优先照顾有病的和临终的儿童的同时，不能忽视社会背景——"家庭单位"。

三、父母

对严重（或许晚期）疾病的诊断会对父母理解自己孩子的方式产生根本变化，换句话说，他们给自己讲关于孩子的"故事"。一个健康孩子先前的情节必须改成一个生病孩子的情节，这要求父母大大调整对孩子的看法，而且这是一个引起恐惧和焦虑的过程。时时处处都不明确。父母预料不到自己的孩子会发生什么，曾认为当然的事不能再指望了。孩子也必须适应疾病，开始意识到死亡，并且设法接受现实。

父母将需要克服养育孩子并与他公开交流的困难。戴维斯认为，这样做的技巧基本上与专业人员用来同父母交流的那些相似。所以适当的做法是，如果必要的话，专业人员应该同父母一起共用这些技巧。

为了能对儿童谈论死亡和回答他们的问题，保健专业人员应该明白儿童了解多少有关死亡本身的概念。我们也需要在对儿童的工作中清楚了解，在他们对死亡的理解方面存在着显著的个体差异。这不但是由于年龄上的差异，而且由于他们对失去亲人反应方式的差异。像3岁大的儿童知道发生死亡，但是直到8岁或更大些时，他们才可能明白死亡的全部含义。那些一度经历过死亡或谈论过死亡的儿童比其他儿童，可能更进一步了解死亡的概念。青少年通常具有了成人对于死亡的概念。

四、开始意识到死亡

下面概括出儿童了解病情并促使其意识到死亡的五个阶段（Clunies-Ross & Lansdowne, 1988）。

第1阶段：我病得厉害。
第2阶段：我得了能使人死亡的病。
第3阶段：我得了能使儿童死亡的病。
第4阶段：我的病好不了了。
第5阶段：我要死了。

评估儿童对死亡概念理解的困难是必须依靠儿童的语言表达。语言表达能力较好的儿童比那些没有语言表达能力的，对死亡有更为完整的概念。不过，也可能是，在儿童能够适当地表达死亡之前，他们至少知道死亡的概念。

研究人员已经发现，当问不同年龄的儿童"你相信有一天你会死吗？"，其回答的情况如下面的表 10-1 所示。

表 10-1　相信自己会死(%)

年龄(岁)	5	6	7	8~10
回答"是"	50	73	82	100

概括地讲,只有通过同儿童关于死亡的敏感谈话,我们才能了解到儿童对死亡知道多少,并且是适用于儿童本身,而不仅适用于年纪大的人。

第二节　咨询与治疗

一、与一个即将死去的儿童谈话

一个孩子,只要告诉他实情并允许他与亲人共有人们遭受痛苦时所具有的自然感觉,就能够度过任何危机。

(爱达·勒山《有同情心的朋友新闻信札》,1987 年秋)

目前普遍持有的观点是,在关于是否应该告诉孩子他要死了的问题上,应该尊重父母的愿望。保健护理专业人员可以从常常不愿谈论这些问题的父母那儿寻求许可,或者尽力鼓励他们亲自去同孩子谈。当父母不愿意坦白地同自己就要死去的孩子谈,特别是当孩子要求了解病情和康复保证时,这对有关的每一个人都是一件情感上的折磨事。

对父母提出的几点意见

➤ 父母要起示范作用。父母作为示范者,在决定儿童对疾病和死亡的反应时有很重要的作用。如果他们能够勇敢地和显得平静地应对,儿童就会更有能力应付。对有些儿童来说,他们特别关心的是他们的疾病和死亡会怎样影响他们的父母。

➤ 面对坏消息的承受力。即将死去的儿童,比自己的父母常常更有能力对待自己死亡的消息。许多儿童在各种压力面前是有承受力的。

➤ 儿童有权利。应该非常仔细地考虑儿童了解实情的需要(即,这是否是为了他们的最大利益)。支持儿童是专业人员的职责之一。

保守秘密

知道秘密的儿童会感到孤立,并且在他们最脆弱的时候会觉得被自己依靠和信任的人抛弃了。他们并非"不察觉"来自工作人员和家人的非语言信号、说话声调和"特殊"表现。他们注意到自己的父母显出极度的忧虑和悲伤,听到他们含糊的、谨慎的、不自然的谈话,而且,他们希望知道正在发生什么事。儿童经常选择一个特定的人,想要对他谈论死亡。虽然有些儿童可能不提问题,但是这未必意味着他们不为有关死亡的事情忧心忡忡。终究,他们会看到受到护理的其他儿童的死亡,或者他们可能从患同样病的其他儿童身上,了解到这种病是致命的。

应该把先知权给谁——父母还是儿童?父母可能无法面对自己孩子将要死去的现实,所以不会谈论此事,即使到了明显地临近终点的时候。有些父母需要否认自己孩子濒临死亡的现实以便从情感上留有希望,但是孩子却不把将死的消息作为额外负担。如果保健护理专业人员希望得到允许同孩子谈论父母无法面对的话题,在说出这样一个"请吧"时,父母首先认识到他们的孩子有得到先知权的需要。

关于是否告诉孩子他要死了,应该由谁告诉他以及如何去做是困难而微妙的差事,不同的病室有不同的策略。要能够说服父母,生命垂危的孩子假如心存疑虑,那么他有权使自己的疑问得到明确而坦白的回答,因为孩子可能正在同有关死亡的可怕的念头搏斗,所以谈论死亡让这样的念头表露出来并非坏事。

我对孩子说什么?

伊丽莎白·库伯勒-劳斯(Kubler-Ross, 1983)说:"虽然所有的病人都有知情的权利,但不是所有的病人都有知情的必要。"孩子会意想不到地突然问起有关死亡的问题,使工作人员和父母没有心理准备、毫无提防。由此而造成的恐慌可能导致匆忙、错误的反应。重要的是要作好准备,深思熟虑并且从儿童那儿弄清他已经知道了什么,他在想什么或怀疑什么以及他真正要知道什么。后者是至关重要的。

病重的儿童可能有时显露出一直挂在心上的事情,例如,另一个儿童就要死了,可能促成焦虑的询问。这可能是第一次提出这个问题。关于死亡的问题可能出现在讨论他们的病情和治疗的情况下,而这常常是提出问题的有利时机。儿童不理解得到的答案或者得不到他们需要的答案,可能反复提出令他们担心的问题。

对孩子问题的反应最好是一种鼓励表达感情的方式。例如,如果一个孩子突然问,"我要死了吗",反应可以是:"是什么使你认为你要死了?"孩子可能对自己疾病的严重性表现出懂事的理解,或者他们可能完全认定事情很严重,因为他们看见有人在哭或悄悄地议论他们。他们可能不会真地问起死亡,但会问起为什么父母那么悲痛。

一个儿童先前对死亡的看法可能是引入讨论的另一条线索。如果一个亲戚死了,就可能引起这个话题。询问儿童这时的感觉、他们对发生事情的了解,以及他们听到的话,都能引起有关死亡的不同意见和解释的谈话。一个宠物的死亡是引入这个话题的另一种机会。

二、关于援助儿童的几点意见

➤ 进行活动或游戏时,创造谈话机会;一边同儿童玩游戏,一边谈话;进行工艺活动或绘画是一种表现亲密和安慰的方式。
- 询问儿童他们要不要帮助。
- 让他知道死亡与感到害怕、生气、易怒或有些苦恼,其实没有关系。
- 特别是在夜间当他们产生害怕和恐惧的想法时,给他们读本书、讲个故事或听段音乐。
- 给予时间和关注:要倾听。
- 处理忌讳的话题:要对问题开诚布公。
- 注意暗示问题(例如,忧虑、孤独、抑郁)的言词和行为变化。
- 让儿童的好朋友来探视,防止社会隔绝。
- 提供保护隐私的临时机会——一个表达感情和安静独处的地方。
- 要能感受到儿童的意见:不要否定他们的观点,除非需要纠正或重新表达一种明显有害的看法。
- 绘制图画故事。
- 在最终要提出他可以给亲人写告别卡、信、诗或者给他们绘画。

三、走向和到达临终时刻

无论怎样,当父母最终知道孩子的病已没有希望时,这对他们不可避免地会是毁灭性的创伤。他们可能不接受现实并反对放弃希望。重要的是,父母认识到情况的实情,以便他们开始接受这不可避免的事情,这样能够帮助和鼓励自己的孩子。在这期间,护理或咨询关系的力量和感受性是至关重要的。父母需要时间和多次机会讨论正在发生的事情并与专业人员分享他们的看法和苦恼。

失去亲人(或失去亲人前)的咨询

不容置疑,各种咨询援助能减轻失去亲人的创伤对身体和心理健康的一些已知的副作用。

希尔顿·戴维斯准备了一份咨询要点,如果需要,可以同儿童病中的或者儿童死后的家庭一起商量。这些要点集中在父母身上,但是帮助者可以把这些目标应用于其他家庭成员,包括生病的儿童,后者要有父母的同意。帮助的具体目标是:
- 在整个适应过程中,在情感上和社交上支持父母,鼓励他们所做的一切。
- 提高父母的自尊心,帮助他们自身有个好心情。
- 增加父母自我效能的感觉,使他们能够感觉应付得了。
- 帮助父母研究他们的处境,以便他们根据疾病及其后果,更有能力理解和预测可能发生的事情。
- 使父母能够有效地同生病的或残疾的孩子交流和有效地帮助他们,以便最大限度地增加孩子心理上和生理上的安宁。
- ➤ 使父母能够制定总的处理策略,让他们分析问题,做出选择和想出办法应付可能出现的任何情况。
- ➤ 在家庭中父母双全的情况下,帮助他们互相有好心情,并鼓励坦率交流和相互支持。
- ➤ 使父母能够在自家人以外找到他们自己所需要的援助方式。
- ➤ 帮助父母同专业人员恰当交流以便共同合作。
- ➤ 使父母能够通过必要的协商,亲自做出决定,培养独立性。

四、即将来临的死亡

一旦医护人员和家人承认孩子死期临近,可以就如何最恰当地关怀孩子和家人,作好准备并做出决定。如果治疗已经结束,而孩子还没有提出死亡问题,就有必要同父母讨论如何提出这个问题。有些孩子甚至不会想到这个问题,而别人可能完全知道。随着死亡的临近,孩子和父母需要找机会道别并完成最后的事项。孩子可能想要最后一次回家向自己的住处和玩具告别,或者他们可能要求把某些玩具和东西带到医院。近亲家人可能想要向孩子告别。孩子可以为朋友或同学写一封信或专门画一幅画,让朋友或同学会记住他们,或者他们记住他们的朋友或同学。重要的是,问一问孩子是否有什么他们感到仍然需要做的事情,是否有什么专门要求或者需要什么专门帮助。

一旦做出决定孩子必须靠药物止痛(如果疼痛的话),可能要提出孩子回家的问题。父母可能无法从感情上做出决定和预测,但是大多数父母宁愿使自己的孩子尽可能长时间地呆在环境熟悉的家中。

五、临终时刻(Douglas, 1993)

当孩子死的时候,保健专业人员应该同父母一起了解清楚,当他们和孩子在一起时是愿意有人伴陪,还是愿意独处。可以鼓励父母,如果他们想要,去抚摸死去的孩子和搂抱尸体。在这个阶段对父母来说要紧的是感到他们有时间和孩子在一起,而不被紧急请出去或感到自己是碍手碍脚的人。需要告诉家人,兄弟姐妹可能希望看看死去的孩子,因为有时候忽视了他们的感情。如果每人都有机会向死去的孩子道别并说出他们的愿望,这会起缓解悲伤的作用。较小的儿童可能希望为自己的兄弟或姐妹画一张告别卡。

一旦做出安排把儿童的尸体转给丧葬承办人,父母回到家中,因失去儿童而感到非常孤独。这可能是他们最后一次出入医院,而在孩子治病期间,他们可能已经在那儿度过了好多个月。病房医护人员参与过对孩子的护理,而且看护人员在孩子死后和死前一样表示关怀对家人来说很重要。父母的生活可能曾经完全放在进出探望病中的孩子上。失去同医护人员和医院本身的联系对父母来说可能是另一个损失。有些医院设有病房与家庭联络小组,他们在社区里继续提供关怀,帮助家庭和社区保健护理人员。

与社区服务机构联络很重要,这是为了帮助父母感到远离医院仍然受到支持。家人可能在很长时间内一直依赖医院并把治疗方案拖长许多个月,甚至几年。

六、兄弟姐妹的脆弱性

当家里失去亲人时,有时候会忽视兄弟姐妹,孩子们处在"双重危险"的情况中:失去的不只是一个兄弟或姐妹,而且是暂时"失去"悲伤的、专心的照料人。他们可能觉得被冷落和被抛弃了。在这样的时刻,(外)祖父母(甚至哥哥姐姐或其他亲戚)的关怀和坚强,可能是非常重要的,因此在你为失去孩子的父母工作时,不应该忘记他们。

考虑到儿童对家庭的情感依恋极其重要,失去一个弟兄(或姐妹)是一种特别沉痛的经历。如果我们要有效地劝告失去亲人的儿童和父母,我们需要具有关于儿童悲伤特性和发展的良好的基础知识(这些情况将在第四节中论述)。

要帮助家庭解脱失去亲人的痛苦,需要帮助他们:
- 接受失去亲人的现实。
- 表达他们的心情与情感。
- 承认他们的感情是正常的。
- 在失去这位亲人的情况下生活。
- 处理家庭生活中必须继续的"任务"。
- 澄清曲解和误解。
- 妥善应付家庭变化。

你还需要:
- 帮助兄弟(或姐妹)妥善应付,并理解父母的悲伤。
- 帮助父母妥善应付,并理解孩子的悲伤。
- 鼓励"恢复家庭事务"。这包括:共同认识失去亲人的现实,共同感受失去亲人的痛苦;重新组织家庭秩序,重新投入其他关系和生活追求。

鼓励父母和活着的孩子互相交流。用谈话、游戏、绘画和讲故事等方法,研究失去亲人的兄弟(或姐妹)在如何考虑、感觉、应付。这会告诉你他们正在制定的"应付事项"。我们需要敏锐地注意到他们给自己讲的关于为什么他们的兄弟或姐妹死去的"故事"。

大多数失去亲人的人,在失去亲人后的第一年末会觉得"好些",但是,儿童的悲伤过程一般总共需要约两年。当然,也可能重新产生痛苦和怀念,特别是在周年纪念日和节假日的时候。

第三节 大人失去亲人和孩子失去亲人

一、导言

当家中有人去世时,有时候忘记和忽视了孩子。这不是说大人无情地轻视孩子的感情,而是说他们相当不懂孩子面对失去亲人的感觉,以及不能从孩子的行为(或失去亲人后不参加人们期望的某些种类的行为)"察觉"他们内心深处的想法和情感。对年龄非常小的孩子尤其如此。

当考虑怎样帮助失去亲人的儿童时,关键是不要忽视家庭背景。儿童对死亡的理解和他们对失去亲人的反应大大取决于在家庭内受到的教育和经历,并取决于在处理失去亲人的事情时,父母和亲戚的角色模式。

考虑到儿童对现实理解的局限和处事方法的幼稚,失去父亲或母亲是一种影响特别深远的经历。不幸的是,尽管非常需要,但是现在几乎没有帮助或劝告失去亲人的儿童的方法。统计表明,在英国每天约有 550 个妻子失去丈夫,150 个丈夫失去妻子,以及差不多 40 个 14 岁以下的儿童死亡。

每年总共约 180 000 个 16 岁以下的儿童由于死亡失去母亲或父亲。在这些失去亲人的儿童中,约有 120 000 死了父亲,60 000 死了母亲。失去父母是抑郁症最早的原因之一。为了帮助儿童妥善处理失去父母的事,我们需要理解怎样和什么时候他们的反应是正常而必要的。

无疑,儿童对失去亲人的反应和他们应付失去父亲或母亲的直接打击以及后来适应以便继续成长和生活的能力,受活着的父亲(或母亲)的影响很大。

朵拉·布莱克(Black,1993)是这么说的:

> 有许多证据表明如果我们这时不悲伤,我们可能以各种微妙方式终生受到影响。如果儿童不哀悼,他们的人格发育可能受到妨碍。不会哀悼的大人,可能用不适当的方式处理损失问题,即使是很小的损失。

在我们专门观察儿童悲伤的方式之前,必须调查继续照料儿童的大人失去亲人的过程。首先,我们需要弄清术语。科林·马利·帕克斯(Colin Murray Parkes)提出下面的定义:

➤ 失去亲人:任何人在失去一位所依恋的人时的处境。
➤ 悲痛:对失去亲人心理上和感情上的反应。

➤ 哀悼:悲痛的社会性表达。
➤ 依恋:对另一个人保持亲密的强烈倾向。
➤ 预先悲痛:预感到会失去亲人时的心理和情感反应。

二、悲伤的大人

几位研究者描述了在失去一位亲人后第一年中一种"正常的"或"不复杂的"悲伤方式。理解这些做法可以帮助防止失去亲人的人的反应"病态化"。这种进展不一定对任何一个人都是必然的或相同的。

不复杂的悲伤

第1阶段:麻木。这出现在刚刚失去亲人的时候。这可能与震惊和不相信或拒绝相信有关。当死亡是出乎意料时,这些反应是极其明显的。

第2阶段:渴望。失去亲人的人渴望失去的亲人回来,这表现在哭泣、寻找、怀念、生气、内疚和幻觉的"托灵"感受。这或许是悲痛的"心情",而且可能这时重新唤醒痛苦分离的最初记忆。这是悲痛欲绝的时候。这表现在亲人突然去世后的日子里,以及伴随葬礼的活动和人际交往高潮过去以后。

第3阶段:混乱和绝望。由于感到绝望、无助、孤独、焦虑和抑郁,人觉得简直活不下去了。有些理论家认为第2阶段和第3阶段应该合并。对失去亲人的人的安全、个性和意志会有一种威胁,这是由于失去爱和依赖的重要纽带而引起的。

第4阶段:重新组织。接受失去亲人的现实,认识到应该重新组织自己的生活。悲痛不再那么强烈,失去亲人的感觉不再那么难以忍受,那么无法承受。已经证明的一点是,与其说"时间是治疗创伤的良药",不如说是因为(意味着生活的)时间在继续前进,并且有那么多事情去缠绕、挑战和吸引失去亲人的人。往事已逝,尽管难以忘怀。活着的人必须重新规划自己的生活。

重要的是,如果人的行为发生倒退,前面所叙述的阶段可能合并、省略或重复。

布莱克(Black,1993)提供了这些悲伤过程的一个生动的例子,说的是一个小孩子意外地和母亲分离,丢失在超级市场的行为:

> 在最初震惊地认识到自己丢了以后,这个小孩会开始不安地在超级市场所有的通道里到处乱跑,寻找母亲,大声哭喊,好让母亲发现她。如果她最后找不到母亲,她不再焦虑,而开始悲伤地流泪。在和母亲重聚时,她发了许多火。

复杂的悲伤

在一些情况下,大人的悲伤可能是复杂的,甚至是病态的,这表现在下列方面:
➤ 不知道哀悼。
➤ 悲伤延迟。

- 悲伤无休止地延长(逐渐变成临床抑郁)。
- 悲伤扭曲(例如,极端自责、内疚或愤怒)。

为什么悲痛会不正常呢?死亡的类型、关系的种类和更可能引起复杂悲痛的活着的配偶的性格等,都是导致不正常悲痛的因素(Ward et al., 1993),表 10-2 概述了这些因素。

表 10-2　导致不正常悲痛的因素

	特　　点
死亡类型	活着的人可能受到责备;突然死亡;意料不到的死亡;过早死亡;痛苦的死亡;可怕的死亡;管理不当造成的死亡
关系性质	依赖的或共生的;矛盾情绪的;死去的配偶;死去的不到 20 岁的儿童;死去的一位父母(特别是母亲)
活着人的特性	易悲伤的性格;不安;过分焦虑;缺少自尊心;早期精神病;过多生气;过分自责;身体残疾;不能表达悲伤;过早衰老

三、悲伤的儿童

在对失去亲人的儿童工作时,我们需要认识到他们关于死亡的理解与他们对失去亲人的反应方式,存在显著的个体差异。我们不能以一种死板的"公式"去工作。每个儿童、每个家庭都是独特的,我们必须区别对待,并要充分参照有关文献和专业书籍,了解失去亲人这件事在不同阶段如何影响着儿童。

四、死亡概念的发展

儿童理解(或不理解)死亡和悲伤的方式与他们的认知、情感和身体的发育阶段有关。下面的信息是以经验主义的研究为基础的(Kane, 1979)。必须记住,这些普遍化的信息是有例外的,特别是存在生活经历的差异和发育快慢的差异。

4 岁以下的儿童

1. 认知因素

- 认知发展的前运算阶段,约从 2 岁持续到 4 岁(Piaget, 1929)。在这个时期,儿童的概念没有完全形成,例如,他们不理解死亡的永久性,因为他们的思维是前逻辑的,而且经常是"不可思议的"(他们以自我为中心,只有参照自己才能理解别的事物),对他们生活的这个"世界"的错误看法和错误解释可能成为问题。对儿童担心的另一个原因是他们对因果关系的错误解释。称做"心理因果关系"的幼稚型思维指的是,幼小儿童有把心理动机认为是事情原因的倾向。例如,儿童可能认为父母去了医院,是因为他们生自己的气,而不是因为有病。
- 分离的痛苦意味着对人的依恋。依恋开始的平均年龄在出生后 6~8 个月。
- 学龄前儿童(多数孩子在 3 岁或者更早一些时候),就知道死亡并熟悉死亡这个词。
- 儿童对死亡及其含义形成概念的能力非常有限。例如,因为他们不理解死亡是终极的,他们可能寻找逝去的父母或纠缠活着的父母(问妈妈或爸爸什么时候回来?)。
- 儿童逐渐形成现实的死亡概念,"加进"新的理解成分,最终完全理解死亡的现实(Kane,1979)。有希望的是,随着儿童碰到如宠物死亡这样的"小的死别",可以从中学习关于死亡的概念。我们可以以一种平静的方式做出对死亡的真实说明,使儿童做到对现实情况的理解。这会帮助他们适应后来的更接近本人的死亡现象,如(外)祖父母的去世。

2. 情感因素
- 在这个阶段的初期,儿童对失去父母的反应,无论由于什么原因,常常是相似的。刚刚 4 岁的儿童会想念逝去的父母并等他们回来。
- 约翰·波尔比(John Boulby)证明几周或几个月以上的儿童,不管父母离开几小时或稍长一点时间,都表现出同样的分离焦虑。
- 幼小儿童不可能使悲伤情绪持续一段时间后再延续下去。
- 幼小儿童不可能像年龄较大的儿童那么细致地区分感情。

3. 身体因素
- 当儿童太小而不能通过语言表达使别人理解自己时,在身体上可能对失去亲人有如下反应:遗尿、胃口差、睡眠紊乱、纠缠行为、易患传染病。

年龄在 5~10 岁的儿童

1. 认知因素
- 直观思维期(4~7 岁)使儿童从前面提到的前运算期(2~4 岁)继续发展,他们形成归类、整理和量化的能力,但仍然不知道构成这些能力的原理。只在下一个具体运算期(7 岁以上)这些原理才能变得更加明确,以便儿童能够以一种令人满意的方式解释自己的逻辑推理。
- 在 6~7 岁前,儿童常常认为生命是无生命物。
- 正是在 7~9 岁之间,在儿童关于生和死概念的发展上,好像出现一个结节点。到 7 岁时,大多数儿童对"生"有相当清楚的了解,差不多完全形成对"死"的概念。不应该忽视,许多 5 岁的儿童就能形成相当完整的概念。
- 当儿童约 8~9 岁时,他们认识到自己也是会死的。

凯恩(Kane, 1979)根据儿童在认知上能够理解死亡的组成部分,描述 5~10 岁儿童对死亡的理解如下:

> 分离(大多数 5 岁儿童所理解的)。小孩能够非常明白死亡意味着与自己的父母、朋友或兄弟姐妹分离。这可能是他们仅限于此的主要看法,而且他们可能担心会感到孤独或父母会因失去他们而孤独。

> 不动性(大多数 5 岁儿童所理解的)。对死人不会动的察觉会影响到一些还不知道死人无感觉、看不见和听不见的儿童。

> 不可挽回性(大多数 6 岁儿童所理解的)。人一旦死去就不能再生还的事实对理解死亡是必不可少的。许多五六岁以下的儿童可能认识不到这个过程的结局。儿童做被枪击和死亡的游戏,但稍一会儿可以跳起来复活。需要把"装死"和"真死"搞清,以便儿童认识到"真死"意味着永远不再生还。

> 因果关系(大多数 6 岁儿童所理解的)。死亡总是有身体原因。然而,幼小儿童常常产生什么引起死亡的异常的或不可思议的想法。例如,坏心眼的愿望、说些讨厌的话或顽皮有时会被看做引起疾病或死亡的原因。儿童需要理解不是这些想象的事引起死亡,而是身体有毛病,才造成死亡的。

> 机能障碍(大多数 6 岁儿童所理解的)。对儿童关于死亡的解释应该包括身体机能停止,例如,身体停止呼吸,不再生长,看不见,听不见,没有思维,没有感觉以及心脏停止跳动。有些儿童担心他们或许有能力听到他们自身正在发生的事,但没有能力告诉别人。

> 普遍性(大多数 7 岁儿童所理解的)。一切生物早晚要死亡,对理解人人最终一定死亡很重要。这个看法能够安慰一些儿童,他们认为别人长生不死,而他们或他们亲近的人会死去是不公平的。

> 无感觉(大多数 8 岁儿童所理解的)。死人什么也感觉不到对幼小儿童来说常常是难以理解的。例如,如果他们在坟墓上走,他们可能想知道他们是不是在"伤害"地下的人。一个儿童在痛苦中要死了,或者他的父母一直处于痛苦之中。帮助他们的一个方法是帮助他们认识到他们死后再也不会感到痛苦(得重病,如白血病)。儿童的概念发展与健康儿童的并没有显著区别。

2. 情感因素

情感和行为障碍是普遍的。在一项研究中,50%的儿童失去父亲或母亲一年后表现出这样一些问题,例如不去上学、偷东西和注意力不集中;30%两年后出现问题。

青少年

1. 认知因素

> 死人的外貌为大多数 12 岁儿童所了解。死人的身体看上去不同于活人的身

体,而且儿童可能对死亡的体态特征感兴趣。有时他们想要详细描述死人什么样子时,他们可能显得有些残忍恐怖。
- 像大人一样,青少年认识到死亡的永久性,因此常常寻求死亡的意义:提出一些重要的"为什么"问题。
- 青少年思维灵活。他能够抽象思维,能够独自提出假设并获取结果(如归纳出某项原则)。因此他们可能有自己的关于死亡的见解,并以一种使父母惊惶的方式怀疑人们抱有的关于来世的信念。

2. 情感因素
- 青少年更像成年人一样表达他们的悲痛。
- 可能延迟与父母分离的发展(特别是对于那些年龄较大的儿童或与逝去的父母同性别的儿童)。青少年对独立性的追求可能受到他给前面提到的"为什么"问题的答案的影响。
- 有些青少年,由于趋向独立和继续依赖的内驱力之间的冲突,表现出明显的感情缺乏和满不在乎。

五、潜在的问题

- 虽然有些年龄很小的儿童对死亡有几乎完整的概念,但有个别差异,特别是8岁以下的儿童,是非常大的。
- 儿童很难唤起非常幼小时的回忆(影集在这儿对回忆起家庭过去的事情是有用的)。
- 他们平时难以想到在像纪念日和节假日这些时候会想念父母。这样,当这些时刻到来时对痛苦没有心理准备。
- 他们的自我中心和朴实思想或许会导致他们因父母的死亡和离去而责备自己。
- 他们会幻想和亲人重新团聚。
- 他们可能希望自己"死去"以同亲人团聚。
- 可能把看见逝去的父母的错觉或幻觉当成真事(大人也常有这样的经历)。
- 儿童对死和死亡的"演习",对不懂游戏功能的成人观察者来说,可能显得冷酷和不相宜。
- 失去亲人后,儿童在学校里可能难以集中注意力并会有其他学习困难。
- 他们在一段时间内,只好逐渐养成消解悲伤感情的能力,并可能被误解为冷酷无情。
- 他们在学校里可能对自己表现"与众不同"(因失去父母)而感到难堪。

- 他们可能担心失去父母的另一个。
- 他们可能担心谁会用别的方式养活他们，照顾他们。

第四节 儿童对死亡的反应

有许多有影响力的因素会影响着儿童对失去父亲或母亲、兄弟、姐妹或某个重要人物的反应。因此，不可能简单地或教条地预言某个具体家庭的某个具体儿童会怎样反应。

但是父母可能在面对心理医生时会问："我孩子的反应正常吗?"所以，了解正常的悲伤很有必要。除此之外，心理咨询师的作用和对策会是多方面的、系统的。这意味着对有几个方面，必须集中注意力，集中在家人之间的联系方式和家庭成员的反应上，也可能集中在学校和邻居的帮助方式(或别的方面)上。

一、儿童的情绪反应

儿童对死亡消息的最初反应，明显地各不相同。许多儿童泪如雨下，而另一些表面上几乎没有反应。有时候儿童不知道如何反应，因为他们不理解发生的事情(通常由于缺少真实的信息)。

情感反应可能包括下面这些：
- 震惊和否认("我不相信")。
- 愤怒("上帝怎么能这样对待我们?")。
- 内疚("为什么我/我不……""如果我……就好了")。
- 妒忌("怎么不是他们失去了妈妈?")。
- 悲伤/孤独("我那么想念爸爸。""他为什么不回来?")。
- 高度焦虑("谁将照顾我?")。
- 退缩(冷淡/木然/麻木不仁)。
- 过分的分离反应，例如依恋行为。
- 过度哭泣。
- 明显的攻击行为。
- 睡眠紊乱。
- 吃饭失常。
- 入厕失常。
- 其他习惯失常。
- 其他身体症状。

二、哪些地方可能出错？

- 疏忽。这些反应通常被父母疏忽。在贝弗利·拉菲尔（Raphael, 1982）对 35 个 2~8 岁的儿童（21 个女孩，14 个男孩）的研究中，40%孩子的活着的父母否认孩子对失去亲人表现过任何反应，或否认孩子受到过任何影响，尽管有清楚的证据表明情况与他们所说的正好相反。
- 保密。如果孩子不理解正在发生的事情或已经发生的事情，他们可能受到有害的影响。因为，由于关于死亡的禁忌或大人无力面对死亡的结局，导致否认已经发生的事。孩子得到不准确的信息，可能产生麻烦的情况。
- 无益的解释。儿童小的时候，很难理解抽象的解释。正如我们前面所看到的，他们的思维是具体的、朴素的。如果死去的父母现在是"天上的星星"，"睡着了"或"正在旅途中"，这种解释可能最后造成相反的效果和混乱。必须说之所以这样做是因为仍然没有弄清对死亡的误解和长期结果之间的关系。
- 起示范作用的父母角色。父母作为示范角色，在决定儿童对死亡的反应时，是很重要的。有时候儿童缺少怀念、渴望和悲伤，可从父母的反应上或者父母没有反应上找原因。
- 想象和因果思维。儿童的想象和因果思维可能对他们的悲伤产生有害的影响。有些儿童把医院想象成把儿童带去死的地方。
- 同死人的感情关系。同死人的不愉快的或又爱又恨的关系会使儿童的悲伤复杂化，增加表现病态的可能性（例如，陷于羞愧之中）。
- 缺少帮助。这是一个关键因素，不管是由于照料不够、经济困难、活着的父母无能为力、愤怒、抑郁、成见、病态等。父母的表现可能被儿童解释为排斥。
- 性格。有些儿童在各种压力面前有承受能力，其原因仍然使人理解不透（Herbert, 1991）。有的儿童很脆弱，特别是如果他们先前失去亲人和分离的经历没有导致令人满意的解决和"愈合"时。
- 死亡的性质。突然的、意想不到的死亡比预先料到的死亡（例如久病以后死亡或老死），对活着的人有更大的影响，如果目睹暴力死亡，更可能会引起复杂情况，如创伤后应激障碍的症状。

危险

我们已经看到，失去父亲或母亲是抑郁问题最早的诱因。失去一位同性别的父亲或母亲（特别对男孩来说）显然是抑郁症特别重大的危险因素。研究结果指出好几种不利于调节的危险因素，包括下面这些：

- 活着的父亲（或母亲）的精神病。

- 儿童和活着的父亲(或母亲)的性别。
- 亲人死前和(或)死后家庭环境的稳定性。
- 亲人死前婚姻关系的质量。
- 活着的父亲(或母亲)的处事能力。
- 亲人死后家庭支撑方法的质量。已经证明,如果没有亲密的、深信不疑的感情关系,会增加抑郁症的危险。

毫无疑问的是各种咨询援助会减轻失去亲人的创伤对身体和精神健康的不良影响。如果在儿童接受生与死的悲惨事实和继续生活方面,有一个牢固的基础,他们会做得非常好。简单而明确的解释比蒙蔽儿童的不诚实的搪塞会更好。有关死人的可怕的沉默不会帮助儿童消解和化解悲痛。

三、由于离婚或婚姻关系破裂失去亲人

失去亲人,当然不是局限于由于死亡而失去亲人。由于父母婚姻关系终止而与父母之一分离,在今天的西方社会是孩子比较普遍的经历。在英国,五个儿童中至少有一个在他们16岁之前,将会体验到离婚的影响。这是一个悲惨的生活事实,一般地,对儿童来说离婚的结果比死亡的结果在情感上有更大的破坏性。

四、我应该什么时候继续询问?

你可能遇到由于其反应特点而引起你关心的儿童,你必须决定是否寻求另外的帮助。下面是一些可以帮助你做出这样一个决定的线索。你可以考虑继续向咨询中心询问,或同专家讨论你关心的事,如果:

- 失去亲人的儿童总是显得悲伤、麻木不仁、垂头丧气,并伴随着长时间的抑郁。
- 他总是装作什么都没有发生。
- 他觉得自己没有用并讲些尖刻自责的话。
- 他对以前喜欢过的趣事、爱好(以及学校活动)变得漠不关心。
- 他对自己的穿着打扮变得漠不关心。
- 他随着健康状况恶化,显得很累,睡不着觉。
- 儿童威胁或谈到自杀。
- 他发生持续不断的攻击。
- 他明显而持续地退缩,并且与群体隔绝(避开群体活动/总是希望独自呆着)。
- 他卷入反社会活动,例如吸毒、盗窃等。
- 他开始快节奏地、焦躁地生活,根本不能和父母、兄弟姐妹或朋友一起散心。

> 当他面对极端困难的处境时,也可能出现自杀行为。

第五节 帮助失去亲人的当事人

一、失去亲人的咨询

咨询是受过专业训练的咨询师和当事人之间基于相互信任的秘密谈话关系。卡尔·罗杰斯(Carl Rogers)倡导开展一种以来访者为中心的、非指令性的、人本主义的学习方法,并做出了重要贡献。促进这种学习的咨询师的特质应当是:

> 真诚和可靠:向当事人传递实情。
> 尊重和热情:友好但非干涉性的关心和关怀态度。
> 准确的共情:依据当事人的观点看待事物的能力;同情他们,使他们感到别人理解自己。

在这个框架内,咨询包括对问题和困难作十分投入的善意的探讨,努力澄清混乱和冲突问题,找到叙述问题和(或)处理问题的方法(可能是替代方法)。这些问题可能涉及有关对死者说过(或没说过)的事情的内疚的感觉;唤起的感觉,例如安慰、愤怒和怨恨,这些好像是不适宜的;或者妨碍悲伤过程的想象。

这种有益的方法,基于工作的合作模式(Herbert, 1993),强调"自助"要素,需要唤起儿童和家长内心的应变能力。为了这个目的,咨询师提供非裁判性的、有帮助性的人际关系,这种关系使个人能够增强自尊、自重和自我效能(信心),在某种程度上学习自己寻找答案和依靠自己解决问题的能力。

给当事人权利

提供信息是给予当事人权利的关键部分,特别是在儿童面临可能失去或实际上失去所喜爱的照料人的情况下。向失去亲人的儿童的父亲(或母亲)讲述这种帮助方法包括以下主要目的。

> 提供一些方式使父亲(母亲)和其他家庭成员哀悼死者,并在心理上、社交上、身体上以及在日常生活中适应失去亲人的现实,最大限度地减少和尽最大可能地防止家庭破裂。
> 使家庭成员在不忽视自身要求的情况下尽最大努力满足失去近亲的人的要求。
> 帮助正在悲伤的儿童,在心理上、社交上,以及在日常生活的事务和需求中适应失去亲人的现实,使他能够过上可能的最好生活(儿童在生活的不同阶段具有不同的发展要求,如果处理不当,可能产生使人痛苦的和破坏性的后果)(Herbert, 1993)。

有证据(Herbert, 1991; Parkes, 1983)表明同家庭合作是帮助失去亲人的儿童的有效方法。当与儿童具体合作时,要同他父母一起讨论你的困难和关心的事情。不要和儿童失去联系。可能需要随访集会("辅助措施")。

咨询调适的目标

为要达到上述目标,你需要考虑的具体目标可能如下:

(1) 允许和帮助儿童的悲伤,就是"给予许可"。儿童极少得到机会悲伤。朵拉·布莱克对此描述如下:

人们回避对儿童谈及死去的父母,由于存在这种错误观念,儿童得不到机会准确地重新形成自己的世界观。

(2) 为要帮助儿童顺应亲人死亡的现实,你需要帮助他们:
- 接受亲人死亡的事实。
- 表达他们的感情。
- 承认他们的感觉是正常的。
- 在失去这个亲人的情况下生活(这可能意味着对家庭的实际帮助)。
- 处理推动他们继续走向成熟和独立的发展问题。
- 澄清曲解和误解。
- 妥善处理家庭变化。

(3) 帮助儿童妥善应付和理解活着的父母的悲痛,帮助父母妥善应付和理解儿童的悲痛。

(4) (应用谈话、游戏、绘画以及讲故事等方法)探讨儿童的想法、感觉和行动。这会告诉你他们正在经历的"悲痛事情"。我们需要敏锐地对待他们给我们讲的"故事"。

二、帮助者"十一要"

- 要随时为家庭服务,保持联系。
- 要听……。他们愿意倾诉多少悲伤就"准许"他们倾诉多少。
- 要鼓励他们谈论失去亲人的事。
- 要使他们的感情正常化;承认这些感情;(如果必要)要对他们作些解释。
- 要诚实坦率对待问题,当你不知道怎样答案时,要说"我不知道"。
- 要问儿童他们愿意得到什么样的帮助和支持。
- 要问家长他们愿意得到什么样的帮助和支持。
- 要通过谈话,共同参与好的和不那么好的对家属的怀念活动(例如,同他们一起看家庭影集)。

- 要知道先前失去亲人的事。
- 要对特殊的时刻(例如,周年纪念日、疾病、假日)敏感。
- 要鼓励父母向儿童传达事实,他不是孤独的:我和你在一起。

三、帮助者"九不要"

- 不要劝他们别担心和别悲伤。
- 不要建议他们应该怎样感受。
- 不要说你知道他们感觉如何……一定不要!
- 不要说"你现在应该觉得好些了"。
- 不要说"至少你还有父亲(母亲)"。
- 当他们评估问题时,不要否定他们的观点(例如,宗教信仰)。
- 不要鼓励父母对孩子掩饰自己的悲伤,要说"在孩子面前哭没关系"。
- 不要说"爸爸睡着了,没有醒来"。
- 不要忽视与学校联系。当失去亲人时,儿童可能行为不当("以行为表现")和(或)由于注意力分散、情感冷漠和动力不足,学习成绩下降(作为抑郁感觉的一部分)。教师也许不完全了解其中的原因。

四、帮助和支持儿童的几点意见

- 让他知道开怀大笑和玩得高兴与伤心一样没有问题。
- 问儿童愿意怎样得到帮助。
- 给予时间和关注:倾听。
- 处理禁忌问题:对问题要诚实。
- 密切注意那些暗示出问题的言语表达和行为变化(例如,自责、持久的抑郁)。
- 让儿童的要好的朋友参与。
- 不要忘记特殊的日子。
- 提供隐私"避难所",一个表达感情和安静独处的地方。
- 对儿童的意见要敏感,不要否定他们的观点。
- 提出更好的集中注意力的方法。
- 建议他给一位亲人写信(诗)。
- 制作图画故事。
- 制作一本专门影集。
- 使他们的想法(感情)正常化。
- 制作一个纪念物。

五、一些学校要做的事情

朗恩(Long)和贝茨(Bates)提出学校能够帮助失去亲人的儿童的几种方法:当然,他们需要了解和洞察儿童的悲伤,因为这种悲伤可能表现为焦躁不安和在教室里注意力不集中。家庭生活的破裂可能导致儿童逃学和(或)做作业马虎。

教师和学校辅导员应该向儿童提供:

➢ 谈话时间。
➢ 信任关系。
➢ 当儿童有心事、沉默或哭泣时的理解。
➢ 当他们感到孤立和异样时,受重视。
➢ 实际帮助(例如,克服学习困难)。

给家长的提示

当家庭中失去亲人时,有时会忽视悲伤的儿童。这不是因为父母缺少关怀和敏感,而可能由于误解儿童理解(或不能理解)死亡意义的方式,及儿童对失去亲人做出反应的不同方式——有时像大人,但经常是很不一样的。儿童的回响或无言的反应可能是因为他们对正在发生的事情一无所知。儿童需要自己去理解那些影响家庭的重大事件,例如一位亲人的重病或失去的意义。不幸的是,当失去亲人时,儿童不但失去了一位受到爱戴的家庭成员,而且暂时失去了悲伤中的和心事重重的父亲(或母亲)的全部关注。父母对悲伤儿童的帮助(主要表现在与儿童一起谈论丧失亲人的事实与感受)会帮助他消除悲伤。帮助儿童悲伤是至关重要的,因为做不到这一点,以后在生活中,可能产生不利的情感后果。你可能觉得下面的指导会有帮助。

父母的"六要"和"五不要"

➢ 要允许孩子自己通过他们个人的悲痛阶段。
➢ 要从其他支持人那里寻求帮助。
➢ 要告知孩子的学校和托儿所关于孩子失去亲人的事。
➢ 要鼓励儿童分担家庭的悲伤。
➢ 要重视儿童悲伤援助队的作用。
➢ 要给予连续保证的爱和帮助(当不知说什么时,就去抚摸)。
➢ 不要在家里、学校里、教室里和其他地方阻止谈及死亡的话题。

➤ 不要阻止在情感上表示悲伤。
➤ 不要告诉孩子一些以后需要更正的情况(例如,死人正在睡觉之类的)。
➤ 不要改变孩子的角色(例如,使他们代替死者的位置)。
➤ 不要说超出儿童理解能力的话。

11

分居与离婚——帮助儿童妥善应付

引言

目的

本章的目的是为心理医生提供：
➤ 儿童对分居与离婚含义的理解。
➤ 指导：帮助父母教孩子为父母关系的破裂作好准备和应付其后果。
➤ 方法：帮助儿童表达由他们的父母决定分居引起的强烈的痛苦情感。

目标

为要达到这些目标,本章帮助心理医生：
➤ 评估离婚对儿童的影响。
➤ 规划对悲伤儿童的调适。
➤ 帮助父母向自己孩子传达难题。
➤ 同父母一起仔细考虑出现在单身父母和重建家庭中的问题,如继父母行为。
➤ 利用解决问题自我授权的课程辅导离婚父母。
➤ 研究论述离婚的文献。

对越来越多的家庭来说,分居对孩子的影响是父母(同居)伙伴关系的破裂,而不是婚姻关系的破裂。本章也适用于这些孩子和他们疏远的父母所经受的困难和痛苦。

第一节 覆巢之下,无有完卵

一、离婚的后果

像损坏后无法修补的东西一样,许多婚姻一经破裂,便无法重新组合。事实上,许多婚姻摇摇欲坠或不可挽回地失败,以致今天在英国出生的婴儿有四分之一以上在他们到达中学毕业的年龄之前就可能经历父母分居。离婚是一项判决,它影响到所有的家庭成员,而不单单是婚姻配偶双方。正因为这是人生大事,所以离婚在《霍姆斯和拉赫社会重新调节量表》(1967)上 43 种潜在致伤因素中应激等级分数排名第二。这的确是儿童经历的最常见的不利的人生大事之一。

人们往往认为来自破裂家庭的孩子一生吃亏,而且必然遭受情感和行为问题的折磨。有些孩子在父母离婚时确实遭受这么强烈的创伤,以致他们永远不会从这种有害的后果中完全恢复,心理后果常常持续下去进入成人生活(Wallerstein, 1999)。研究结果表明父母离婚或分居的人,同那些来自完整家庭的人相比,有双倍的可能在婚姻上以离婚或分居告终。这样,有害的反应从一代传到下一代。拉特和麦治(Rutter & Madge, 1976)已经把离婚引用为造成"代际恶性循环"的因素之一。还有些研究表明像离婚这样的童年生活大事,在以后的生活中会影响做父母的技巧。当然,离婚本身不是长期问题的唯一根源——毫不奇怪的是,还发现许多儿童受到在分居和离婚之前的那种剑拔弩张的家庭生活的紧张状态的影响(Cherlin et al., 1991)。

因此,对于父母和孩子双方来说,减轻离婚的后果及其先兆,就变得特别紧迫和必要(Canter & drake, 1983)。然而,闹离婚的夫妻自动寻求法律指导,但很少有人寻求专业帮助解决他们的情感问题。律师不能帮助面临婚姻失败的成人消除痛苦情感(愤怒、内疚、伤害、焦虑、绝望),也不能帮助他们关注自己的孩子。多半情况是,离婚期间孩子往往被忽视并被留在感情真空中。然而,家庭是一个社会结构,在合法婚姻关系解体后它继续存在,而那些企图把家庭看做彼此独立的个体的人,却对孩子什么忙也帮不上。孩子的幸福取决于他能够同父母双方保持亲密的感情联系。孩子因父母对立搞得左右为难的情况会酿成灾难。孩子可能是父母双方都喜欢的,不论他们相互之间多么不讲道理。

照理说,这句格言可以是"如果我们做不到婚姻成功,至少让我们离婚成功……为了孩子的缘故"。

二、离婚的影响

离婚被许多儿童和青少年解释为对他们本人的抛弃或遗弃。他们没有或者不能理解一次不幸婚姻中大人所有的恩怨。一方面,许多孩子要克服自己的悲伤,从最亲密的人的关系破裂中振作起来并长成为正常的理智的社会成员,而离婚将带来不利后果的做法不顾及这些孩子。如果所有的离婚、所有的破裂家庭,都导致严重的心理障碍,社会确实会有可怕的难以处理的问题。

另一方面,目前离婚最大的危险和可能性发生在结婚后的第四年。也就是说,非常可能的是,幼小的孩子被卷进渐渐引起的离婚和离婚后果之中。分居——真正打击孩子的事情——可能发生在离婚前好几年。同时(如我们从许多研究中知道)毫无疑问,分居对许多孩子来说真是太痛苦了。对大多数遭受分居创伤的大人来说随着婚姻世界的土崩瓦解,非常容易忽视、轻视或无力帮助受害的孩子。他孤独、愤怒、悲伤、羞耻或慌乱的感情发生什么情况?在孩子身上发生的事非常像因死亡而丧失亲人的情景。在有些方面,如果孩子不断渴望的重新团聚不能出现或亲爱的父母之间三心二意,那就更糟了。

你可能已经觉察到孩子认为自己应该为父母婚姻破裂负责并对此感到非常内疚。事实上,这样的反应好像不很普遍,更为普遍的是因分居对父母的愤怒。所有年龄的孩子经常表示希望自己的父母重新结合,而且因破裂责怪父母中的一方或父母双方。大多数的孩子不想自己的父母分居,而且他们可能觉得父母没有考虑他们的利益。

夫妻分居会导致孩子重新评价自己与父母的感情关系,甚至怀疑所有社会关系的性质。特别对年龄较小的孩子来说,他们会痛苦地认识到并不是所有的社会关系都永远不变。如果妈妈和爸爸都能结束他们的婚姻,什么才是保险的呢?难道自己同妈妈或爸爸的关系不会发生同样的事吗?这种时候许多幼稚的孩子的反应都是表示害怕被父母一方或双方抛弃。而如果失去和父母一方的联系,这样的恐惧可能更加强烈。不管怎样,如果父母同孩子之间的关系能保持完好无损,能维持下去,这些恐惧通常是暂时的。

三、爱的联结

如果我们要充分了解离婚前、离婚期间和离婚后这些阶段对儿童深远的破坏性影响,我们需要使自己想想儿童情感上至关重要的依恋性。所有的幼儿都需要依恋于父母(或父母替身)才能生存下去。儿童成长中爱和忠实的联结是他母亲和父亲欢乐的巨大源泉。儿童与父母的感情纽带和他们的联结就是基于这种正常发展的基础。埃里克·埃里克森(Erikson,1965)提出幼年的主要任务是养成对别人的基本信任。他认为在人生早期岁月,儿童需要了解世界是一个美好的令人满意的住所,还是一个痛苦、苦难、挫折和不稳定的来源。因为人类婴儿是那么长期地完全地依赖成人,所以他们需要知道他们能够依靠外部世界。

这种信任、这种可信感在离婚期间受到严重威胁。孩子和父母的分离(这是离婚形式的一部分)使人们遭受到极大痛苦。拉尔弗·沃尔德·爱默生(Ralhp Waldo Emerson)敏锐地观察到:"悲伤使我们所有的人都又变成孩子。"反复无常的父母分居、重聚、再分居……孩子的希望被无情地毁灭、唤起并再次毁灭。

分离焦虑

作为儿童正常(何况破坏的)发展经历的一部分,更多的紧张来自分离焦虑。随着长大,儿童的恐惧表现出明显的模式——每个年龄段好像都有它自己调节危机或焦虑的定向。

对2~3岁与父母分离的健康儿童行为的研究常常显出可预见的行为序列,概述如下:

> 在最初,或"抗议"阶段,孩子以眼泪和愤怒对——比方说,由他们的母亲住院治病带来的——分离做出反应。他们要求母亲回来,而且好像满怀希望地认为他们会成功地把她叫回来。这一阶段可能持续几天。
> 后来他们安静下来,但很明显他们一心想着自己离去的母亲并仍然渴望她回来,尽管他们的希望已经破灭。
> 这叫做绝望阶段。这个时期希望与绝望经常交替变换。
> 最后,发生巨大变化:孩子好像忘了自己的母亲,于是当他们再次见到她时,他们对她奇异地无动于衷,而且可能显得不认识她,这就是所谓的"超然"阶段。

在这每一阶段,孩子容易发脾气和做出破坏行为。在同父母重新团聚后,他们可能反应迟钝,也无要求,到什么程度和多长时间取决于分离时间的长短,以及在这段时间他们是否经常受到看望。例如,如果他们好几个星期得不到看望,并且达到了超然的早期阶段,很可能反应迟钝会持续几小时到几天。当最后这种反应迟钝消退,他们就会表露出他们对母亲感情的强烈的矛盾情绪。会产生激动的感情、强烈的依恋,而且无论什么时候母亲离开他们,哪怕只一会儿都会产生强烈的焦虑和愤怒。这是一位母亲说的:

> 自从那次我必须离开她去住院(两次,每次十七天,那时孩子两岁),她不再相信我。我哪里也去不得——去邻居家或商店也不行。我总得带着她。她不愿意离开我。她疯了似的跑回家,说:"哦,妈妈,我以为你不见了!"她忘不了那两次分离。她总是不离我左右。我坐下,把她放在膝盖上,抚爱她。很明显,如果我不那么做,她会说"妈妈,你不再爱我了",我只好坐下。

如果这些是一个学步儿童对暂时失去母亲的反应,必须面对家庭解体和永久失去父亲或母亲的孩子会怎么样呢?分离的惊吓和恐惧要严重得多。理查德·兰斯顿(Lansdown, 1993)说,他同陷于危机的家庭谈论即将到来的永久分离,例如,一个人要死了,以及在死亡的时候注意理智上知道的东西和感情上感到的东西之间的冲突,这时他会问:

> "你头脑里有什么想法和你心里有什么感觉?"

非常容易把有些离婚的影响,特别是关系到孩子的影响,等同于死亡造成的后果(Lansdown & Benjamin, 1985)。这同一个问题同样适合于茫然的丧失亲人的大人和儿童。

第二节 第一冲击波

许多夫妻问:"我们如何向子女透露这个消息?我们想尽可能减轻他们的失望。"因为大多数父母的内疚,造成向孩子透露消息的时刻常常延迟,直到再也不能对迫在眉睫的分居保住秘密的时候才说。同时,父母觉得孩子尽管目睹了吵架、无意中听过父母谈话、注意到父母情绪和行为变化,但对正在发生的事仍然一无所知。冲突可能已经持续了几个月,甚至更长时间,而且孩子可能以各种方式对不测事件做出反应——行为问题、倒退的依恋、哭泣,甚至尿床和做噩梦。

显然,至于什么时候告诉孩子父母分居的决定,不可能有固定的程式。但是,长期的含糊其辞,随后又想突然说破是有害的。

学龄前儿童

毫不奇怪的是,学龄前儿童在父母实际分居时,通常显得非常悲伤和害怕,而且变得非常依恋和苛求。睡觉时恐惧和拒绝被单独留下(哪怕只几分钟),这并不少见。上学和上托儿所的孩子可能对去哪儿变得非常焦虑,而且当被留在学校或托儿所时,可能表示强烈反对。他们会突发奇想,逼真地想象自己遭到抛弃、父母死亡或受到伤害的情形,而且他们经常表现出对其他孩子的攻击性并和兄弟姐妹争吵。

学龄儿童

关于年龄大些的儿童,悲痛和悲伤具有突出的特点,但愤怒更加显著。这通常针对父母,特别是针对和孩子住在一起的那位——这多半指母亲("难道没有正义吗?"她有时必须问自己)。不管实际上是因为什么导致了婚姻破裂,孩子可能对她处处不顺眼,事事不满意。分离的父亲很可能被理想化(还是不管实情如何),而母亲被认为对赶走父亲负责。儿童,特别是7~8岁年龄段的,会表现出对父亲强烈的怀念。

青春前期儿童

青春前期儿童常常更少表露出他们内心的伤害和痛苦,但并不是说这些伤害和痛苦不存在。掩饰是普遍的做法,而且他们可能通过游戏和其他活动寻求娱乐,就像大人借酒浇愁和通过疯狂忙碌寻求解脱一样。可能很难与这个年龄的孩子接触,他们讨厌谈论他们感觉到什么,因为这会引起他们的痛苦和难堪。在这明显的超然的态度下面是愤怒,他们可能再次坚决地同父亲或母亲站在一边,甚至拒绝去看另一位。

青少年

青少年有时表现明显的抑郁,好像要"退出"家庭生活,退到家庭外的其他关系中。朋友可能成为家人的替代者,提供归属感和稳定感。有些朋友可能是令人讨厌的影响人物,在为非作歹和疯狂喧闹中提供刺激,作为青少年痛苦的消解剂。这就令人担心他们的人际关系、性问题和今后的婚姻了(Wallerstein & Kelly, 1980)。

这些是对父母分居后立即的和中期的反应。这种悲伤非常像丧失亲人的那样。通常这些反应以一种强烈的形式出现大约几个月,然后,可能会开始消退。不幸的是,关于长期后果的证据仍然相当贫乏而且难以评价(Wallerstein, 1985;1991)。

一、心理医生的一些"要"(Grollman, 1975;Wells, 1989)

有几个建议可以用来帮助儿童对付他的损失感。

要鼓励父母和孩子互相交流。在离婚或分居后,孩子常常沉浸在震惊和悲痛的沉默之中,会与人疏远,令人担忧。

利用谈话、游戏、绘画和讲故事等探究孩子在如何思索、如何感觉和如何行动。任何以失去亲人作为主题的故事可能都有利于帮助孩子表达自己关于家庭破裂的担心。你可以编造你自己的故事或用图画书、游戏来促进交流(Scowne, 1993)。

大多数孩子在他们失去亲人后第一年年终以前会感到稍微好些,但是,悲伤历程大约一共需要两年,至于大人,对突然的意外灾祸来说,悲伤历程需要更长的时间。当然,这不排除重新出现悲伤和怀念的痛苦,特别是在周年纪念日、假日、其他特殊时间或当孩子生病时。有些东西会使人想起家庭发生的大事和过去的事情,不要再保留这些东西,因为眼不见心不烦。

重要的是:
➢ 如果已经要求你帮助调适,要随时为家庭服务,要保持联系。
➢ 要倾听;要允许孩子愿意表达多少悲伤(和其他情感)就让他们表达多少。
➢ 要鼓励他们谈论离婚和他们的损失感。
➢ 要使他们的感情正常化;要接受这些感情;如果必要,向他们解释他们为什么有这样的感觉。
➢ 对问题要开诚布公。
➢ 要问孩子愿意要什么样的帮助或援助。
➢ 要问父母愿意要什么样的帮助或援助。
➢ 要通过谈话的方式分享好的和不那么好的家庭回忆(例如,同他们一起看家庭影集)。
➢ 要准备讨论对家庭调整至关重要的实际问题。
➢ 要鼓励父母告诉孩子实情,说明他并不孤独,也不处在被抛弃的危险之中。

二、对失去亲人难以接受

在离婚法庭上,经常发现孩子以不适应的方式对分居或离婚做出反应,包括:

- 无助性。孩子可能"退出"家庭和学校生活,这是一种叫做"情绪性孤离"的心理防卫机制。
- 攻击。孩子可能以对人的猛烈攻击,发泄内心的伤害、怨恨、慌乱和骚动。
- 替补。孩子可能找出一个父亲或母亲替身。

帮助或援助孩子的几点意见

- 注意暗示存在问题的词语表达和行为变化。例如,自责、持续的抑郁、攻击性的反社会行为。
- 提供一个隐私"避难所"——一个孩子表达感情和安静独处的地方。
- 给予时间和关注:倾听。
- 处理难题,如父母不协调,对问题要开诚布公。
- 如果孩子离群索居,叫孩子的要好朋友参与进去。
- 留心特殊的日子。
- 提出他可以向分离的父母写信或打电话,但要记住联系和会面安排!

三、心理医生的"九不要"

- 不要劝家庭成员别担心或别悲伤。
- 不要劝他们应该感觉什么。
- 不要说你知道他们的感觉如何——一定不要!
- 不要说"到现在你应该适应了"。
- 不要说"至少你家里还有母亲(父亲)"。
- 不要否定他们的观点(例如,愤怒、怨恨)。
- 不要鼓励父母对自己的孩子掩饰自己的悲痛。可以指出"在孩子面前哭泣没关系"。
- 不要说"你爸爸(妈妈)可能很快回来"。
- 不要忽视与孩子的学校联系。孩子悲伤时,可能会出现行为不端或注意力不集中,情感淡漠、缺乏动力(作为情感抑郁的一部分),学习成绩下降。教师可能不完全了解其中的原因。

四、遗留的影响

父母关心的问题之一,是离婚对孩子心理健康的长期影响。如先前提到的,研究人员已经发现童年时期经历过家庭破裂的人,与来自未破裂家庭的人相比,更有可能在较长时期内产生心理问题。即使是经济背景宽裕的人,其危险因素也不存在任何差异。不过来自破裂家庭的孩子也有可能比来自虽未破裂但非常不幸的家庭的孩子生活过得更好!

然而,这些研究结果并不允许我们有丝毫满足。在青少年犯罪方面,犯罪与家庭破裂有联系,这种联系不是由于家庭破裂本身,而是因为在这些家庭中一直存在着大量的父母不和。由父母分居失去父亲或母亲,比由死亡失去父亲或母亲,更可能引起长期问题。这可能由于在破裂之前经常发生不愉快的事情或者由于孩子体验到一种背叛的,很像是有意被抛弃的感觉。

五、与父母的联系

我们还不确切知道的是,如果一个孩子在家庭破裂后保持同父母双方的联系,是否减少长期的恶劣影响。间接证据表明这个条件可能很重要。与离婚和分居有联系的长期问题中,有抑郁、缺乏自尊心、异性关系问题(尤其对女孩来说)以及青少年自己婚姻上较高的离婚可能性。对这些影响的准确意义和程度存在着许多问号,但是我们可以确信,即使存在,具有离婚背景的孩子和没有离婚背景的孩子之间的差异也是相当小的。很多情况取决于具体影响,例如孩子与每位父母感情关系的好坏,以及分居后这些影响如何变化。

沃勒斯坦和凯利(Wallerstein & Kelly, 1980)根据自己的工作提出,父母一般对年龄较大的孩子更公开地表达愤怒,并极力保护年龄较小的孩子免受最大的苦难。这样九到十八岁的年龄较大的孩子经常会更加不安,他们的痛苦和父母的愤怒并行。他们还发现在有些情况下,年龄较大的男孩和女孩对母亲的羞耻和被抛弃的感觉深有同感,因此受到母亲所表示出来的对父亲的愤怒和怨恨的更大的折磨和困扰。年龄较大的男孩,当他们认为自己的父亲被"逐出"家门时,特别不安并且对父母的离婚忧心忡忡。这些孩子焦虑不安,而且一直希望父母和解,明显的原因是他们不愿意看到父母的自尊心受到伤害。

沃勒斯坦和凯利还发现,一般来说,年龄较小孩子的家长与年龄较大孩子的家长相比,父母双方维持得更好一些。他们的研究成果显示9岁以上的孩子敏锐地知道父母行为质量下降,觉得受到委屈和忽视。他们采访过的大多数9~10岁的男孩觉得父亲对他们不管不问,并受到这种体验的强烈伤害。同样,年龄较大的女孩觉得,在自己最需要帮助的关键时刻,被自己的母亲在感情上抛弃了。

他们还报道说,在分居时,父母和孩子之间的鸿沟由于年龄较大的孩子出现越来越多的情绪波动而进一步加深。这些孩子当中三分之一更难管教。离婚的父母,在对他们自己的感觉和反应忧心忡忡时,发现年龄较大的孩子所感到的强烈愤怒是极端令人泄气和令人沮丧的。另一方面,年龄较小的孩子表现出苛求和依恋行为,而且他们不愿看到自己的父亲(母亲)走远,怕他们不回来。这一切只能进一步耗尽已经精疲力竭的父母的精力。

沃勒斯坦和凯利报告了主要在 9~12 岁青少年身上的一项研究结果，最令人不安的发现之一就是孩子与父亲或母亲的联盟，他们把联盟定义为：

"当一位父亲或母亲和一个或多个孩子一道猛烈攻击另一位父亲或母亲时，所产生的同这位父亲或母亲的理由最极端的共鸣。这是离婚造成的特有的关系。"（Wallerstein & Kelly, 1980）

作者指出这些研究结果还强有力地表明，参加这些不健康的联盟的大人和儿童缺少心理上的稳定性，而且与一位父亲或母亲站在一边去反对另一位的青少年特别脆弱。他们发现这样的联盟持续时间的长短与监护安排有关。在大多数情况下，同父亲或同非监护父母的联盟不会超过分居后的第一年。然而，同母亲的联盟或者同监护父母的联盟，在分居后 18 个月仍然很稳定。

总的说来，同监护父母的联盟显得最为持久，而且这可能反映的不只是内在的感情力量，而是每天亲密关系的强化。有一个不无道理的建议表明，对许多父母来说，这些反对另一配偶的愤怒举动可能是一种避开抑郁的方法。

沃勒斯坦和凯利发现在他们的样本中，在分居后没有遭受极度孤独痛苦的唯一一组孩子是那些机能作用良好的青少年，他们与同辈人娱乐和获取支持的能力非常强，还有的就是享有父亲继续关怀的那些青少年。此外，他们指出，虽然所有年龄的儿童在分居和离婚的时候，都经历过同自己父母感情关系的重大变化，但是青少年的反应同自己父母的感情关系是那么无法分开地交织在一起，以致必须把他们两者合起来考虑。

作者发现离婚的影响或者促使青少年以更快的速度向前发展，或者使这种发展戛然而止。加速成熟的儿童（约占样本的三分之一）一般能迅速发挥有保护力的和有益的作用，共同担负起家庭的责任，共同有效地、尽心地、自豪地照顾弟弟和妹妹。父母能够依赖这些青少年做伴，听他们的建议，共同研究重大决定，寻求他们真正的帮助。还有，更明显地是在青春期后期，这些青少年实际在某种程度上担当起了家长的角色。

被迫选择

可悲的是，孩子可能被迫去选择。他们经常成为婚姻战斗的战场和相互责难的目标，例如责怪对方不管孩子、偏爱孩子或者说孩子是"坏种"。由于孩子弱小无力，在父母感到悲伤丧气时，孩子是理想的替罪羊。作为厌恶的（可能仇恨的）配偶的后代，孩子能够反映出配偶身上令人讨厌的品质。这种没有道理的偏见来自不幸婚姻的紧张和敌对的长期性。尽管不协调又必须生活在一起的大人，可能做一些恶毒的事，说一些恶毒的话，而这些在正常情况下他们是不会允许自己做或说的。要求孩子在他们之间进行选择是特别令人反感的。

当一个孩子处在压力之下,他可能为了保护自己而去做"你是我最喜欢的人"的游戏,例如表示喜欢与他住在一起的父亲(母亲)。只要这个孩子能够避免同时遇到父母双方,就能够做这个游戏。家庭疗法,所有的家庭成员都互相碰面,做这种游戏就不大可能了。使用了一段时间这些手段的孩子会需要帮助,以便找到适应他父母的新方法或者找到他父母适应他的新方法。

第三节 被留下的父亲或母亲

一、单身父母身份

由于离婚或其他许多原因,在单亲家庭中扶养自己孩子的母亲和父亲的人数呈上升趋势。他们面对的问题有点类似他们分居、离婚、鳏寡或是不结婚:在白天需要有足够的精力和时间处理无数的杂事。当一个人完全独自承担养育孩子的责任时,就会痛苦地感到缺少感情支持。许多离婚父母,特别是母亲有着相当特殊的忧虑。她们不知道孩子已经度过的创伤经历会产生什么样的伤害。独自抚养男孩和女孩(尤其是前者)的困难,我能承受得了吗?

破裂家庭的一般性后果并未计入个人的痛苦之中。不管长期来看情况如何,我们当前(即使是暂时)仍然处在强烈的悲伤、迷茫和忧虑之中,这些情绪都会在离婚和离婚后的时间里影响孩子。留下的那位父亲或母亲必须应付这件事。父亲可能觉得他们缺少本能的技巧——女人的敏感性。母亲往往担心纪律问题,尤其是当孩子以攻击行为发泄时。

经济因素

经济因素也是至关重要的。没有父亲和贫穷之间有着紧密的联系,失去父亲的不利后果首先是贫穷。贫穷使母亲处于极度紧张之中。导致离婚结局的长期纠葛可能使母亲感到抑郁,心力交瘁。财政的紧张可能耗尽单独留下的母亲的最后感情储蓄。而且对处于这种困境的女人来说,住房特别难找。5岁以下的儿童需要特别的照料和亲密的关爱。然而,如果母亲缺钱,她可能被迫寻找工作,并不能找到令人满意的人照料孩子,这有时导致对孩子的保护和管教不够。当失去丈夫时,母亲失去情感和身体支撑,也常常失去社交生活。考虑到所有这些因素,有些女人怀疑自己单独承担养育孩子责任的智慧和能力,就不足为怪了。

其他因素

单亲家庭多少具有幽闭恐怖症的危险,特别是如果这位父亲或母亲由于极度孤寂,依恋孩子,对他提出太多的感情要求的话("琴像个妹妹——她去哪里都和我一起"或者"彼得现在是这个家的男人,我有他做依靠")。由此可能不断地努力补偿孩子的损失——"我感到非常内疚,我必须对他补偿",常常导致出现惯坏的孩子和以自我为中心的、不受欢迎的少年。

因为现今单亲家庭很多,由一个大人抚养大的孩子可能与那些以普遍的方式养育的孩子在心理健康方面是同样好的。不过,母亲特别担心自己既做母亲又做"父亲"的问题。例如,她们有时关心自己儿子的男人气概的正常发育。为使母亲安心,应该强调一个男孩不会仅仅因为他在一个没有男人的家中成长就把性别弄错。如果他在家里缺少一个与自己同样性别的模型,他可能会在家族里(例如,叔伯、舅舅)、学校里(老师)和外部世界里(同辈人),向许多人学习。

二、恢复力

父母不应该让困扰孩子的挫折和创伤搞得气馁。父母的课程之一是,在他们力所能及的范围内,无论有或没有专业援助,都要帮助自己的孩子努力适应这样或那样不可避免的生活变迁。孩子是学生,而父母是他们的老师。有智慧的、有想象力的老师能够帮助青少年把握挑战并克服对他的长期幸福必不可少的挫折。

我们所看到的一些研究表明,同父母一方有非常良好的关系与离婚家庭的孩子有较好的成长结果,二者之间是有关联的。住在家中的(外)祖父母也是一种保护孩子的力量(Garmezy & Masten, 1994)。有幸与这些孩子合作许多年后,留给我们的印象是他们的健全素质以及对逆境做出恰当反应的杰出能力。

第四节 濒临深渊的人

一、考虑孩子

对那些正摇摆在婚姻破裂边缘但又在考虑孩子的最大利益的父母来说,无论父母怎样选择——住在一起或分手,都是一个"杂乱"而悲惨的结果。他们无法掩饰分居使孩子遭受痛苦的事实。每个孩子都愿意继续同两位父母幸福地住在一起。然而,如果他们找不到安宁的和可行的共同生活方式,只是为了孩子勉强住在一起,对孩子不会有丝毫帮助。如果这个悲惨而常常俗气的离婚局面,能够由那些把孩子的利益放在他们自己利益之上的父母通过审慎的处理加以缓解,孩子至少会知道自己的母亲和父亲关心他们。于是在咨询员的帮助下,对未来做出精心考虑和安排就变得必不可少了(Coldstein, 1987)。

做出分居决定之后,应该尽快告诉孩子。这样不会存在他们从别人那里听到消息的危险。大多数家庭经历一个两三年的过渡期以后才能稳定下来过新的生活,了解这一点可能是有益的,尽管安慰作用不大。明智的父母应当采取冷静的态度,虽然他们作为夫妻没能使婚姻成功,但至少为了孩子,他们能够设法使婚姻结束并有个好一点的结果。很多事情濒临危险! 弗吉尼亚离婚再婚研究所(Hertherington et al.,1985)随访了一个有 4 岁孩子的家庭离婚六年后的实例。第一年,观察到父母双方和孩子都有相当大的痛苦和功能障碍。第二年,女孩有最大困难,表现出攻击、不顺从("外表化")行为,而且表明有不稳定的母女关系。女孩的行为与来自非离婚家庭的那些女孩类似。与充满冲突的非离婚家庭的孩子相比,来自离婚家庭的孩子起初景况较差,但是从这两年随访情况来看,他们比留在非常不幸的婚姻关系家庭中的孩子要适应得更好一些。

二、继父母

当一个孩子的父母再婚时——而且他们通常会再婚——就可能产生相互适应问题。做继子的麻烦是路人皆知的,在日益增多的重新组成的家庭中,做一个继父母的问题也是如此。调查研究证实了这一点。心理学证据表明再婚使这种处境中的所有儿童遭受某种程度的创伤。研究人员已经发现生活在再婚家庭中的儿童比对照组的儿童经历更大程度的感情不稳定、处境不安定和紧张。在弗吉尼亚研究中原先离婚样本中的大多数人最后再次结婚。在重建家庭的初期,男孩和女孩特别是较小的孩子有显著的行为问题。再婚两年后,男孩女孩的行为看起来都有所改善。

这个问题并不简单,特别是因为已经显示出父母之间是否存在离婚后的冲突,比父亲或母亲的婚姻状况对孩子随后的适应情况的影响更大(Emerson, 1982;1988)。与孩子同性别的父母找到新配偶,产生心理问题的风险更大。这些调查结果是统计学上的,只是反映稍微增加的风险。当然,有许多证据表明继父母给他们抚养的孩子带来了巨大的幸福和慰藉。作为继亲子关系中普遍特点的摩擦、妒忌和爱恨交加,可以通过深思熟虑和感情移入的处理加以克服。这意味着努力从孩子的观点看问题是父亲或母亲能做的最有想象力的事。例如,如果继子女表现得轻松自然,开口叫继父"爸爸",对他表示好感,他不会因自己的不忠而失去生父的爱吧? 如果他接受了新的处境,他不是最终承认他生身父母不会和好吧? 这些是孩子面临的一些两难境地,而继父母本人并非没有矛盾。他们可能问自己:"当卡罗尔还有个母亲的时候,我应该如何努力做一个母亲呢? 我应该像他爸爸允许的那样管教孩子吗?"有一些"局内人"写的书,提出过处理这类问题的方法(Marshall, 1993; Maddox, 1980)。

比对再婚引起的妒忌的恐惧更糟的可能是孩子感到的被抛弃的恐惧。因为他的父母听任连续不断的浪漫主义的情感优先于他们与孩子的关系。

减轻打击

对有些孩子来说,父母能够做出安排使他们受到保护避免正在解体的婚姻的更多坏影响,从而可能把破坏减到最小程度。理想的做法是,经常同分手的父母联系,摆脱妒忌和许多离婚后安排的感情争夺。可悲的是,尤其是在有过家庭暴力的情况下,会面的气氛可能很不好,连具体进行都可能有危险。

三、援助方法

在离婚前后的时间里,孩子的适应力、与他继续呆在一起的那位父亲或母亲的智慧、经受一些冲击的慈爱的(外)祖父母或兄弟姐妹的存在,这些因素都影响孩子的悲剧的后果。如前面提到的,有些研究(Emery, 1982)表明与父母一方关系良好,可能会使离婚家庭孩子的结果比较好。

长期拖延和重复令人烦恼的和好、破裂、再和好和进一步分居,使得这期间孩子的希望升起、下降、再升起,直到最后破灭,这与由父母平静地、私下仔细考虑他们的婚姻之后对冲突当机立断地解决相比,会造成更多的伤害。他们可能觉得请教一位中立的通情达理的人,例如婚姻指导咨询员或宗教顾问是有益的。有许多优秀的书,例如马奇·希加德(Marge Heegard)的《当妈妈和爸爸分居时》(1991)可以帮助儿童学会摆脱父母离婚后的悲伤。

四、孩子的最大利益

你可能想知道关于离婚孩子会说些什么。他们说的话有助于给他们的最大利益下定义。依薇特·沃尔扎克(Walczak, 1984)的研究在这里是极为重要的,因为不像大多数的研究人员,她是根据接待的 100 个大人和儿童所积累的经验去观察离婚的。她发现经历离婚所有的苦难之后,对孩子的良性后果起重要作用的有三个最为重要的因素。它们是:

(1) 关于分离的沟通交流。
(2) 至少同一位父亲或母亲连续的良好关系。
(3) 对监护和会面安排满意。

认为自己最受损失的孩子是:

➢ 父母除了责备自己的前配偶外,不能对他们谈论离婚的那些孩子。
➢ 分离后,至少没和一位父亲或母亲相处好的那些孩子。
➢ 无论如何,不满意监护和会面安排的那些孩子。

大多数的孩子会喜欢婚姻幸福的父母,但大多数宁愿同单亲住在一起,也不愿意同两位婚姻不幸的父母住在一起。

五、婚姻结束后做父母

沃尔扎克(Walczak)还认为需要改变一下公众态度和立法。在她的论文发表之后颁布的《儿童法》(1989)注意到她概括地提出的父母责任和儿童福利的几个问题

(Herbert, 1993)。婚姻结束后做父母的需要受到如婚姻内做父母的一样多的承认和注意。在婚姻内,父母双方都被认为是自己孩子的合法监护人。沃尔扎克希望看到共同监护成为惯例,单亲监护成为例外,同时无论什么时候可能的话,父母讨论并为孩子的未来安排提出共同建议。

六、为经历离婚的生活规定任务

沃勒斯坦(Wallerstein, 1985;1991)对她的原始样本的十年随访作了报道。在这些研究和其他出版物中,她描述了离婚引起的复杂问题和机会。在这十年的随访中,她提出了在离婚时大人和孩子面临的心理任务。

离婚被理解为给有关的大人规定两套任务。第一是重建他们作为成人的生活,以便好好利用离婚带来的第二次机会。第二个任务是离婚后做孩子的父母,保护孩子免遭前配偶之间的交叉火力攻击,并养育他们长大成人。大人的任务如下:

➢ 结束婚姻。
➢ 反思这次失败。
➢ 重新找回自我。
➢ 消解并抑制激情。
➢ 振作起来。
➢ 帮助孩子度过:上学前;上学早期岁月——5~8岁;上学后期岁月——9~12岁;青春期。

一旦做出离婚决定,下面这些被认为是帮助孩子的重要方法。

➢ 表达悲伤很重要,准许孩子哭泣和悲伤,而不必对大人和自己掩饰对失去亲人的感情。
➢ 理性很重要,因为这有助于孩子的道德发展。
➢ 清醒很重要,以便不会使孩子受到鼓励去做任何和解的努力。
➢ 向孩子表达出离婚是不得已之举很重要,因为孩子需要感受到父母知道孩子是多么深切地不安。
➢ 如果可以的话,父母应说孩子是婚姻最大的欢乐之一。
➢ 父母需要尽可能具体详细地使孩子为摆在前面的事情作好准备。
➢ 当向孩子解释离婚时,勇敢是一个好字眼。父母强调有关的每个人都必须勇敢是很重要的。
➢ 孩子需要得到保证他们会不断地得知所有的重大发展才安心。
➢ 因为孩子在离婚处境中感到完全无能为力,应该邀请他们提出供大人认真考虑的建议。

- 需要再三告诉孩子,离婚不会削弱非监护的父母和孩子之间的亲密关系,尽管事实是他们要分开生活。
- 父母需要准许孩子自由地、公开地爱父母双方。

沃勒斯坦认为孩子的心理任务是:
- 理解父母离婚。
- 战略退却——孩子和青少年需要在父母离婚后尽快重新回到自己的生活。非常重要的是,他们在学校和游戏中重新开始平日的活动并从生理上和情感上重新开始成长的正常任务。
- 弥补损失。
- 消除愤怒。
- 消除和化解内疚。
- 接受离婚的永久性。
- 怀着可能有爱的侥幸心理——孩子不要由于父母离婚而感到不被爱是极其重要的。应该鼓励他们现实地接受他们既能够爱也能够被爱。

第五节 离婚父母的咨询

一、咨询和生活技巧训练方案

这些方案可能对分居或离婚父母特别是作为孩子的主要照料人的父母有帮助。下面的方案对新近离婚的母亲和(或)父亲是有效的。这个方案比较概括,以便你能够结合自己的想法和对策。

目标

针对离婚后的重要变化,团体或个体工作提出下列目标:
- 适应在婚后再做单身。
- 做好单亲家庭的唯一家长,全力而且经常单独负责管教和照顾孩子。
- 经常不得不离开熟悉的家庭住处,在不熟悉的地方建立新住所。
- 结交新朋友,失去旧朋友。
- 经常不得不应付某种程度的穷困,不得不应付家庭生活的混乱。
- 经常处理孩子的情绪和行为问题。

在由乔伊·艾德尔斯坦(Joy Edelstein)和作者一起设计的一门课程的生活技巧部分,罗列了大量的建议,这些建议是根据霍普森和斯卡利(Hopson & Scally, 1980)的工作提出的。他们指出自我授权概念的基础是,相信在任何情况下都有可使用的替代办法；技巧是根据个人价值、轻重缓急和承诺而从中挑选一个替代方法。艾德尔斯坦通过帮助参与咨询活动的母亲获得更好的适应和更大程度的自我授权，得以证明这种形式的咨询和生活技巧训练方案在某种程度上可以促进从离婚不良影响中的恢复。此外，这种改进的母亲处事方式和作用，在一定程度上，有助于减轻离婚对孩子的伤害。

二、课程内容

第1课：方向

在这一课中，先让参加者相互介绍一下，并把他们介绍给实施训练方案的辅导员。由辅导员首先强调离婚是发生根本转变的人生大事，强调通过训练，人们能更有效地处理生活中的转变；而且强调由于孩子是明天的父母，所以减轻那些影响他们的与离婚有关的情感及其他问题是至关重要的。

第2课：使孩子放心

这一课集中在训练父母掌握能够使自己孩子安心的方法上。它详细叙述孩子对离婚的反应和防卫机制，例如否认、"发泄"、攻击。随着处理离婚的创伤，要尽力防止孩子感到伤害和怨恨。在这一课上反复讨论管理孩子经常表现出的应付或发泄行为的方法。

第3课：使离婚人安心

这一课集中向参与者本人提供使自己安心的方法。这包括描述对婚姻破裂的普遍（直接）反应，并强调这些反应是正常的；还承认在某些情况下可能需要"哀悼"失败的婚姻。建议如何应付离婚后的寂寞和如何处理对自我的怀疑。这一课强调与来自婚姻破裂的怨恨和苦涩作斗争的重要性，并概括参与者能够独自帮助自己面对未来的建设性方法。

第4课：(a) 照顾自己
　　　　(b) 面对一些棘手问题

介绍一些有帮助的自我谈话和表达感情的方法，并解释"适当性"的概念。叙述处理感情问题的技巧，那就是恰当的自我照顾的准则。小组成员参加放松学习。面对孩子的监护、抚养和与孩子的接近这些棘手问题，反复讨论解决问题的方法。

第5课：(a) 不在乎过去
　　　　(b) 处理难对付的儿童行为的提示

提出如何向孩子解释离婚的方法。为了应付婚姻破裂的悲伤，要强调不在乎过去是情感恢复的基本要素。要调查研究人们怀有的不合理的信念和归因，讨论有建设性的宣泄愤怒的技巧。帮助父母确认、观察和记录儿童的不良行为。在下半节课时,讨论解决问题的行为方法 ABC(Herbert,1980)的优点。

第6课:(a) 了解自己
         (b) 处理难对付的儿童行为的更多提示

提出和讨论重要的自我认知问题,"我是自己愿意弄出这件事吗?""我知道从这种新处境中要什么吗?"第一个问题留给个人三种可能的选择:接受和忍受这种处境;拒绝接受这种处境;接受这种处境并努力从中获益。仔细研讨这些选择的后果,探讨"可能发生的最坏的情况是什么?"这个关键问题。

利用第二个问题"我知道我希望从这种处境得到什么吗?"引入澄清价值技巧作为使需求和价值具体化的方法,并且讨论前摄行为和反应行为不一致的后果。

在这一课中,叙述和练习紧张控制技巧(Herbert,1987)。在下半节课时,给予更多的处理难对付的儿童行为的意见,而且还有处理概括后果的意见(Webster-Stratton & Herbert,1994)。另外,讨论使用奖励和处罚以及鼓励良好照料行为的有效方法。

父母行为技巧一览表(见附录Ⅰ)供父母在家里考虑和以后讨论用。

第7课:(a) 了解和理解你新的处境
         (b) 禁忌角:约会、性和单亲父母

在"了解你的新处境"中,讨论认知转变的意义和动力作为应付这种转变的先决条件,叙述通过这些转变阶段的个人活动。研讨自我授权,集中在需要的四种技巧上,那就是:

➢ 我的技巧:我需要生存和正常成长的技巧。
➢ 我与你的技巧:我需要与你有效地融洽相处的技巧。
➢ 我与别人:我需要与别人有效地友好相处的技巧。
➢ 我与具体情况:我受教育需要的技巧、我工作需要的技巧、我在家里需要的技巧、我休闲需要的技巧以及我在公众场合需要的技巧。

在禁忌角,须强调一个人离婚了并不意味着他不再是人了或不再感受人的需要。仔细研讨在单亲身份的情况下的约会和性的敏感问题以及父母约会对孩子的影响。探讨把约会的事暴露给孩子的危险,如果父母把一些异性朋友或情人(也可能是同性的)领到家里来,情况就是如此。

第8课:(a) 了解其他能有帮助的人
         (b) 处理难对付的儿童行为的更多意见

强调离婚后找别人谈谈的重要性。还讨论如何发出和接受反馈信息。

在下半节课时(这半节课叙述处理难对付的儿童行为的更多意见)讨论前例,特别注意看起来会引发难对付行为的情况。在这种情况下,提示如何预见和如何防止可能出现的麻烦。

第9课：(a) 向过去学习
　　　　(b) 良好交流的原则
　　　　(c) 关于处理难对付的儿童行为的其他事项
　　通过集思广益，梳理出我们如何向具体经验学习和在正反两面的经验中都存在着学习潜力的事实。概括有效的交流原则，讨论在建立和维持感情关系上交流的作用。比较详细地研讨发出和接受讯息的技巧。提供交流模式，研究对有效交流的障碍。重点放在反映孩子感情的技巧上，描述有效的亲子交流。举例说明适当自我暴露的有效性。
　　在下半节课时，讨论对棘手的儿童行为的处理，讨论向儿童的其他行为问题开展工作的方式，同时建议要把其他讨厌的儿童行为记录下来。集思广益地决定并列出难对付的儿童行为的种类，提出继续改善儿童行为的方法（见附录Ⅱ和Ⅲ）。

第10课：(a) 自我授权和如何从经验中学习
　　　　 (b) 如何做到自信
　　集思广益地讨论自我授权的基础信念，那就是不管什么，总是有我们可选择的替代办法。反复讨论自我授权定义的五个方面：意识、目标、价值、生活技巧和信息（Webster-Strstton & Herbert, 1994）。概括出如何从经验中学习，如何作决定和如何做到自信。小组成员参与自信心练习。

第11课：(a) 对自己有自信
　　　　 (b) 解决问题
　　研讨享有健全自信的重要性和具有完全自尊的有益作用。再三思考做一个赢家或做一个输家的经历和获得成功或者遭受失败对个人的影响。特别要总结积极的自我暗示。说明解决问题的性质，提出解决问题的模式（Hopson & Scally, 1980）。提出创造性的解决问题的方案，概括和讨论为有效地解决问题所需要获得的技巧。小组成员参与解决问题练习。

第12课：(a) "你已经获得的收益"
　　　　 (b) 参与者的表现
　　　　 (c) 方案完成：告别
　　参与者完成一份利克特（Cikert）量表式的获益问卷。这份问卷提供一系列选择，用来表明在训练方案中在人际技巧和生活技巧上不同程度的进步、变化和倒退。接下来参与者就关于在有效的离婚者咨询和生活技巧训练方案中应该包括什么，提出他们的看法。放映一部关于离婚及其影响的录像短片，并且上一堂关于监护和接近的知识讲座，课后提问并答疑。其后是辅导员做简短的告别讲话，感谢家长们的参与并提醒他们六个月后要安排随访会面。这一课的最后是一道专门茶点。

课间休息

每堂课中间都要留出短暂的休息时间,让参与者为各自不同的目的离开房间,例如闲谈、放松或反思问题。

所用内容材料的主要来源

除了霍普森和斯考利(Hopson & Scally, 1980)论述生活技巧教育作用的材料以外,处理难对付的儿童行为的材料主要来自在父母技巧训练小组会上由詹妮·伍基(Jenny Wookey)和马丁·赫伯尔特(Martin Herbert)指导的方案(Herbert, 1993; Webster-Stratton & Herbert, 1994; Wookey & Herbert, 1996)。关于离婚的材料是从许多来源收集的,主要来自下列人士的著作:加米兹和马斯登(Garmezy & Masten, 1994)、哥尔德斯坦(Goldstein, 1987)、海瑟灵顿(Hetherington et al., 1985)、斯图厄特和艾伯特(Stuart & Abt, 1981)、沃勒斯坦和凯利(Wallerstein & Kelly, 1980)。

在附录Ⅳ中,提供了一份描述问题范围的评估表。

三、结论

在本章中,强调了离婚的消极面。不应该忽视的是,虽然悲伤是离婚的重要特点,但是,由于分手的夫妻冷静而理智地分道扬镳,并感到极大的解脱,有些婚姻的确十分平静地结束了。

附录Ⅰ 父母行为技巧一览表

我与我的孩子	我与重要的他人
我需要有效地与他融洽相处的技巧	我需要有效地与牵涉到我孩子的别人(如,我的配偶、老师、朋友)友好相处的技巧
如何清楚地交流	如何理智地、客观地对待别人
如何倾听以便理解	如何没有占有欲
如何发展我的感情关系	如何做到自信(而不自负或自大)
如何给予帮助、关怀和保护而不"过头"	如何影响关键人物和关键组织(如学校)
如何教导和训练	如何在小组内工作(如家长小组、压力小组)
如何表示和接受关爱	如何清楚而建设性地表达感情
如何处理或解决冲突	如何鼓舞别人的信心和力量
如何发出和接受反馈信息	如何从孩子的观点看待他的朋友
如何在两个极端之间保持平衡(如,没有占有欲的爱)	如何防止或消除妒忌
如何达成明智的妥协	
如何规定合理的限度并坚持下去	

改编自 Hopson & Scally, 1980。

附录Ⅱ 父母用的儿童行为评定量表

你同你的孩子有多少麻烦？请在下面的项目中圈出最能代表你的意见的那个数字：1 = 从不；2 = 有时；3 = 经常。并标明它是否给你带来问题。

行为	从不	偶尔	经常	你把它看成问题吗？
攻击性	1	2	3	是/不
啼哭不止	1	2	3	是/不
发脾气	1	2	3	是/不
说谎	1	2	3	是/不
妒忌	1	2	3	是/不
要求关注	1	2	3	是/不
不服从	1	2	3	是/不
尿床	1	2	3	是/不
白天尿湿	1	2	3	是/不
害羞	1	2	3	是/不
说话困难	1	2	3	是/不
恐惧	1	2	3	是/不
不愿上学	1	2	3	是/不
拉脏衣裤	1	2	3	是/不
多动	1	2	3	是/不
读书困难	1	2	3	是/不
无聊	1	2	3	是/不
冷漠	1	2	3	是/不
情绪多变	1	2	3	是/不
激动	1	2	3	是/不
精神恍惚	1	2	3	是/不
面肌抽搐	1	2	3	是/不
过分敏感	1	2	3	是/不
吵架	1	2	3	是/不
吃饭差/挑食	1	2	3	是/不
胆小	1	2	3	是/不

附录Ⅲ 给父母的情景评估量表

在下面的场所或情况下,你同你的孩子有麻烦吗?圈出最能代表你的意见的数字。

地方/环境	从不	偶尔	经常	你把它看成是令人担忧的问题吗?
访问朋友	1	2	3	是/不
买东西(例如在超级市场)	1	2	3	是/不
在公共汽车上	1	2	3	是/不
有人访问你家	1	2	3	是/不
带孩子去学校或托儿所	1	2	3	是/不
把孩子留在游戏小组	1	2	3	是/不
给孩子穿衣服	1	2	3	是/不
就餐时间	1	2	3	是/不
叫孩子上床睡觉	1	2	3	是/不
叫孩子呆在床上	1	2	3	是/不
与兄弟姐妹吵架	1	2	3	是/不
叫孩子去参加聚会(朋友家)	1	2	3	是/不
叫孩子同人说话	1	2	3	是/不
拿孩子的玩具	1	2	3	是/不
叫孩子共同玩玩具	1	2	3	是/不
叫孩子有礼貌	1	2	3	是/不

附录Ⅳ 澄清问题范围

当事人姓名: 　　　　　　　　　　　　日期:

	不是问题	小问题	严重问题
(1) 感到情绪低落或抑郁			
(2) 感到焦虑			
(3) 因为焦虑我不能出去			
(4) 没有朋友			
(5) 缺钱或欠债			
(6) 同孩子关系紧张			
(7) 担心孩子			
(8) 担心家里人			
(9) 性问题			

(续表)

	不是问题	小问题	严重问题
(10) 担心工作上和家里的人际关系			
(11) 出自文化因素的紧张			
(12) 住房问题			
(13) 担心酗酒			
(14) 担心吸毒			
(15) 担心我做错的事			
(16) 担心家庭成员			
(17) 担心我的身体健康和心理健康			
(18) 担心我不能轻易谈的事			
(19) 为某人或某事悲伤			
(20) 其他事情			

给家长的提示1 儿童的悲伤过程

许多儿童觉得很难悲伤,他们可能:
➢ 拒绝接受分居或离婚的现实,一直幻想着父母和解。
➢ 对离开家的(和留下的)那位父亲或母亲怀有爱恨交织的感情。
➢ 怀疑分居的现实和结局。
➢ 不愿意让自己感到悲伤或表达悲伤。
➢ 连续不断地失去亲人使他们感到僵硬或麻木。

父母(母亲)的"六要"和"五不要"

➢ 要允许(就是理解和容忍)孩子通过他们自己独特的悲伤期。
➢ 要从其他有帮助能力的人(如朋友)那里寻求帮助。
➢ 要告知孩子的学校或托儿所有关孩子的痛苦和原因。
➢ 如果你正感到悲伤,要鼓励孩子分担你的悲伤。
➢ 要提供连续的有保证的爱和帮助——当语言无用时,可以抚摸。
➢ 要在孩子理解水平的限度内对他们坦率、诚实。
➢ 不要在家中阻止谈论离婚和分居的话题。
➢ 不要告诉孩子一些以后需要更正的东西,如他的父亲(母亲)会回来。
➢ 不要在孩子面前贬低父亲或母亲。
➢ 不要改变孩子的角色,例如,使他们代替离去的那位父亲或母亲。

➤ 不要谈论超出孩子理解水平的事情。

给家长的提示2　准许爱新的家庭

已经说过聪明的父母不会强迫孩子选择他喜欢谁或者让他站在谁一边。在重新组成家庭的情况下，假如孩子能够祝愿新的父亲或母亲幸福，就是送给正在放弃希望的父亲或母亲的最珍贵的礼物。父母要给孩子时间，允许孩子逐渐过渡到新的家庭环境。

在这里简介一种有益的技巧，让孩子知道他或她可以爱一个新家庭，而不放弃对他自己亲生父母的爱。这种技巧就是蜡烛仪式。

父亲(母亲)(拿着一支蜡烛)："当你出生时，你就有付出爱和得到爱的天赋。这种天赋就像一盏灯，它使你感到温暖和幸福。"(然后你点燃代表孩子的蜡烛)"最初，你习惯于你妈妈，她可能抱你、喂养你。你对她感到亲近。"(接着你把孩子的那支点燃的蜡烛放在那支代表生身母亲的那支未点燃的蜡烛的旁边，直到它也点燃。)"你们互相点燃一盏爱的灯。"接下来你可以继续说，"你的爸爸认为你的确特别。他下班回家时，和你一起玩。他帮助你洗澡。你对他感到亲近(把孩子的那支蜡烛放在代表父亲的那支蜡烛的旁边，直到它点燃)，而你也和他一起点燃一盏爱的灯。"根据情况，你可以再说，"你的爸爸妈妈不再相爱。你爸爸到一个不同的家庭去生活，但他对你这盏爱的灯继续亮着，而且你对他这盏爱的灯也继续亮着。"

你可以继续说，"你的妈妈(爸爸)要与×××(新配偶的名字)结婚。他会住在你的家里并为你做一些你的父母经常做的事。不久你会习惯让×××(新配偶的名字)帮你做事。你会对他亲近起来，而他也会对你亲近起来。"(点燃一支代表继父(继母)的蜡烛。)"当这种情况出现时，将会另有一个爱你和你爱的人。你要记住的重要的事情是你对你爸爸(妈妈)怀有的爱的灯决不会熄灭。爱不像可以分光的汤。你亲近多少人你就能够爱多少人。但没有人会逼你吹灭任何一支蜡烛。你不必停止对你爸爸/妈妈的爱才能去爱×××(新配偶的名字)。"

无论出现怎样的反复，你都需要准许孩子慢慢地亲近新的照料人。这种仪式很容易适应几乎所有的这样的情况——孩子觉得他必须消除自己对一个重要的大人的感情以取悦于另一个。因为孩子把爱理解为灯光和温暖，蜡烛是用来作为象征性的联系，所以按照下面的建议，结束仪式很重要。

父亲(母亲)：我能看出，×××(孩子的名字)，你理解爱。我认为你今天不再需要这些蜡烛帮助你。这支蜡烛不真是你的母亲(父亲)。如果我们把它吹灭，你的母亲(父亲)仍然爱你。你准备好，帮我吹灭它好吗？

在每支蜡烛吹灭之前，都需要再说一遍。

12

儿童创伤后应激障碍

引言

深刻的、说不出的痛苦可以称做一种洗礼、一种新生和进入一种新状态的开始。

乔治·艾列特《亚当·比德》(1895)

目的

本章的目的是为心理医生提供对儿童创伤后应激障碍(PTSD)临床处理的简单入门方法。这将包括对这种障碍症状的描述、对诊断缺点的说明、治疗或咨询患有创伤后应激障碍儿童的纲要以及评估创伤后应激障碍的核查表。

在灾害、事故或失去亲人等重大的感情和身体变故之后,大部分儿童经历焦虑、恐惧和抑郁等多种痛苦反应。现在人们承认,许多儿童实际上显出创伤后应激障碍的症状,而且如果不治疗,他们的障碍可能持续很长时间。

自美国精神病学会的《诊断统计手册》第 3 版(DSM-III)在 1980 年出版以来,成人创伤后应激障碍的分类才得到承认。对创伤后应激障碍这个专门术语的使用,相对来说还是处在初期。近来,《诊断统计手册》第 4 版(DSM-IV)和《世界卫生组织疾病分类》第 10 版(ICD-10)都已经承认儿童创伤后应激障碍(见附录Ⅰ)。

目标

学完本章之后你应该能够:
➢ 描述和鉴别儿童创伤后应激障碍。
➢ 回答家长关于障碍及其后果的问题。
➢ 指导对创伤后应激障碍的初步评估。
➢ 熟悉用于处理这些后果的治疗对策。
➢ 了解我们关于这个问题的知识基础有些不足。
➢ 推荐阅读本书提供的参考文献。

创伤后应激障碍概念的发展

儒勒（Yule，1994）在对创伤后应激障碍的说明中指出，这种障碍在精神病文献中是作为一种独立情况出现的，而不是其他完全认定的例如焦虑、恐惧或抑郁等问题的变种。通过研究成人对重大应激障碍的反应，尤其是在两次世界大战中和更近的越南战争中军人和妇女对遭受"炮弹震惊"或"战争疲劳"的反应，他指出了初次形成创伤后应激障碍概念的历史。对许多个人来说，戏剧性的和持久的心理上的战争影响，被看做一种叫做创伤后应激障碍的相关综合征。这主要是现象学上的分类。病源学是根据人的平常经历范围以外的创伤事件系统表达的。正是这个作为"异常情况的正常反应"的创伤后应激障碍的定义引起心理医生怀疑这到底是否是一种精神失常（O'donohue & Elliot，1992）。

然而，有可靠的证据表明接触极端的、激烈的应激事件的确增加精神病发病率（Raphael，1986）。对不同种类灾难的研究表明，在创伤后一年，约有30%～40%的幸存者出现严重的心理损害，在接下来的五年中，发病率才慢慢下降。

创伤后应激障碍的定义是指在人的平常经历范围以外令人苦恼的事件后产生的特定症状。这些症状包括：持续地反复体验与创伤相关的刺激和各种各样的心理唤醒增多的迹象（例如，注意力难以集中和睡眠紊乱）。

创伤后应激障碍是异常情况下的正常反应这一概念所引起的困难是，我们不能运用这一标准来确定哪些应激物是在人的正常经历范围以外。引起创伤后应激障碍的创伤性事件似乎是那些与引起其他形式焦虑相比，更能搅乱个人安全感的事件，而且会导致对创伤事件的反复体验。正是这种内在主观体验好像专门把创伤后应激障碍从其他障碍中划分出来（Barlow，1992）。

第一节 评 估

一、创伤后应激障碍的主要诊断标准

主要标准如下：
(1) 存在一个会引起几乎每个人严重痛苦症状的可识别的应激物。
(2) 至少反复体验下列情景之一。
➢ 对事件反复的、侵入性的回忆。
➢ 反复梦见创伤事件。
➢ 由于联系到一种环境刺激或心理提示，突然激动起来或感到这个创伤事件正在重新发生。
(3) 在创伤后的初期一段时间，对外部世界反应麻木或者对外部世界越来越少

参与,并且至少表现出下列情形之一:
- 明显减少对一件或多件重大活动的兴趣。
- 对别人漠然或疏远的感觉。
- 狭窄的情感(没有能力体验感情)。

(4) 创伤前不存在的创伤后新出现至少下面的两种症状:
- 过分机敏和过分惊吓反应。
- 睡眠紊乱。
- 当别人没有幸存下来时对自己幸存下来的内疚,或对幸存时所做行为的内疚。
- 记忆损伤或难以专心。
- 回避可引起对创伤事件回忆的活动。
- 由于接触象征或相似于创伤事件的事情,症状加剧。

如果一个人遇到一些情况,但不是上述主要标准提到的,那么说他们有创伤后应激反应但还不是障碍更正确。失去亲人、患慢性病或出现婚姻矛盾,构不成所定义的创伤性事件,因为这些不被认为是在普通经历范围之外。

二、儿童创伤后应激障碍

很不幸的是,很少见到关于儿童重大创伤影响的系统调查,而且出版的那些调查报告往往存在着研究方法上的弱点(Garmezy, 1986)。

很值得去看一看儒勒对涉及儿童的朱庇特号游艇沉没那场重大灾难的描述(Yule, 1991)。针对这件事开展了对儿童恐惧、抑郁和焦虑影响很有价值的研究(Yule, Udwin & Murdoch, 1990)。1988 年 10 月 21 日,朱庇特号从雅典驶出,载着约四百名英国小学生和他们的老师到地中海东部参加一次教育巡游。当他们离开港口时,天开始黑下来。一些小组正在排队打晚饭,一些正在听关于他们要在旅途中看到什么情况的简介。刚一出港,朱庇特号就被一艘意大利油船在腹部撞出一个洞。

起初,没有人认识到他们处境的严重性,但是,很快朱庇特号进水了,并且开始向左舷和船尾部严重倾斜。通知孩子们到上层甲板休息室集合,但是许多人不熟悉船的结构。由于船体倾斜到四十五度而且继续加重,他们发现走动非常困难。孩子们和同学、老师分开了。许多人跳上了靠拢过来的拖船,但不幸的是,帮助转移的两个水手在游艇和拖船之间被挤压致死,许多孩子看到了他们的尸体。

其他的孩子,有些还不会游泳,抱住救生艇下面最高甲板上的栏杆,随着朱庇特号嘶嘶地喷着油烟的烟囱下沉,他们不得不跳进水里。孩子们和船员在黑暗的油水中抱着沉船残骸,直到得救。在水中漂浮的人有些吓坏了,生怕被救生艇撞沉。过了很长时间，人们才知道除了一个孩子和一个老师，所有的人都幸存下来。在停泊在比雷埃夫斯港的一艘姐妹船上度过了一个不眠之夜后，第二天，孩子们坐飞机回到英国。沉船事件受到媒体反复无休止的宣传。虽然旅游公司答应要为任何要求咨询的儿童安排咨询，但是各个学校在如何处理沉船后果的问题上，差异很大。一些学校有同情心并安排单独的或小组形式的帮助，另一些则想全部忘记这件事，甚至不让儿童谈论(Yule, 1991)。

儒勒(Yule)和他的同事们请在朱庇特号上举行过一个24人聚会的一个学校的所有四岁女孩，完成《修订的儿童恐惧调查表》。实际上有三个亚组——一是参加这次旅行并受到伤害的，二是原来想去但未能成行的，三是当初对旅行表示不感兴趣的。不能认为这最后一组是没有受到影响的控制组，因为整个学校都受到灾难后果的严重影响。相应地，请附近一个学校的4岁女孩，也完成了恐惧调查表以及抑郁和焦虑量表。

参加过这次旅行的女孩，在灾难后五个月，比其他小组显然更加抑郁和焦虑。恐惧项目有十一项被判断与这次沉船有关，而33项无关。关于无关的恐惧，四个小组之间没有差异。通过对比，关于有关的恐惧，只有那些经历过这次创伤事件的女孩显出有显著增加。这样，这次灾难是造成儿童恐惧的特有刺激，这给关于恐惧习得的条件反射理论提供了更为确切的证据(Yule, Udwin & Murdoch, 1990)。后面将接着讨论这项研究。

儿童显出的症状

朱庇特号和其他研究提供的证据表明从威胁生命的灾难中幸存下来的儿童和十几岁的少年，大多数显出如成人一样的症状。

大多数患创伤后应激障碍的儿童受到如下折磨：

➤ 对事件反复的强迫性思考(这有可能随时发生，尤其是在安静时，如睡觉或当出现暗示时)。
➤ 逼真的、生动的场景闪回。
➤ (特别在最初几周)由于害怕黑暗、不吉利的梦、噩梦和彻夜不眠引起的睡眠紊乱。
➤ 分离问题(甚至在青少年中)——不让父母走远，睡在父母床上。
➤ 愤怒和激动，容易对父母和同辈人发火。
➤ 难以对同辈人和父母谈话(不希望打扰他们或同辈人不希望打扰幸存者)。
➤ 父母不知道他们的痛苦。
➤ 认知变化，如难以集中注意力，特别是在学校里。
➤ 掌握或识记新旧技能方面的记忆问题。

- 对自己周围可能出现的危险保持持续不断的警觉。
- 生活的脆弱感(悲观主义、丧失信心、感到前途暗淡)。
- 分不清事情的轻重缓急(例如,不做长远打算)。
- 价值观变化(这可能是积极的)。
- 关系到创伤情境特有的恐惧。
- 回避关系到创伤情境特定的场所。
- 幸存者内疚。
- 抑郁(特别是在青少年中)、自杀念头。
- 恐慌症状。

对非常小的孩子的影响

在临床上,普遍的共识是学龄前儿童对重大的紧张经历反应不同。非常小的孩子对灾难威胁生命的性质只有有限的理解,但是有证据表明有些学龄前儿童对死和死亡有非常成熟的看法(见附录Ⅱ)。儿童在生命的早期,在情感上和认知上处理信息的能力对适应环境是必不可少的。28个月以上受创伤的儿童经常对事件留有深刻的、详细的记忆并能用语言准确表达出来。学龄前儿童中十分普遍的是反复做关于创伤事件的表演和描绘。记忆的东西好像逼真地印在记忆库中,而且这些评论引起了行为上的再次演示(Terr, 1988)。较小的孩子在家里或学校里可能显示各种倒退的或反社会的行为。

三、评估措施

有各种方法适合识别儿童创伤后应激障碍(Finch & Daugherty, 1993; Yule & Udwin, 1991)。例如:
- 儿童应激反应指数(Frederick & Pynoos, 1988)。
- 修订的事件影响量表(Horowitz et al., 1979)。
- 儿童创伤后应激障碍调查表(Saigh, 1989)。

有必要专门开展半结构化的采访以发现每个幸存者特有的创伤或灾难的特定表现(Pynoos & Eth, 1986)。

流行率

为了让人们了解不同症状相关的流行率,儒勒(Yule, 1994a)根据对在朱庇特号游艇沉没后临床评估的一百多个青少年的研究,提出了如表12-1所示的研究成果。这个样本内最普遍的症状包括强迫性思考、接触灾难暗示物的痛苦,以及对与灾难有联系事物的回避。大约40%~60%的症状表明生理唤醒增加了,较少出现的一些症状显示了情感上的麻木或闪回。

表 12-1　朱庇特号沉没幸存者创伤后应激障碍症状流行率(%)

创伤后应激障碍项目	不	是
反复的强迫性思考	25.5	74.4
反复的梦	64.4	35.6
闪回	80.0	15.6
接触的痛苦	24.4	74.4
回避思考或感觉	31.1	65.6
回避活动	27.8	71.1
健忘症	68.9	28.9
失去兴趣	43.3	54.4
超然的感觉	51.1	42.2
有限制的感情	80.0	8.9
暗淡的前途	84.4	7.8
睡眠困难	48.9	51.1
激动、愤怒	41.1	58.9
注意力不集中	35.6	63.3
过分警觉	45.6	40.0
过分惊慌	55.6	51.1
生理反应性	38.9	51.1

四、发展差异

虽然在儿童和成人之间,在症状的表现和障碍的形式上存在着由于个体发展造成的差异,但是这些差异看起来不会证明使用儿童单独诊断标准有道理。先前描述的成人标准,一般地说,适合于描述儿童对创伤的反应。尽管如此,在《诊断与统计手册》以后的版本中加进了修改,更专门地描述儿童可能产生的反应:

➢ 儿童可能依靠反复表演产生于创伤事件的主题,重新体验创伤。

➢ 可能失去最近获得的发展技巧——一个孩子可能倒退到早期的成熟水平。

➢ 儿童可能经历前途方向上的显著变化。这种态度上的变化可能表现为对前途感到暗淡,那就是,孩子不希望发展事业、家庭,甚至不愿长成大人。

➢ 未来方向的障碍可能还包括被认为是"征兆形成"的东西,或预见未来灾难性事件能力上的错误信念。

➢ 表现症状可能有新恐惧开始或旧恐惧重现、身体生病、意外事件、值得注意的鲁莽行为,已经发现这些症状是与受严重影响儿童的创伤后应激障碍诊断有联系的。

引发因素

根据《诊断统计手册》,创伤后应激障碍可能由三种形式的创伤应激引发:

- ➢ 直接经历对自己的威胁。
- ➢ 观察对别人的伤害。
- ➢ 得知对一个亲密朋友和亲戚的严重威胁或伤害。

曾经报道下列儿童患有创伤后应激障碍:成为战争受害者的儿童、成为性虐待受害者的儿童、目睹自己的父母虐待的儿童、经过自然灾难幸存的儿童、因意外死亡或凶杀失去父母或兄弟姐妹的儿童、目睹或经过意外事件幸存的儿童。

引发事件可能是互不关联的(一次性灾难),或者是一系列连续创伤。它们可能是口头传递的一种感应形式的创伤。

易感因素

面对日常生活压力时儿童的易感性存在着显著差异。面对威胁生命的灾难时,差异程度缩小,但仍然存在某种程度的反应差异。生活在极大危险中的年轻人,最可能产生极端的应激反应,而且这同样适用于目睹死亡和大屠杀的人。症状数字最有力的预报因子是孩子父母的作用,以及家庭中的配合(动荡)性和气氛的总体水平。(对父母作用的评估,对确定哪些儿童最可能处于危险中看起来是决定性的)。

智力低下的儿童特别处于危险中,脆弱性的另一个差异是性别上的:女孩比男孩有更高的比率。

五、创伤后应激障碍症状的持久性

虽然缺乏对创伤后应激障碍的随访研究成果,但是我们知道灾难后经受的最初程度的痛苦极大地关联着以后的事情。创伤越严重,越有可能使影响持续 6 个月到一年或更长的时间。许多问题根本不会同时解决。过分乐观是危险的,因为一个人常常带有与年龄有关的童年恐惧。长大就会好的(或就会恢复过来)的说法未必是创伤后应激障碍的预后结果。

加兰特和福阿(Galante & Foa, 1986)在一次地震灾害后,开始在 6 个月时,然后在 18 个月时,对儿童进行过调查。有相当数量的儿童在 18 个月后仍然表现出处于危险的症状。在一个村子里,处于危险分数的百分比实际上已经显著增加。麦克法兰等人(McFarlane et al., 1987)和厄尔斯等人(Earls et al., 1988),继突发创伤事件之后,分别在 12 个月和 26 个月时,发现持久性影响是很明显的。儿童创伤后应激障碍症状的持久性有潜在的可能使儿童得不到机会娱乐或得不到机会从促进成长的经历中受益。

人们认为一个关键问题是记忆创伤的能力。假定心理创伤取决于正在形成的记忆痕迹:如果事件不在意识和记忆中留下印象,那么它不能使精神受创伤(Terr,1988)。

对障碍的知觉

评估儿童创伤后应激障碍的一个重要问题是,与儿童的自述相反的父母(老师)叙述的有效性。有些研究单纯依靠成人对儿童障碍的知觉(Garlante & Foa, 1986),而其他研究则依靠儿童自述(Yule & Udwin, 1991)。然而,这常常导致父母和其他成人(特别是老师)在接受采访时经常不能叙述孩子的问题,因为他们倾向于低估灾难的影响和幸存儿童感受的痛苦程度。他们也可能对儿童痛苦的估计不同。

因果关系因素

儒勒(Yule, 1994b)指出人们不知道创伤后应激障碍是否在程度上和性质上有别于各种生活压力,例如父母冲突或分居促成的其他公认的心理障碍。相似的是,没有证据表明遗传因素是否在创伤后应激障碍的易感性上起作用;如果起作用,遗传因素是否同容易引起焦虑和感情失常的因素一样。

第二节 治疗和咨询

可悲的是,人们对治疗幸存儿童知之甚少(尽管没有少到使得保健专业人员悲观或无助的程度)。紧接创伤之后,儿童通常需要和父母及家人团聚。十几岁的以及更小的幸存者可能希望睡在父母的床上。专业人员的第一项任务就是帮助父母理解创伤后应激障碍的性质,因而唤起他们的宽容、耐心和自信。这一切可能都需要! 我们的确知道父母参与治疗是成功必不可少的组成部分(Deblinger et al., 1990)。

一、重新接触

在差不多所有的正规治疗方案中,另一个核心组成部分,一直是以一种固定和辅助方式指导的,对创伤信号的重新接触(Lyons, 1987)。如半结构化的艺术活动、写作练习、讲故事、听音乐和木偶剧演出之类的活动,作为便利的重新接触过程的活动,被认为是有用的,尤其是对于年龄较小的儿童。

这样的活动能够同时出现在儿童游戏中,而且可能充分地形成成长中恰当的处理事情的风格基础,特别是这些活动在支持的家庭背景中举行时。

二、危机干预的事后解说

称做紧急事件应激事后解说的技巧一直适用于儿童(Dyregrov, 1988;1991)。下面的描述摘自儒勒(Yule, 1994b)的著作。

事件后不久(在几天之内)把幸存者召集到一块,组成一个小组,配备上一个制定规则的课外咨询员担任组长。目标是在一种私下和保密的情况下,交流感情,互相帮助。不要任何人训话,鼓励所有的人参加。搜集信息后,不准取笑其他儿童。

下一步,澄清关于在创伤事件期间实际上发生了什么。这有助于减少围绕这些事件的谣言。询问小组成员,当他们认识到出了事时,他们想过什么。这把讨论继续推到儿童当时如何感觉和当前的情感反应上。这样,儿童能够交流他们体会过的各种不同的感觉,而且从他们幸存的同伴体验的相似情感和反应那里学到知识并经常得到安慰。组长把他们的反应称做对异常情况的正常的和可理解的反应。儿童经常得到宽慰的是他们的奇怪感觉(例如,创伤后应激障碍的症状)并不是发疯的征兆。组长总结从小组讨论中出现的信息,教给儿童为控制某些反应能够采取的做法(如,慢慢地深呼吸,肌肉和精神放松,什么也不想,转移注意力)。万一他们的痛苦持续或增加,告诉他们其他可供利用的帮助来源。

儒勒(Yule, 1994b)告诫,考虑到很少开展事后解说评估研究以及假设个人会在不同情况下适应危机,在向所有的幸存者提供事后解说作为补救方法之前,必须发挥关怀的力量。不过,在减轻灾害后的压力中,事后解说及其功效的重要性显然受到广泛的认可(Blom, Etkind & Carr, 1991),尽管这种事后解说做法的功效还必须以经验为根据得到确认。如我们前面所看到的,儒勒和乌德温(Yule & Udwin, 1991)同24个在1988年从朱庇特号沉没幸存的女孩合作。10天后对这些女孩评估和询问,接着5个月后用同样的工具又进一步评估,在事件影响量表上的分数仍居高不下并且显示她们仍然在体验对这次事件令人不愉快的强迫性思考之中。在焦虑和抑郁的两个量表上的分数已经显著增加。

谈还是不谈?

很难确定当一个孩子遭受个人悲剧的痛苦时,说什么和什么时候说。如果孩子不愿意说,应该把事情完全撇开不管吗?没有简单的答案。每种情形必须根据其利弊、其特殊情况加以判断。当一个孩子被灾难夺去亲人时,没有任何治疗计划能对他的悲伤置之不理。儒勒(Yule, 1994b)指出应该让孩子向你重复一下你曾经设法解释的东西以便能够澄清糊涂观念或误解。

正常化

像成人一样,儿童(特别是青少年)担心当他们开始经历创伤后应激障碍症状时,他们会发疯。应该向他们保证他们的感觉是正常的,使他们安心。

三、个别治疗

你的所感、所想和所做

作为咨询员,把孩子的感觉当做你的线索,你可以向孩子讲述:

➢ 突然的感觉——你可能感到仿佛创伤事件正在重新发生;当出现某种提醒物时,这可能正好困扰你。

➢ 对事件的强迫性思考和印象——这些对情境的想法和形象便在你不想它们进入时也可能强行进入你的头脑。这些形象和想法可能非常逼真,这可能令人觉得仿佛事件正在从头到尾重新发生,甚至伴随着对当时声音和气味的感觉。像这样的重新经历是常有的,即使这是非常令人痛苦和害怕的。

➢ 感到无所谓——可能使你自己或别人感到吃惊,因为你对什么事情都觉得很不在乎。你可能显得麻木,仿佛被麻醉了。

➢ 觉得与别人疏远——你可能很难和别人在一起时反应正常或举止正常。你感到几乎同别人切断联系或隔绝,甚至同你爱的或非常熟悉的人也是如此。这会令人觉得非常奇怪和不舒服。

➢ 内疚的感觉——如果你经历过一个别人死去或别人比你伤得严重的事件,你可能后来遭受强烈的内疚感的袭击。你可能觉得你本应该死去或者别人伤得更严重是不公平的。你可能希望你当时在某种程度上表现不同就好了。你的感觉和想法可能没有道理,但是尽管如此,这些感觉和想法可能十分强烈地影响着你。

➢ 难以集中注意力和健忘——这些麻烦会使我们感到生气和非常担心;你可能认为你"正在失去头脑"。记忆力差和不专心,在创伤事件后会持续相当长的一段时间。

➢ 感到紧张不安——你可能发觉自己好像心烦意乱,紧张不安。你可能觉得自己受到噪声,甚至静物或者你不希望来的人的进出的惊吓。

➢ 往往回避事件的唤醒物——你可能注意到甚至在事件后一段时间,你还在回避做某些事和去某些地方,因为这些事使你想起那次事件。这些回避在一段时间内是保护性和有益的,但是以后效果会完全相反或有害。

➢ 睡不好觉——你可能觉得很难脱衣睡觉或者发觉你一直醒着。特别是如果你做噩梦,如果你醒了,再次入睡是不可能的。

➢ 由我们看到的和听到的事物引起的感觉和行为——我们不可能总是保护自己避开对我们来说过去创伤事件的偶然提醒物。一开头就难以避开在电视上、报纸上、图片上和谈话中的相关报道,这些报道和各种其他东西会唤起记忆并重新引起像失眠这类问题。

四、帮助和援助儿童的几点看法

- 共同参与活动和游戏时,创造谈话机会。一边做游戏、做手工活动或同孩子一起画画时一边谈话,是一种亲近和安慰的方法。
- 询问孩子他们愿意怎样援助。
- 让他知道觉得异常、害怕、生气和内疚没关系。
- 利用书本、故事、音乐转移孩子的注意力并使他镇静,特别是在夜间当他们在考虑使他们害怕的想法时。
- 给予时间和注意:倾听(Ward et al., 1993)。
- 处理忌讳的话题:对问题要开诚布公。
- 注意暗示特殊问题的言语表达和行为变化(例如,恐惧、内疚、抑郁)。
- 让孩子与特别亲密的朋友交往,防止社会隔绝。
- 提供临时的隐私场所——一个儿童表达感情和安静独处的地方。

五、帮助家庭接受儿童创伤后应激障碍的几种方法

家庭可能需要帮助:
- 承认和理解孩子的困难。
- 表达他们的感觉/情感。
- 承认孩子的感情是正常的。
- 处理家庭在生活中必须继续的"事项"。
- 澄清曲解和误解。
- 妥善处理家庭变化。

六、帮助兄弟姐妹和父母

鼓励家庭愈合工作。这包括:
- 共同了解创伤经历及其后果的现实性。
- 重组有孩子永久残疾或有家庭成员死亡的家庭体系。

七、咨询员的"六要"

- 要随时为家庭服务,保持联系。
- 要听——准许他们随时愿意倾诉多少震惊和悲伤就让他们表达多少。
- 要鼓励他们谈谈他们的感觉和忧虑。

- 要使家庭的感觉正常;承认这些感觉;必要时解释这些感觉。
- 要对问题开诚布公。当你不知道答案时,要说"我不知道"。
- 要询问父母和孩子,他们想要什么样的帮助或援助。

八、咨询员的"七不要"

- 不要劝家庭成员别担心或别悲伤。
- 不要劝他们应该感到什么或应该做什么。
- 不要说你知道他们觉得怎么样——一定不要!
- 不要说"你现在应该觉得好些了"。
- 不要说"至少你还活着"。
- 不要鼓励父母对孩子掩饰他们的感情。
- 不要忽视同学校的联系。孩子受到创伤时,可能行为不当("发泄")或由于不专心、冷漠和缺乏动力(作为抑郁的一部分)造成学习成绩下降。老师可能不完全知道这种行为的原因。

九、父母的"五要"和"三不要"(结合"给家长的提示")

- 要允许孩子(如果失去亲人)度过他们自己的悲伤期。
- 要从其他有帮助能力的人那里寻求帮助。
- 要告知孩子的学校或托儿所有关孩子的创伤。
- 要尊重儿童创伤咨询或援助小组(如果有的话)。
- 要提供连续的、有保证的爱和帮助,当语言不能表达时,可以抚摸。
- 不要在家里阻止谈及灾难的话题。
- 不要阻止悲伤和震惊的情感。
- 不要说超出孩子理解水平的话。

十、儿童的"三要"

- 如果可能,要对正在照料你的或你爱的那些大人谈论发生的事。不要觉得你必须这么做。你可能觉得你一次只能说一点,觉得你不愿意进一步谈。如果是这么回事,就说出来。
- 要承认悲伤和哭泣是正常的,特别是在震惊的最初阶段,尽管你可能不愿意。
- 要使用你知道的一切方法,通过放松、消遣、与别人谈话、考虑别的事情,设法控制你的恐惧或惊慌。

十一、儿童的"三不要"

- 不要回避表示感情。你可能正在经历一种混合的强烈感情:悲伤、生气、可怜、内疚、恐惧、宽慰、希望。
- 如果你的情绪起伏不定,不要吃惊。
- 不要期望记忆的坏事会消失。它们是正常的。通过分散自己的注意力把这些想法从头脑中消除,并且(首先)告诉自己发生的事是正常的而且恰恰是意料之中的。这样,记忆的事就不大会成为问题。

附录Ⅰ 《世界卫生组织疾病分类》第10版(ICD-10)和《诊断统计手册》第4版(DSM-Ⅳ)关于创伤后应激障碍诊断标准

《世界卫生组织疾病分类》第10版:创伤后应激障碍诊断标准

根据《世界卫生组织疾病分类》第10版说明,创伤后应激障碍呈现为对异乎寻常的威胁性或灾难性应激事件或情境的延续的或持久的反应,这类事件几乎能使每个人造成弥漫性的痛苦。

《诊断统计手册》第4版:创伤后应激障碍诊断标准

(1) 人接触过创伤事件,在这一事件中存在着以下两点:
- 人经历、目睹或者碰到一个或几个事件,这些事件包括现实的或预示的死亡或者对自己严重的伤害或对身体的全面的威胁。
- 人的反应包括严重的不安、无助或恐惧。注意:在儿童身上,这可能另外通过混乱或狂躁的行为表现出来。

(2) 创伤事件至少以下面的方式之一持续地重新经历:
- 对事件重现的、强迫性的痛苦回忆,包括印象、想法和意识。注意:在小孩子身上,可能出现表达创伤主题和场面的重复的游戏。
- 重现痛苦的创伤事件的梦。注意:儿童可能做识别不出内容的吓人的梦。
- 行动或感觉仿佛创伤事件正在重新出现(包括重新体验的感觉、错觉、幻觉,以及破碎的闪回情节,包括刚一醒来或兴奋时产生的那些)。注意:在小孩子身上,可能出现创伤特有的重新演示。
- 在接触象征或类似于创伤事件某个方面的内在和外在暗示时,有强烈的心理痛苦

➢ 刚一接触象征或类似于创伤事件某个方面的内在和外在暗示时的心理反应。

(3) 持续回避与创伤有联系的刺激和一般反应性的麻木(创伤前没有),这至少表现在下面的三点:

➢ 努力回避与创伤有联系的想法、感觉或谈话。
➢ 努力回避会引起创伤回忆的活动、场所或人。
➢ 没有能力回忆创伤的重要方面。
➢ 显著减少了对重大活动的兴趣或参与。
➢ 对别人漠然或疏远的感觉。
➢ 范围狭窄的感情(例如,不能表示爱的感觉)。
➢ 前途暗淡的感觉(例如,不希望有事业、婚姻、孩子或正常生活)。

(4) 更多唤醒的持续症状(创伤前没有),这至少表现在下面的两点:

➢ 难以入睡或睡不沉。
➢ 激动或大发脾气。
➢ 难以集中注意力。
➢ 过分警觉。
➢ 过分的惊吓反应。

(5) 障碍的持续时间((2),(3)和(4)中的症状)在一个月以上。

(6) 在社交、工作或其他重要的活动区域,这些障碍客观上造成巨大的痛苦或损伤。

具体条件:
急性的:如果症状的持续时间不到三个月。
慢性的:如果症状的持续时间在三个月或三个月以上。

具体条件:
发病延迟:在应激物之后至少六个月开始出现症状。

附录 Ⅱ 死亡概念的形成

儿童理解(或不理解)死亡和悲伤的方式与他们认知的、情感的和身体的发育阶段有关。下面的信息(Kane,1979)是基于以经验为根据的研究,即它是基于有例外的普遍原理,特别是在生活经历的差异和个人发育快慢的差异方面。

具体内容请参见第十章第三节。

给家长的提示1 什么是创伤后应激障碍?

许多儿童,在重大情感或身体变故(灾难、意外事故)之后,经历好几种痛苦的反应,包括焦虑、恐惧和抑郁。现在人们意识到他们可能患有创伤后应激障碍症状,而且如果不治疗,他们的障碍可能持续很长时间。这样的儿童可能遭受下面一些或全部症状的折磨:

- 对意外事件和创伤反复的强迫性思考(在任何时候,特别是在安静时,例如睡觉时间或当唤醒事物出现时)。称它们强迫,是因为尽管受到抗拒,但是它们仍然"侵入"孩子的意识。
- 逼真的闪回(创伤事件及其后果的心理印象和图像)。
- (特别是在最初几个星期)由害怕黑暗、不吉利的梦、噩梦和整夜睡不着觉而引起的睡眠紊乱。
- 分离麻烦,例如,不让父母走远,睡在父母床上。
- 愤怒和激动——对父母和同辈人容易发火。
- 难以与同辈人和父母谈话(不愿意打扰他们或同辈人不愿意打扰幸存者)。
- 难以专心,特别是在学校里。
- 掌握或记忆新旧技能的记忆问题。
- 对周围环境可能出现的危险日益增长的警觉。
- 生活的脆弱感(悲观主义、丧失信心、认为前途暗淡)。
- 顺序重要性改变(例如,做事不是先做计划)。
- 价值改变(这可能是积极的)。
- 关系到创伤情境特定方面的恐惧。
- 回避关系到创伤情境特定方面的恐惧。
- 幸存者内疚,因为他们(不是别人)从劫难中生存。
- 抑郁(尤其在青少年中),自杀念头。
- 恐慌症状。

重要的是要认识到创伤后应激障碍是一种正常的(尽管是令人不安的)反应,是对一种异常情境的正常反应。

特殊的创伤后应激障碍可能由三种形式的创伤应激促成:

- 直接经历对自己的威胁。
- 观察到对别人的伤害。
- 得知对亲密朋友或亲戚的严重威胁或伤害。

已经报道过,下列儿童患有创伤后应激障碍:战争受害者的儿童、性虐待受害者的儿童、目睹过自己父母虐待的儿童、从自然灾害中幸存的儿童、由于意外死亡失去兄弟(姐妹)或父母的儿童、目睹过意外事故或由其中生还的儿童。

给家长的提示2 怎样帮助我的孩子

治疗和咨询

谈还是不谈

当一个孩子亲身遭受悲剧时,很难知道应该说什么和什么时候说。如果孩子不愿意谈,应该把事情撇在一边不管吗?没有简单的答案。每种情形必须按照其利弊和特殊情况加以判断。

你向他寻求帮助的心理医生可能和你讨论以下问题:

> ➤ 正常化。像成人一样,儿童(特别是青少年)担心当他们开始经历创伤后应激障碍症状时,他们会发疯。应该再三向他们保证他们的感觉是正常的。

> ➤ 重新接触。实际上所有的治疗的共同特点是用一种逐渐的、辅助的方式指导的对创伤信号某种形式的重新接触。如艺术活动、写作练习、讲故事、听音乐和木偶剧演出之类的活动,作为慢慢地、间接地有助于"重新接触"做法的活动,被认为是有益的,尤其是对年龄较小的孩子。

危机干预:事后解说

称做"紧急事件应激事后解说"的技巧一直适用于儿童。事件后不久(在几天之内)把幸存者召集在一块,组成一个小组,配备上一个为小组会制定规则的课外咨询员当组长。目标是在一种私下和隐私的情况下,交流感情,互相帮助。鼓励所有的人参加。搜集信息后,不准取笑其他儿童。

下一步,澄清关于在创伤事件期间实际发生的事实。这有助于减少围绕这些事件的谣言。询问小组成员,当他们认识到出了事时他们的想法。这把讨论推到儿童当时如何感觉和当前的情感反应上。这样,儿童能够交流他们体会过的各种不同的感觉,而且从他们幸存的同伴体验到的相似情感和反应那里学到知识(并经常得到安慰)。组长应当把他们的反应称做对异常情况的正常而可理解的反应。儿童经常得到宽慰的是他们的奇怪感觉(例如,创伤后应激障碍症状)并不是发疯的征兆。组长总结信息并教给儿童能够采取自救措施,以便于控制他们一些可怕的反应。万一他们的痛苦持续或增加,告诉他们其他可以得到的帮助来源。

父母的"五要"和"三不要"

➢ 要允许孩子(如果失去亲人)通过他们自己的悲伤期。
➢ 要从其他有帮助能力的人那里寻求帮助。
➢ 要告知孩子的学校或托儿所有关孩子的创伤。
➢ 要尊重儿童创伤咨询/援助小组(如果有的话)。
➢ 要提供连续的有保证的爱和帮助(当语言不能表达时,可以抚摸触碰)。
➢ 不要阻止在家里谈到灾难的话题。
➢ 不要阻止悲伤和震惊的情感。
➢ 不要说超出孩子理解水平的话。

给家长的提示3　儿童的"三要"和"三不要"

儿童的"三要"

➢ 如果你能够,特别是对在照料你的或爱你的那些人谈谈你发生的事情,那就谈一谈。不要觉得必须那么做。你可能觉得你一次只能说一点;你不愿进一步谈。如果是这么回事,就说一点出来。
➢ 要承认悲伤和哭泣是正常的,特别是在震惊的最初阶段,尽管你可能不愿意。
➢ 要使用你知道的一切方法,通过放松、消遣、对别人谈话、考虑别的事,设法控制你的恐惧或惊慌。

儿童的"三不要"

➢ 不要回避表示感情。你可能正在经历一种混合的强烈感情:悲伤、生气、可怜、内疚、恐惧、宽慰、希望。
➢ 如果你的情绪起伏不定,不要吃惊。
➢ 不要期望记忆的坏事会消失。它们是正常的。不把它们放在心上,分散自己的注意力,并(首先)告诉自己发生的事是正常的而且恰恰是意料之中的。这样,记忆的事情就不大会成为问题。

参考文献

1. Achenbach, T. M. and Edelbrock, C. S. (1983). Taxonomic issues in child psychology. In: T. Ollendick and M. Hersen (Eds) *Handbook of Child Psychopathology*. New York: Plenum.
2. Ainsworth, M. D. (1973). The development of infant-mother attachment. In Caldwell, B. M. and Ricciuti, H. N. (Eds) *Review of Child Development Research*. Chicago: University of Chicago Press.
3. Ainsworth, M. D., Blehar, M. S., Walters, E. and Wall, S. (1978). *Patterns of Attachment*. Hillsdale, NJ: Erlbaum.
4. Ainsworth, M. D. S. (1969). Object relations, dependency and attachment: a theoretical review of the infantmother relationship *Child Development*, 40, 969~1025.
5. American Psychiatric Association (1987). *Diagnostic and Statistical Manual of Mental Disorders* (3rd ed. rev.) Washington D. C.: American Psychiatric Press.
6. American Psychiatric Association (1993). *Diagnostic and Statistical Manual of Mental Disorders*, 4th edn (DSM IV). Washington, D. C.: American Psychiatric Association.
7. Anthony, E. J. (1957). An experimental approach to the psychopathology of childhood: Encopresis. *British Journal of Medical Psychology*, 30, 146~175.
8. Applebaum, D. R. and Burns, G. L. (1991). Unexpected childhood death: Post-traumatic stress disorder in surviving siblings and parents. *Journal of Clinical Child Psychology*, 20, 114~120.
9. Bakeman, R. and Brown, J. V. (1977). Behavioural dialogues-an approach to the assessment of motherinfant interaction. *Child Development*, 48, 195~203.
10. Bandura, A. (1973). *Aggression: A Social Learning Analysis*. Englewood Cliffs, NJ: Prentice-Hall.
11. Bandura, A. (1977). *Social Learning Theory*. Englewood Cliff, NJ: Prentice-Hall.
12. Baumrind, D. (1971). Current Patterns of parental authority. *Developmental Psychology Monographs*, 4, (1), Part 2, 1~103.
13. Baumrind, D. (1989). Rearing competent children. In: W. Damon (Ed.) *Child Development Today and Tomorrow*. San Francisco: Jossey-Bass.
14. Bellman, M. (1966). Studies in encopresis. *Acta Paediatrica Scandinavica (Suppl.)*, 170, 7~132.
15. Berkowitz, L. (1993). *Aggression: Its Causes, Consequences and Control*. New York: McGraw-

Hill.

16. Bettelheim, B. (1987). *A Good Enough Parent*.
17. Blom, G.E., Etkind, S.L. and Carr, W.J. (1991). Psychological interventions after child and adolescent disasters in the community. *Child Psychiatry and Human Development*, 21, 257~266.
18. Bolton, F.G. and Bolton, S.R. (1987). *Working with Violent Families: A guide for clinical and legal practitioners*. New York: Sage.
19. Boon, F. (1991). Encopresis and sexual assault. *Journal of the American Academy of Child and Adolescent Psychiatry*, 30, 479~482.
20. Bowlby, J. (1980). *Attachment and Loss: Loss*. New York: Basic Books.
21. Bowlby, J. (1982). *Attachment and Loss: Attachment*. New York: Basic Books.
22. Brett, E.A., Spitzer, R.L. and Williams, J.B.W. (1988). DSM-III-Rcriteria for post-traumatic stress disorder. *American Journal of Psychiatry*, 145, 1232~1236.
23. Browne, K. and Herbert, M. (1996). *Preventing Family Violence*. Chichester: Wiley.
24. Butler, N. and Golding, M. (1986). *From Birth to Five: A Study of the Health and Behaviour of British Five Year Olds*. Oxford: Pergamon Press.
25. Callias, M. (1994). Parent training. In M. Rutter, E. Taylor, and L. Hersov (Eds) *Child and Adolescent Psychiatry*. Oxford: Blackwell Scientific.
26. Cantor, D. and Drake, E. (1983). *Divorced Parents and Their Children: A guide for mental health professionals*. New York: Springer.
27. Cherlin, A.J., Furstenberg, F.F., Chase-Lansdale, P.L., Kiernan, K.E., Robins, P.K., Morrison, D.R., and Teitler, J.O. (1991). Longitudinal studies of divorce on children in Great Britain and the United States. *Science*, 252, 1386~1389.
28. Clayden, G.S. (1988). Is constipation in childhood a neurodevelopmental abnormality? In P.J. Milla (Ed.) *Disorders of Gastrointestinal Motility in Childhood*. Chichester: Wiley.
29. Clayden, G.S. and Agnarsson, U. (1991). *Constipation in Childhood*. Oxford: Oxford University Press.
30. Clunies-Ross, C. and Lansdowne, R. (1988). Concepts of death, illness and isolation found in children with leukaemia. *Child Care, Health and Development*, 14, 373~386.
31. Combs, M.L. and Slaby, D.A. (1977). Social skills training with children. In: B.B. Lahey and A.E. Kazdin (Eds) *Advances in Clinical Psychology, Vol.1*. New York: Plenum.
32. Davis, H. (1993). *Counselling Parents of children with chronic Illness and Disability*. Leicester: BPS Books (The British Psychological Society).
33. Deblinger, E., McLeer, S. and Henry, H. (1990). Cognitive behavioural treatment for sexually abused children suffering post-traumatic stress: Preliminary findings. *Journal of the American Academy of Child and Adolescent Psychiatry*, 29, 747~752.
34. Devlin, J.B. and O'Cathain, C. (1990). Predicting treatment outcome in nocturnal enuresis.

Archives of Disease in Childhood, 65, 1158~1161.
35. Doleys, D.M. (1977). Behavioural treatments for nocturnal enuresis in children: A review of the recent literature. *Psychological Bulletin*, 84, 30~54.
36. Dollard, J. and Miller, N.E. (1950). *Personality and Psychotherapy*. New York: McGraw-Hill.
37. Douglas, J. (1989). *Behaviour Problems in Young Children*. London: Tavistock/Routledge.
38. Douglas, J. and Richman, N. (1984). *My Child Won't Sleep*. Harmondsworth: Penguin.
39. Douglas, J. and Richman, N. (1985). *Sleep Management Manual*. London: Great Ormond Street Hospital for Sick Children.
40. Dunn, J. and Kendrick, C. (1982). *Siblings: Love, envy and understanding*. Cambridge, MA: Harvard University Press.
41. Dunn, J.B. and Richards, M.P.M. (1977). Observations on the developing relationship between mother and baby in the neonatal period. In Schaffer, H.R. (Ed.) *Studies in Mother-Infant Interaction*. London: Academic Press.
42. Dyregrov, A. (1988). *Critical Incident Stress Debriefings*. Research Centre for Occupational Health and Safety, University of Bergen, Norway. Unpublished document.
43. Dyregrov, A. (1991). *Grief in Children: A Handbook for Adults*. London: Jessica Kingsley.
44. Earls, F., Smith, E., Reich, W. and Jung K.G. (1988). Investigating psychopathological consequences of a disaster in children: A pilot study incorporating a structured diagnostic interview. *Journal of the American Academy of Child and Adolescent Psychiatry*, 27, 90~95.
45. Edelstein, J. (1996). *Psycho-social Consequences of Divorce: A group counselling programme of prevention*. Unpublished PhD thesis, University of Leicester.
46. Emery, R.E. (1982). Interparental conflict and the children of discord and divorce. *Psychological Bulletin*, 92, 310~330.
47. Emery, R.E. (1988). *Marriage: Divorce and Children's Adjustment*. Newbury Park, CA: Sage.
48. Erikson, E. (1965). *Childhood and Society*. Harmondsworth: Penguin.
49. Essen, J. and Peckham, C. (1976). Nocturnal enuresis in childhood. *Developmental Medicine and Child Neurology*, 18, 577~589.
50. Ferber, R. (1985). *Solve Your Child's Sleep Problems*. New York: Simon and Schuster.
51. Fergusson, D.M., Horwood, L.J. and Shannon, F.T. (1986). Factors related to the age of attainment of nocturnal bladder control: an 8-year longitudinal study. *Pediatrics*, 78, 884~890.
52. Feshbach, S. (1964). The function of aggression and the regulation of the aggressive drive. *Psychological Review*, 71, 257~272.
53. Finch, A.J. and Daugherty, T.K. (1993). Issues in the assessment of post-traumatic disorder in children. In: C.F. Saylor (Ed.) *Children and Disasters*. New York: Plenum Press.
54. Frederick, C.J. and Pynoos, R.S. (1988). *The Child Post-Traumatic Stress Disorder (PTSD) Reaction Index*. Los Angeles: University of California.

55. Frude, N. (1991). *Understanding Family Problems: A Psychological Approach*. Chichester: Wiley.
56. Galante, R. and Foa, D. (1986). An epidemiological study of psychic trauma and treatment effectiveness for children after natural disaster. *Journal of the American Academy of Child and Adolescent Psychiatry*, 25, 357~363.
57. Garmezy, N. (1986). Children under severe stress: Critique and comments. *Journal of the American Academy of Child Psychiatry*, 25, 384~392.
58. Garmezy, N. and Masten, A.S. (1994). Chronic adversities. In M. Rutter *et al.* (Eds) *Child and adolescent psychiatry*. Oxford: Blackwell.
59. Gelles, R.J. and Cornell, C.P. (1990). *Intimate Violence in Families*, 2nd edn. Beverley Hills, CA: Sage.
60. Goldstein, S. (1987). *Divorce parenting: How to make it work*. London: Methuen.
61. Gresham, F.M. (1981). Validity of social skills for measuring for social competence in low-status children. *Developmental Psychology*, 17, 390~398.
62. Grollman, E.A. (1975). *Talking about Divorce*. Boston: Beacon Press.
63. Halliday, S., Meadow, S.R., and Berg, I. (1987). Successful management of daytime enuresis using alarm procedures: a randomly controlled trial. *Archives of Disease in Childhood*, 62, 132~137.
64. Harlow, H.F. (1971). *Learning to Love*. San Francisco, CA: Albion.
65. Harper, L.V. (1975). The scope of offspring effects: from caregiver to culture. *Psychological Bulletin*, 82, 784~801.
66. Heegaard, M. (1991). *When Mom and Dad Separate: Children can learn to cope with grief from divorce*. Minneapolis: Woodland Press.
67. Herbert, M. (1974). *Emotional Problems of Development in Children*. London: Academic Press.
68. Herbert, M. (1986). Social skills training with children. In: C.R. Hollin and P. Trower (Eds) *Handbook of Social Skills Training. Volume I: Applications across the life-span*. Oxford: Pergamon Press.
69. Herbert, M. (1987). *Conduct Disorders of Childhood and Adolescence*, 2nd edn. Chichester: John Wiley.
70. Herbert, M. (1989). *Discipline: A positive guide for parents*. Oxford: Basil Blackwell.
71. Herbert, M. (1991). *Clinical Child Psychology: Social Learning, Development and Behaviour*. Chichester: Wiley.
72. Herbert, M. (1993). *Working with children and the Children Act*. Leicester: BPS Books (The British Psychological Society).
73. Herbert, M. (1994). Behavioural methods. In: M. Rutter *et al.*, *Child and Adolescent Psychiatry*. Oxford: Blackwell.
74. Herbert. M. (1987). *Behavioural Treatment of Children with Problems: A Practical Manual*.

London: Academic Press.
75. Hersov, L. (1994). Faecal soiling. In M. Rutter, E. Taylor, and L. Hersov (Eds) *Child and Adolescent Psychiatry: Modern Approaches* (3rd edn). Oxford: Blackwell Scientific Publishers.
76. Hetherington, E.M., Cox, M. and Cox, R. (1985). Long term effects of divorce and remarriage on the adjustment of children. *Journal of the American Academy of Child Psychiatry*, 24, 518~530.
77. Hollin, C.R. and Trower, P. (1986). *Handbook of Social Skills Training*. (2 vols). Oxford: Pergamon Press.
78. Holmes, T.H. and Rahe, R.H. (1967). Social Readjustment Rating Scale. *Journal of Psychosomatic Research*, 11, 213~218.
79. Hopkins, O. and King, N. (1995). Post-traumatic stress disorder in children and adolescents. *Behaviour Change*, 11, 72~120.
80. Hops, H. (1983). Children's social competence and skill. *Behaviour Therapy*, 14, 3~18.
81. Hopson, B., and Scally, M. (1980). *Lifeskills Teaching: Education for self-empowerment*. New York: McGraw-Hill.
82. Horowitz, M.J., Wilner, N. and Alvarez, W. (1979). Impact of Events Scale: A measure of subjective stress. *Psychosomatic Medicine*, 41, 209~218.
83. Iwaniec, D. (1995). *The Emotionally Abused and Neglected Child*. Chichester: Wiley.
84. Iwaniec, D., Herbert, M., and Sluckin, A. (1988). Helping emotionally abused children who fail to thrive. In: K. Browne *et al*. (Eds) *Early Prediction and Prevention of Child Abuse*. Chichester: Wiley.
85. Jewett, C. (1982). *Helping Children Cope with Separation and Loss*. London: Batsford. (Material in *Hints for Parents 2* is based on Claudia Jewett's work.)
86. Jones, J.C. and Barlow, D.H. (1992). A new model for post-traumatic stress disorder: implications for the future. In: P.A. Saigh (Ed.) *Post-traumatic Stress Disorder: A Behavioural Approach to Assessment and Treatment*. New York: MacMillan.
87. Kane, B. (1979). Children's concepts of death. *Journal of Genetic Psychology*, 134, 141~145.
88. Kazdin, A.E. *et al*. (1981). Social skills performance among normal and psychiatric in-patient children as a function of assessment conditions. *Behaviour Research and Therapy*, 19, 145~152.
89. Kellmer Pringle, M. (1975). *The Needs of Children*.
90. Klaus, M.H. and Kennell, J.H. (1976). *Maternal-Infant Bonding*. St. Louis: Mosby.
91. Ladd, G.W. (1984). Social skill training with children: Issues in research and practice. *Clinical Psychology Review*, 4, 317~337.
92. Lansdown, R. (1993). The development of the concept of death in children. In: P. Sowne (Ed.) *Supporting Bereaved Children and Families*. London: CRUSE-Bereavement Care.
93. Lansdown, R. and Benjamin, G. (1985). The development of the concept of death in children aged 5~9 years. *Child Care, Health and Development*, 11, 13~20.

94. Levine, M.D. and Bakow, H. (1976). Children with encopresis: a study of treatment outcome. *Paediatrics*, *50*, 845~852.
95. Lewis, V. (1987). *Development and Handicap*. Oxford: Basil Blackwell.
96. Lyons, J.A. (1987). Post-traumatic stress disorder in children and adolescents. A review of the literature. *Developmental and Behavioural Paediatrics*, *8*, 349~356.
97. Maccoby, E.E. (1980). *Social Development: Psychology, Growth and the Parent-Child Relationship*. New York: Harcourt Brace Jovanovich.
98. MacKenzie, R.J. (1993). *Setting Limits*. Rocklin, C.A.: Prima Publishing.
99. Maddox, B. (1980). *Step-Parenting: How to Live with Other People's Children*. London: Unwin.
100. Masson, J. (1990). *The Children Act 1989: Text and Commentary*. London: Sweet and Maxwell.
101. McFarlane, A.C., Policansky, S.K. and Irwin, C. (1987). A longitudinal study of the psychological morbidity in children due to a natural disaster. *Psychological Medicine*, *17*, 727~738.
102. O'Donohue, W. and Eliot, A. (1992). The current status of post-traumatic stress disorder as a diagnostic category: problems and proposals. *Journal of Traumatic Stress*, *5*, 421~439.
103. Ollendick, T.H. (1986). Behaviour therapy with children and adolescents. In: S.L. Garfield and A.E. Bergen (Eds). *Handbook of Psychotherapy and Behavior Change*, 3rd edn. New York: John Wiley.
104. Olweus, D. (1989). Prevalence and incidence in the study of antisocial behaviour: Definitions and measurements. In. M.W. Klein (Ed.) *Cross National Research in Self-Reported Crime and Delinquency*. Dordrecht: Kluwes.
105. Patterson, G. (1982). *Coercive Family Process*. Eugene, OR: Castalia.
106. Pynoos, R.S. and Eth, S. (1986). Witness to violence: the child interview. *Journal of the American Academy of Child Psychiatry*, *25*, 306~319.
107. Raphael, B. (1986). *When Disaster Strikes: A Handbook for the Caring Professions*. London: Hutchinson.
108. Rutter, M. and Madge, N. (1976). *Cycles of Disadvantage*. London: Heinemann.
109. Rutter, M., Tizard, J. and Whitmore, K. (Eds) (1970). *Education, Health and Behaviour*. Harlow: Longman.
110. Saigh, P.A. (1989). The development and validation of the children's Post-traumatic Stress Disorder Inventory. *International Journal of Special Education*, *4*, 75~84.
111. Schaffer, H.R. (1977). *Mothering*. London: Open University/Fontana.
112. Schmidt, B.D. (1986). New enuresis alarms: safe, successful and child operable. *Contemporary Pediatrics*, *3*, 1~6.
113. Scowne, P. (1993). *Supporting Bereaved Children and Fomilies*. London: CRUSE-Bereavement Care.

114. Sears, R.R., Maccoby, E.E. and Lewin, H. (1957). *Patterns of Child Rearing*. London: Harper and Row.
115. Shaffer, D. (1994). Enuresis. In M. Rutter, E. Taylor and L. Hersov (Eds). *Child and Adolescent Psychiatry: Modern Approaches*. Oxford: Blackwell Scientific Publishers.
116. Sluckin, A. (1981). Behavioural social work with encopretics, their families and the school. *Child Care, Health and Development*, 7, 67~80.
117. Sluckin, W., Herbert, M. and Sluckin, A. (1983). *Maternal Bonding*. Oxford: Basil Blackwell.
118. Smith, P.K. (1990). The Silent Nightmare: Bullying and victimization in school peer groups. Paper read to The British Psychological Society London Conference.
119. Smith, P.S. and Smith, L.J. (1987). *Continence and Incontinence: Psychological Development and Treatment*. London: Croom Helm.
120. Spitz, R.A. (1946). Anaclitic depression. *Psychoanalytic Study of the Child*, 2, 313~342.
121. Steinmetz, S.K. (1977). Family violence: Past, present and future. In M.B. Sussman and S.K. Steinmetz (Eds) *Handbook of Marriage and the Family*. New York: Plenum.
122. Straus, M., Gelles, R.J. and Steinmetz, S.K. (1988). *Behind Closed Doors: Violence in the American Family*. Beverley Hills, CA: Sage.
123. Stuart, I.R. and Abt, L.E. (1981). *Children of Separation and Divorce: Management and treatment*. New York: Van Nostrand and Reinhold.
124. Terr, L. (1988). What happens to early memories of trauma? *Journal of the American Academy of Child and Adolescent Psychiatry*, 27, 96~104.
125. Terr, L. (1991). Childhood traumas-an outline and over view. *American Journal of Psychiatry*, 148, 10~20.
126. Tierney, A. (1973). Toilet training. *Nursing Times*, 20/27 December, 1740~1745.
127. Walczak, Y. (1984). Divorce, the kids' stories. *Social Work Today*, 18 June, 12~13.
128. Wallerstein, J. (1985). Children of divorce: Preliminary report of a ten-year follow-up of older children and adolescents. *Journal of the American Academy of Child Psychiatry*, 24, 545~553.
129. Wallerstein, J. (1991). The long-term effects of divorce on children: A review. *Journal of the American Academy of Child Psychiatry*, 30, 349~360.
130. Wallerstein, J. and Kelly, J.B. (1980). *Surviving the Break-up: How children and parents cope with divorce*. New York: Basic Books.
131. Ward, B. and Associates (1993). *Good grief: exploring feelings, loss and death. Volume 1: With under elevens; Volume 2: With over elevens and adults*. London: Jessica Kingsley Publishers.
132. Webster-Stratton, C. and Herbert, M. (1994). *Troubled Families—Problem Children: A Collaborative Approach*. Chichester: Wiley.
133. Webster-Stratton, C. and Herbert, M. (1994). *Troubled Families: Problem Children*. Chich-

ester: Wiley.
134. Weir, K. (1982). Night and day wetting among a population of three year olds. *Developmental Medicine and Child Neurology*, 24, 479~484.
135. Wells, R. (1989). *Helping Children Cope with Divorce*. London: Sheldon.
136. West, D.J. and Farrington, D.P. (1973). *Who Becomes Delinquent?* London: Heinemann Educational.
137. White, R. (1991). Examining the threshold criteria. In: M. Adcock, R. White and A. Hollows (Eds) *Significant Harm: Its Management and Outcome*. Croydon: Significant Publications.
138. Wookey, J. and Herbert, M. (1996). *The Wookey-Herbert Parent Skills Manual*. In preparation.